高职高专公共基础课系列教材

计算机基础及 Office 办公软件应用
（Windows 7 + Office 2010 版）

主　编　米保全

副主编　郭建明　张永兵

参　编　马　涛　赵　越

机械工业出版社

本书是结合高职高专院校计算机应用基础课程教学的特点和当前信息技术的发展，根据全国计算机等级考试一级 MS Office 考试大纲编写的。本书将理论课和实训课融为一体，以项目为载体，内容包括计算机基础知识、Windows 7 操作系统、文字处理软件 Word 2010、电子表格软件 Excel 2010、演示文稿软件 PowerPoint 2010、计算机网络基础知识和 Office 2010 办公软件实训。

本书符合高职高专教育强调实践、动手能力的教学特点，适合作为高职高专院校各专业学生学习计算机应用基础的教材，也可以作为全国计算机等级考试一级 MS Office 的培训教程和辅导用书。

本书配有电子课件，凡使用本书作为教材的教师均可登录机械工业出版社教育服务网（http://www.cmpedu.com）下载，或发送电子邮件至 cmpgaozhi@ sina. com 索取。咨询电话：010 – 88379375。

图书在版编目（CIP）数据

计算机基础及 Office 办公软件应用：Windows 7 + Office 2010 版/米保全主编. —北京：机械工业出版社，2016.8（2025.1 重印）
高职高专公共基础课系列教材
ISBN 978-7-111-54364-0

Ⅰ.①计… Ⅱ.①米… Ⅲ.①Windows 操作系统—高等职业教育—教材 ②办公自动化—应用软件—高等职业教育—教材 Ⅳ.①TP316.7 ②TP317.1

中国版本图书馆 CIP 数据核字（2016）第 168015 号

机械工业出版社（北京市百万庄大街22号 邮政编码100037）
策划编辑：王玉鑫 责任编辑：王玉鑫 刘子峰
责任校对：薛 娜 封面设计：张 静
责任印制：李 昂
北京捷迅佳彩印刷有限公司印刷
2025 年 1 月第 1 版·第 10 次印刷
184mm×260mm·18.75 印张·452 千字
标准书号：ISBN 978-7-111-54364-0
定价：59.80 元

电话服务 网络服务
客服电话：010-88361066 机 工 官 网：www.cmpbook.com
010-88379833 机 工 官 博：weibo.com/cmp1952
010-68326294 金 书 网：www.golden-book.com
封底无防伪标均为盗版 机工教育服务网：www.cmpedu.com

前　言

随着计算机技术的发展和办公自动化的普及，掌握计算机基础知识以及熟练应用基础办公软件已成为对现代办公人员的基本要求。对于即将走向工作岗位的在校大学生来说，学习这门课程也具有重要意义。

"计算机应用基础"课程是职业院校学生必修的一门基础课程，其任务是使学生掌握必备的计算机基础知识和基本技能，培养学生应用计算机解决工作和生活中实际问题的能力；使学生初步具有应用计算机学习的能力，为学习其他计算机相关课程奠定基础；提升学生的信息应用素养，了解并遵守相关法律法规、信息道德及信息安全准则。

本书根据全国计算机等级考试一级 MS Office 考试大纲编写。编写时既考虑知识全面、内容严谨，在书中配有大量图片以帮助学生学习理解，又考虑从实际应用出发，淡化理论、强化应用，在每个项目后都附有习题和实训任务，重点培养学生的实际动手能力，使学生能够轻松学习并快速掌握。

本书共分七个项目，内容包括：计算机基础知识，主要介绍计算机的概念、计算机软硬件知识以及工作原理；Windows 7 操作系统，主要介绍当前普遍使用的 Windows 7 操作系统的使用方法和技巧；还分别介绍了 Microsoft Office 2010 办公软件中的文字处理软件 Word 2010、电子表格软件 Excel 2010 和演示文稿软件 PowerPoint 2010 的使用方法；介绍了计算机网络基础知识；最后通过 9 个实训任务对前面介绍的 Office 2010 办公软件的各种操作方法进行总结。此外，本书在附录部分还提供了全国计算机等级考试一级 MS Office 考试大纲与模拟题，方便读者备考及自测。

本书由甘肃机电职业技术学院的米保全主编，郭建明、张永兵为副主编，马涛、赵越参编。其中，米保全编写了项目一和项目三，郭建明编写了项目七，张永兵编写了项目二和项目五，马涛编写了项目四和项目六，赵越编写了附录部分。全书由郭建明、张永兵统稿。

由于编者水平有限，书中难免有不足之处，希望广大读者批评指正。

编　者

目　录

项目一　计算机基础知识

学习目标

1. 了解计算机的发展历史、特点、分类及其应用领域。
2. 了解计算机的新技术。

1.1.1　计算机的发展

　　计算机是人类历史上伟大的发明之一，虽然只有70年的历程，但它的发展非常迅速，并对人类的生活、生产、学习和工作产生了巨大的影响。

学习要点

- 了解第一台电子计算机诞生的时间和地点。
- 了解计算机的发展阶段。

学习指导

　　1. 计算机的诞生

　　第二次世界大战爆发带来了强大的计算需求。美国宾夕法尼亚大学电子工程系的教授莫奇利（John Mauchly）和他的研究生埃克特（John Presper Eckert）计划采用真空管建造一台通用电子计算机，帮助军方计算弹道轨迹。1943年这个计划被军方采纳，莫奇利和埃克特开始研制电子数字积分计算机（Electronic Numerical Integrator And Calculator，ENIAC），并于1946年研制成功，如图1-1所示。

　　ENIAC的主要元器件是电子管，每秒钟能完成5000多次加法运算或300多次乘法运算，比当时最快的计算工具快300倍。该机器使用了1 500个继电器、18 800

图1-1　第一台电子数字积分
计算机（ENIAC）

个电子管，占地约170m²，重达30多t，耗电150kW，耗资40万美元，真可谓"庞然大物"。ENIAC的问世标志着计算机时代的到来，它的出现具有划时代的伟大意义。

1

2. 计算机的发展历史

从第一台电子计算机诞生至今，计算机技术以前所未有的速度迅猛发展。一般根据计算机所采用的物理元器件，将计算机的发展分为四个阶段，见表 1-1。

表 1-1 计算机发展的四个阶段

阶段/年 部件	第一阶段 （1946—1959）	第二阶段 （1959—1964）	第三阶段 （1964—1972）	第四阶段 （1972 至今）
主机电子元器件	电子管	晶体管	中小规模集成电路	大规模、超大规模集成电路
内存	汞延迟线	磁芯存储器	半导体存储器	半导体存储器
外存储器	穿孔卡片、纸带	磁带	磁带、磁盘	磁盘、磁带、光盘等大容量存储器
处理速度 （每秒指令数）	几千条	几万条至几十万条	几十万条至几百万条	上千万条至万亿条

第一代计算机是电子管计算机。它体积庞大、运算速度低、成本高、可靠性差、内存容量小，主要用于军事和科学研究工作。

第二代计算机采用晶体管作为基本物理元器件。与第一代计算机相比，晶体管计算机体积小、成本低、功能强、可靠性高。

第三代计算机主要元器件是中小规模集成电路。与晶体管计算机（第二代）相比，集成电路计算机的体积、重量和功耗都进一步减小，运算速度、逻辑运算功能和可靠性都进一步提高，应用软件和操作系统进一步完善。

第四代计算机的特征是采用大规模和超大规模集成电路，计算机重量和耗电量进一步减小，计算机性能价格比基本上以每 18 个月翻一番的速度上升，操作系统向网络操作系统发展。

3. 计算机的发展趋势

在计算机诞生之初，很少有人能深刻地预见计算机技术对人类的巨大影响，甚至没有人能预见计算机的发展速度如此迅猛，如此地超出人们的想象。展望未来，计算机技术的发展又会沿着什么样的轨道前行呢？

从性能上看，电子计算机技术正在向巨型化、微型化、网络化和智能化方向发展。

（1）巨型化　巨型化是指计算机的计算速度更快、存储容量更大、功能更完善、可靠性更高，其运算速度可达每秒万万亿次，存储容量超过几百 TB。巨型机的应用范围如今已日趋广泛，在航空航天、军事、气象、电子、人工智能等几十个学科领域发挥着巨大作用，特别是在尖端科学技术和军事国防系统的研究开发中，体现了计算机科学技术的发展水平。

（2）微型化　微型计算机从过去的台式机迅速向便携机、掌上机发展，其低廉的价格、便捷的使用方式以及丰富的软件深受人们的青睐，同时也作为工业控制的心脏，使仪器设备实现"智能化"。随着微电子技术的进一步发展，微型计算机必将以更优的性能价格比受到人们的欢迎。

（3）网络化 网络化是指利用现代通信技术和计算机技术，把分布在不同地点的计算机互联起来，按照网络协议互相通信，以共享软件、硬件和数据资源。目前，计算机网络在交通、金融、企业管理、教育、电信、商业、娱乐等各行各业中得到了广泛使用。

（4）智能化 智能化是指计算机模拟人的感觉和思维过程的能力，这是计算机发展的一个重要方向。智能化计算机具有解决问题、逻辑推理、知识处理和知识库管理等功能。未来的计算机将能接受自然语言的命令，有视觉、听觉和触觉，但可能不再有现在计算机的外形，体系结构也会不同。

目前已研制出的机器人有的可以代替人从事危险环境中的劳动，有的能与人下棋，这都从本质上扩充了计算机的能力，使计算机成为可以越来越多地替代人的思维活动和脑力劳动的电脑。

学习链接

◆ 我国计算机的发展：

1956 年，由周恩来同志亲自提议、主持并制定了我国《十二年科学技术发展规划》，选定了"计算机、电子学、半导体、自动化"作为"发展规划"的四项内容，并制定了计算机科研、生产、教育发展计划，由此开始了我国计算机研制的起步：1958 年研制出第一台电子计算机；1964 年研制出第二台晶体管计算机；1971 年研制出第三代集成电路计算机；1977 年研制出第一台微机 DJS050；1983 年研制成功"深腾 1800"计算机，运算速度超过 1 万亿次/秒；2010 年，国防大学研制出"天河一号"。现在每秒千万亿次计算机的出现，为我国高科技计划的实施提供了广阔的平台。

1.1.2　计算机的特点和应用

计算机具有与其他电子设备不同的特点，因而广泛应用于人类生活的各个领域。随着计算机硬件和软件技术的不断发展，计算机已经成为一种非常重要工具。

学习要点

- 熟悉计算机的特点。
- 了解计算机的应用领域。

学习指导

1．计算机的特点

（1）运算速度快 运算速度是计算机的一个重要性能指标。计算机的运算速度通常用每秒钟执行定点加法的次数或平均每秒钟执行指令的条数来衡量。计算机的运算速度已由早期的每秒几千次（如 ENIAC 机每秒钟仅可完成 5 000 次定点加法）发展到现在的每秒几千亿次乃至万亿次。这样惊人的运算速度使过去用人工需要旷日持久才能完成的计算在"瞬间"即可完成。

（2）计算精度高 在科学研究和工程设计中，对计算的结果精度有很高的要求。一般的计算工具只能达到几位有效数字（如过去常用的四位数学用表、八位数学用表等），而计算机对数据的结果精度可达到十几位、几十位有效数字，根据需要甚至可达到任意的精度。

（3）存储容量大　计算机的存储器可以存储大量数据，这使计算机具有了"记忆"功能。目前计算机的存储容量越来越大，已高达千兆数量级的容量。计算机具有"记忆"功能，是与传统计算工具的一个重要区别。

（4）具有逻辑判断功能　计算机的运算器除了能够完成基本的算术运算外，还具有进行比较、判断等逻辑运算的功能。这种能力是计算机处理逻辑推理问题的前提。

（5）自动化程度高、通用性强　由于计算机的工作方式是将程序和数据先存放在计算机内，工作时按程序规定操作，一步一步地自动完成，一般无须人工干预，因而自动化程度高。这一特点是一般计算工具所不具备的。计算机通用性的特点表现在几乎能求解自然科学和社会科学中一切类型的问题，能广泛地应用于各个领域。

2．计算机的应用领域

近年来，计算机技术得到了飞跃发展，超级并行计算机技术、高速网络技术、多媒体技术、人工智能技术等相互渗透，改变了人们使用计算机的方式，从而使计算机几乎渗透到人类生产和生活的各个领域，正在改变着传统的工作、学习和生活方式，推动着社会的发展。

计算机的主要应用领域有以下六大方面：

（1）科学计算（或数值计算）　科学计算是指利用计算机来完成科学研究和工程技术中提出的数学问题的计算。在现代科学技术工作中，科学计算问题是大量的和复杂的。利用计算机的高速计算、大存储容量和连续运算的能力，可以实现人工无法解决的各种科学计算问题。

（2）数据处理（或信息处理）　数据处理是指对各种数据进行收集、存储、整理、分类、统计、加工、利用、传播等一系列活动的统称。目前，数据处理已广泛地应用于办公自动化、企事业计算机辅助管理与决策、情报检索、图书管理、动画设计、会计电算化等各行各业。

（3）辅助技术（或计算机辅助设计与制造）　计算机辅助技术包括 CAD、CAM 和 CAI 等。

1）计算机辅助设计（Computer Aided Design，CAD）。计算机辅助设计是利用计算机系统辅助设计人员进行工程或产品设计，以实现最佳设计效果的一种技术。它已广泛地应用于飞机、汽车、机械、电子、建筑和轻工等领域。CAD 技术的应用不但提高了设计速度，而且可以大大提高设计质量。

2）计算机辅助制造（Computer Aided Manufacturing，CAM）。计算机辅助制造是利用计算机系统进行生产设备的管理、控制和操作的过程。使用 CAM 技术可以提高产品质量，降低成本，缩短生产周期，提高生产率和改善劳动条件。将 CAD 和 CAM 技术集成，实现设计生产自动化，被称为计算机集成制造系统（CIMS）。它的实现将真正做到无人化工厂（或车间）。

3）计算机辅助教学（Computer Aided Instruction，CAI）。计算机辅助教学是利用计算机系统使用课件来进行教学。课件可以用专用工具或高级语言来开发制作，它能引导学生循环渐进地学习，使学生轻松自如地从课件中学到所需要的知识。CAI 的主要特色是交互教育、个别指导和因人施教。

（4）过程控制（或实时控制）　过程控制是利用计算机及时采集检测数据，按最优值迅速对控制对象进行自动调节或自动控制。采用计算机进行过程控制，不仅可以大大提高控制的自动化水平，而且可以提高控制的及时性和准确性，从而改善劳动条件、提高产品质量及合格率。因此，计算机过程控制已在机械、冶金、石油、化工、纺织、水电、航天等部门得到广泛的应用。

（5）人工智能（或智能模拟） 人工智能（Artificial Intelligence）是计算机模拟人类的智能活动，如感知、判断、理解、学习、问题求解和图像识别等。现在人工智能的研究已取得不少成果，有些已开始走向实用阶段，如能模拟高水平医学专家进行疾病诊疗的专家系统以及具有一定思维能力的智能机器人等。

（6）网络应用 计算机技术与现代通信技术的结合构成了计算机网络。计算机网络的建立，不仅解决了一个单位、一个地区、一个国家中计算机与计算机之间的通信以及各种软、硬件资源的共享，也大大促进了国际的文字、图像、视频和声音等各类数据的传输与处理。

学习链接

◆ 常见的即时通信工具有 QQ、MSN、UC 和 Skype 等。

◆ "天河一号"超级计算机峰值运算速度为 4 700 万亿次/秒，在 2010 年 11 月世界超级计算机 Top500 排名中荣获世界第一。做个形象的比喻，它运算 1 小时，相当于 1 台高性能家用计算机运算 620 年。

1.1.3 计算机的分类

计算机种类繁多，分类的方法也很多，根据不同的分类标准，可以分为不同种类。

学习要点

- 了解计算机的分类标准。
- 熟悉各种类别计算机的特点。

学习指导

1. 按性能和规模分类

计算机按性能高低和规模大小分，大致可以分为巨型计算机、大型计算机、小型计算机和微型计算机。

1）巨型计算机是功能最强、运算速度最快、存储容量最大、价格比较昂贵的计算机，运算速度达到每秒几亿次至几十万亿次，主要用于国家高科技和国防尖端科学研究领域。图 1-2 所示是我国"银河 1 号"巨型计算机。

2）大型计算机具有很强的 I/O 处理能力，作为大型商业服务器，在今天仍具有很大活力，一般用于大型事务处理系统，特别是过去完成的且不值得重新编写的数据库应用系统方面。

3）小型计算机是相对于大型计算机而言的，其软件、硬件系统规模比较小，但价格低、可靠性高、便于维护和使用。

4）微型计算机是由大规模集成电路组成的、体积较小的电子计算机。它是以微处理器为基础，配以内存储器及输入/输出（I/O）接口电路和相应的辅助电路而

图 1-2 "银河 1 号"巨型计算机

构成的，其特点是体积小、灵活性大、价格便宜、使用方便。目前常用的微型计算机有台式计

算机、便携式计算机、平板电脑，如图 1 - 3 所示。

图 1 - 3   常用的微型计算机

a）台式计算机   b）便携式计算机   c）平板电脑

2. 按工作原理分类

计算机按工作原理可分为模拟计算机和数字计算机。

模拟计算机的主要特点是：参与运算的数值由不间断地连续量表示，其运算过程是连续的。模拟计算机由于受元器件的质量影响，其计算精度较低，应用范围较窄，目前已很少生产。

数字计算机的主要特点是：参与运算的数值用离散的数字量表示，其运算过程按数字位进行计算。数字计算机由于具有逻辑判断等功能，是以近似人类大脑的"思维"方式进行工作，所以又被称为"电脑"。

3. 按功能和用途分类

计算机按功能和用途可分为通用计算机和专用计算机。

通用计算机能解决多种类型的问题，通用性强，如个人计算机（Personal Computer，PC）；专用计算机则配备有解决特定问题的软件和硬件，能够高速、可靠地解决特定问题，如在导弹和火箭上使用的计算机大部分都是专用计算机。

学习链接

◆ 微型计算机按字长可分为 8 位机、16 位机、32 位机和 64 位机等；按结构可分为单片机和多片机；按组装方式可分为单板机和多板机。

◆ 1983 年 11 月，我国第一台被命名为"银河"的亿次巨型电子计算机，历经 5 年，在国防科技大学诞生。它的研制成功，标志着我国成为继美、日等国之后，能够独立设计和制造巨型机的国家。

1.1.4   计算机的新技术

学习要点

- 了解云计算技术。
- 了解新型计算机及其特点。

学习指导

1. 云计算技术

云计算（Cloud Computing）是由一系列可以动态升级和被虚拟化的资源组成，这些资源被所有用户共享并且可以方便地通过网络访问，用户无须掌握云计算的技术，只需要按照个人或者团体的需要租赁云计算的资源。云计算是继 20 世纪 80 年代由大型计算机到客户端—服务器的大转变之后的又一种巨变。

云计算系统的核心技术是并行计算（Parallel Computing）。并行计算是指同时使用多种计算资源解决计算问题的过程，是提高计算机系统计算速度和处理能力的一种有效手段。它的基本思想是用多个处理器协同求解同一问题，即将被求解的问题分解成若干个部分，各部分均由一个独立的处理机来进行计算。并行计算系统既可以是专门设计的、含有多个处理器的超级计算机，也可以是以某种方式互联的若干台的独立计算机构成的集群。通过并行计算集群完成数据的处理，再将处理的结果返回给用户，这意味着计算能力也可作为一种商品通过互联网进行流通。云计算的示意如图 1-4 所示。

云计算的概念被大量运用到生产环节中，如国内的阿里云与云谷公司的 XenSystem，以及在国外已经非常成熟的 Intel 和 IBM 的云计算，其应用服务范围正日渐扩大，影响力也无可估量。

图 1-4　云计算示意图

2. 新型计算机

第五代计算机指具有人工智能的新一代计算机，它具有推理、联想、判断、决策、学习等功能。直到今天还没有哪一台计算机被宣称是第五代计算机。在未来社会中，计算机、网络、通信技术将会三位一体化。

（1）能识别自然语言的计算机　新型计算机将在模式识别、语言处理、句式分析和语义分析的综合处理能力上获得重大突破。它可以识别孤立单词、连续单词、连续语言和特定或非特定对象的自然语言（包括口语）。今后，人类将越来越多地同机器对话。他们将向个人计算机"口授"信件，同洗衣机"讨论"保护衣物的程序，或者用语言"制服"不听话的录音机。键盘和鼠标的时代将渐渐结束。

（2）高速超导计算机　高速超导计算机的耗电量仅为半导体元器件计算机的几千分之一，它执行一条指令只需十亿分之一秒，比半导体元器件计算机快几十倍。以目前的技术制造出的超导计算机的集成电路芯片只有 $3\sim5\text{mm}^2$ 大小。

（3）激光计算机　激光计算机是利用激光作为载体进行信息处理的计算机，又叫光脑，其运算速度将比普通的电子计算机至少快 1 000 倍。它依靠激光束进入由反射镜和透镜组成的阵列中来对信息进行处理。

（4）分子计算机　美国惠普公司和加州大学于 1999 年 7 月 16 日宣布，已成功地研制出分子计算机中的逻辑门电路，其线宽只有几个原子直径之和。分子计算机的运算速度是目前计算机的 1 000 亿倍，最终将取代硅芯片计算机。

（5）量子计算机　量子力学证明，个体光子通常不相互作用，但是当它们与光学谐腔内的原子聚在一起时，它们相互之间会产生强烈影响。光子的这种特性可用来发展量子力学效应的信息处理元器件——光学量子逻辑门，进而制造量子计算机。量子计算机可以在量子位上计算，可以在 0 和 1 之间计算。在理论方面，量子计算机的性能能够超过任何可以想象的标准计算机。

（6）DNA 计算机　科学家研究发现，脱氧核糖核酸（DNA）有一种特性，即能够携带生物体的大量基因物质。数学家、生物学家、化学家以及计算机专家从中得到启迪，正在合作研究制造未来的液体 DNA 计算机。这种 DNA 计算机的工作原理是以瞬间发生的化学反应为基础，通过与酶的相互作用，将发生过程进行分子编码，把二进制数翻译成遗传密码的片段，每一个片段就是著名的双螺旋的一个链，然后对问题以新的 DNA 编码形式加以解答。与普通的计算机相比，DNA 计算机的优点首先是体积小，但存储的信息量却超过现在世界上所有的计算机。

（7）神经元计算机　人类神经网络的强大与神奇是人所共知的。将来，人们将制造能够完成类似人脑功能的计算机系统，即人造神经元网络。神经元计算机最有前途的应用领域是国防，它可以识别物体和目标，处理复杂的雷达信号，决定要击毁的目标。神经元计算机的联想式信息存储对学习的自然适应性、数据处理中的平行重复现象等性能都将异常有效。

（8）生物计算机　生物计算机主要是以生物电子元器件为主体构建的计算机。它利用蛋白质的开关特性，用蛋白质分子作元器件制成生物芯片。其性能是由元器件与元器件之间电流启闭的开关速度来决定的。用蛋白质制成的计算机芯片，它的一个存储点只有一个分子大小，所以它的存储容量可以达到普通计算机的十亿倍。由蛋白质构成的集成电路，其大小只相当于硅片集成电路的十万分之一，而且运行速度更快，只有 10^{-11} 秒，大大超过人脑的思维速度。

学习链接

◆ 云计算的发展前景非常广阔，例如与物联网的结合可以出现以下的场景：当司机出现操作失误时汽车会自动报警；公文包会提醒主人忘带了什么东西；衣服会"告诉"洗衣机对颜色和水的要求等。

1.2 计算机中信息的表示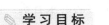

学习目标

1. 了解信息与数据的基本概念。
2. 理解常见的几种数制。
3. 掌握数制之间的相互转换。
4. 理解常见的编码方式。
5. 了解多媒体技术。

1.2.1 信息与数据

学习要点

- 了解信息与数据的基本概念。
- 了解信息与数据的关系。

学习指导

1. 信息与数据的概念

数据是对客观事物的符号表示，数值、文字、语言、图形、图像等都是不同形式的数据。

信息是以适合于通信、存储或处理的形式来表示的知识或消息。

一般来说，信息既是对各种事物变化和特征的反映，又是事物之间相互作用、相互联系的表征。人通过接收信息来认识事物，从这个意义上来说，信息是一种知识，是接收者原来不了解的知识。

2. 信息与数据的关系

计算机科学中的信息通常被认为是能够用计算机处理的有意义的内容或消息，它们以数据的形式出现，如数值、文字、语言、图形、图像等。数据是信息的载体。

数据与信息的区别是：数据处理之后产生的结果为信息，信息具有针对性、时效性。尽管这是两个不同的概念，但人们在许多场合把它们互换使用。信息有意义，而数据没有。例如，当测量一个病人的体温时，假定病人的体温是 39℃，则写在病历上的 39℃ 实际上是数据。

学习链接

◆ 计算机技术和通信技术的发展，打破了时空距离的阻碍，如微波通信、光缆通信、卫星通信等，正在将全球变成一个小小的"地球村"。

1.2.2 数制的基本概念

学习要点

- 理解数制的基本概念。
- 掌握数据的存储单位。

学习指导

1. 计算机中信息的表示方式

计算机最基本的工作是进行大量的数值运算和数据处理。在日常生活中，我们较多地使用十进制数，而计算机是由电子元器件组成的，因此，计算机中的信息都得用电子元器件的状态来表示，而与这些状态相对应的数制，就是二进制，同时计算机内只能接受二进制。

计算机为什么要用二进制呢？首先，二进制只需 0 和 1 两个数字表示。物理上一个具有两种不同稳定状态且能相互转换的元器件是很容易找到的，如电位的高低、晶体管的导通和截止、磁化的正方向和反方向、脉冲的有或无、开关的闭合和断开等，都恰恰可以与 0 和 1 对应。而且这些物理元器件的状态稳定可靠，因而其抗干扰能力强。相比之下，计算机内如果采用十进制，则至少要求元器件有 10 种稳定的状态，在目前这几乎是不可能的事。其次，二进制运算规则简单，加法、乘法规则各 4 个，即

$$0+0=0 \quad 0+1=1 \quad 1+0=1 \quad 1+1=10$$
$$0\times0=0 \quad 0\times1=0 \quad 1\times0=0 \quad 1\times1=1$$

采用门电路，很容易就可实现上述的运算。再次，逻辑判断中的"真"和"假"，也恰好与二进制的 0 和 1 相对应。所以，计算机从其易得性、可靠性、可行性及逻辑性等各方面考虑，选择了二进制数字系统。采用二进制，我们可以把计算机内的所有信息都用两种不同的状态值通过组合来表示。

2. 数 制

按进位的原则进行计数，称为进位计数制，简称数制。常用的数制有十进制、二进制、八进制和十六进制。不论哪一种，其计数和运算都有共同的规律和特点。几种常用数制的比较见表 1-2。通常使用位权表示法。

数码：表示数的符号。

基：数码的个数。

权：每一位所具有的值。

表 1-2　几种常用数制的比较

数制	十进制	二进制	八进制	十六进制
数码	$0 \sim 9$	$0 \sim 1$	$0 \sim 7$	$0 \sim 9$，$A \sim F$
基	10	2	8	16
权	10^0，10^1，10^2，$\cdots$	2^0，2^1，2^2，$\cdots$	8^0，8^1，8^2，$\cdots$	16^0，16^1，16^2，$\cdots$
特点	逢十进一	逢二进一	逢八进一	逢十六进一

（1）十进制　我们最熟悉、最常用的是十进位计数制，简称十进制，它是由 $0 \sim 9$ 共 10 个数字组成，即基数为 10。十进制具有"逢十进一"的进位规律。

任何一个十进制数都可以表示成按权展开式。例如，十进制数 95.31 可以写成

$$(95.31)_{10} = 9 \times 10^1 + 5 \times 10^0 + 3 \times 10^{-1} + 1 \times 10^{-2}$$

其中，10^1、10^0、10^{-1}、10^{-2} 为该十进制数在十位、个位、十分位和百分位上的权。

（2）二进制　与十进制数相似，二进制中只有 0 和 1 两个数字，即基数为 2。二进制具有"逢二进一"的进位规律。在计算机内部，一切信息的存放、处理和传送都采用二进制的形式。

任何一个二进制数也可以表示成按权展开式。例如，二进制数 1101.101 可写成

$$(1101.101)_2 = 1 \times 2^3 + 1 \times 2^2 + 0 \times 2^1 + 1 \times 2^0 + 1 \times 2^{-1} + 0 \times 2^{-2} + 1 \times 2^{-3}$$

（3）八进制　八进位记数制（简称八进制）的基数为 8，使用 8 个数码即 0、1、2、3、4、5、6、7 表示数，低位向高位进位的规则是"逢八进一"。

（4）十六进制　十六进位记数制（简称十六进制）的基数为 16，使用 16 个数码即 0、1、2、3、4、5、6、7、8、9、A、B、C、D、E、F 表示数。这里借用 A、B、C、D、E、F 作为数码，分别代表十进制中的 10、11、12、13、14、15。低位向高位进位的规则是"逢十六进一"。

常用的几种进位制对同一个数值的表示见表 1-3。

表 1-3　常用的几种进位制对同一个数值的表示

十进制	二进制	八进制	十六进制
0	0	0	0
1	1	1	1
2	10	2	2
3	11	3	3
4	100	4	4

（续）

十进制	二进制	八进制	十六进制
5	101	5	5
6	110	6	6
7	111	7	7
8	1000	10	8
9	1001	11	9
10	1010	12	A
11	1011	13	B
12	1100	14	C
13	1101	15	D
14	1110	16	E
15	1111	17	F
16	10000	20	10

3. 数据的存储单位

（1）位（bit）　在计算机中最小的数据单位是二进制的一个数位。计算机中最直接、最基本的操作就是对二进制位的操作。我们把二进制数的每一位叫作一个字位，或叫作一个 bit。bit 是计算机中最基本的存储单元。

（2）字节（Byte）　一个 8 位的二进制数单元叫作一个字节，或称为 Byte。字节是计算机中最小的存储单元。其他容量单位还有千字节（KB）、兆字节（MB）以及千兆字节（GB）。它们之间有下列换算关系

$$1B = 8bit \qquad\qquad 1KB = 2^{10}B = 1\ 024B$$
$$1MB = 2^{20}B = 1\ 024KB \qquad\qquad 1GB = 2^{30}B = 1\ 024MB$$

（3）字　CPU 通过数据总线一次存取、加工和传送的数据称为字，一个字由若干个字节组成。

（4）字长　一个字中包括二进制数的位数叫作字长。例如，一个字由两个字节组成，则该字字长为 16 位。

字长是计算机功能的一个重要标志，字长越长表示功能越强。不同类型计算机的字长是不同的，较长的字长可以处理位数更多的信息。字长是由 CPU 决定的，如 80286 CPU 的字长为 16 位，即一个字长为两个字节。目前主流 CPU 的字长是 64 位。

学习链接

◆ 计算机型号不同，其字长是不同的，常用的字长有 8、16、32 和 64 位。一般情况下，IBM PC/XT 的字长为 8 位，80286 微型计算机字长为 16 位，80386/80486 微型计算机字长为 32 位。

◆ 一台微型计算机，内存为 4GB，光盘容量为 700MB，硬盘容量为 2TB，则它实际的存储字节数分别为

内存容量 $= 4 \times 1024 \times 1024 \times 1024B = 4\ 294\ 967\ 296B$

光盘容量 $= 700 \times 1024 \times 1024B = 734\ 003\ 200B$

$$硬盘容量 = 2 \times 1024 \times 1024 \times 1024 \times 1024 B = 2\ 199\ 023\ 255\ 552B$$

1.2.3 常用数制的相互转换

学习要点

- 掌握不同进制数之间的相互转换。

学习指导

1. R 进 制 数 转 换 为 十 进 制

（1）二进制数转换成十进制数　将二进制数转换成十进制数，只要将二进制数用计数制通用形式表示出来，计算出结果，便得到相应的十进制数。

例 1　$(1101100.111)_2 = 1 \times 2^6 + 1 \times 2^5 + 1 \times 2^3 + 1 \times 2^2 + 1 \times 2^{-1} + 1 \times 2^{-2} + 1 \times 2^{-3}$

$$= 64 + 32 + 8 + 4 + 0.5 + 0.25 + 0.125 = (108.875)_{10}$$

（2）八进制数转换成十进制数　八进制数转换成十进制数，以 8 为基数按权展开并相加。

例 2　$(652.34)_8 = 6 \times 8^2 + 5 \times 8^1 + 2 \times 8^0 + 3 \times 8^{-1} + 4 \times 8^{-2}$

$$= 384 + 40 + 2 + 0.375 + 0.0625 = (426.4375)_{10}$$

（3）十六进制数转换成十进制数　十六进制数转换成十进制数，以 16 为基数按权展开并相加。

例 3　$(19BC.8)_{16} = 1 \times 16^3 + 9 \times 16^2 + B \times 16^1 + C \times 16^0 + 8 \times 16^{-1}$

$$= 4096 + 2304 + 176 + 12 + 0.5 = (6588.5)_{10}$$

2. 十 进 制 数 转 换 为 R 进 制 数

（1）整数部分的转换　整数部分的转换采用的是除 R 取余倒记法。

例 4　将 $(59)_{10}$ 转换成二进制数。

```
2 | 59      余1    ↑
2 | 29      余1
2 | 14      余0
2 | 7       余1
2 | 3       余1
2 | 1       余1
    0
```

结果为　$(59)_{10} = (111011)_2$

例 5　将 $(159)_{10}$ 转换成八进制数。

```
8 | 159     余7    ↑
8 | 19      余3
8 | 2       余2
    0
```

结果为　　(159)₁₀＝(237)₈

例6　将(459)₁₀转换成16进制数。

$$16 \underline{|459} \quad 余11$$
$$16 \underline{|28} \quad 余12$$
$$16 \underline{|1} \quad 余1$$
$$0$$

结果为　　(459)₁₀＝(1CB)₁₆

（2）小数部分的转换　小数部分的转换采用乘R取整法，直到小数部分为0，整数按顺序排列，称为"顺序法"。

例7　将十进制数(0.8125)₁₀转换成相应的二进制数。

	取整
0.8125	
× 2	
1.6250	1
× 2	
1.2500	1
× 2	
0.5000	0
× 2	
1.0000	1

结果为：(0.8125)₁₀＝(0.1101)₂

例8　将(50.25)₁₀转换成二进制数。

分析：对于这种既有整数又有小数部分的十进制数，可将其整数和小数分别转换成二进制数，然后再把两者连接起来即可。

因为　　(50)₁₀＝(110010)₂，(0.25)₁₀＝(0.01)₂

所以　　(50.25)₁₀＝(110010.01)₂

3. R进制数之间的相互转换

（1）八进制数与二进制数之间的相互转换

1）八进制数转换为二进制数。八进制数转换成二进制数所使用的转换原则是"一位拆三位"，即把一位八进制数对应于三位二进制数，然后按顺序连接即可。

例9　将(64.54)₈转换为二进制数。

6	4	.	5	4
↓	↓	↓	↓	↓
110	100	.	101	100

结果为　　(64.54)₈＝(110100.101100)₂

2）二进制数转换成八进制数。二进制数转换成八进制数可概括为"三位并一位"，即从小数点开始向左右两边以每三位为一组，不足三位时补0，然后每组改成等值的一位八进制数即可。

例10　将(110111.11011)₂转换成八进制数。

110	111	.	110	110
↓	↓	↓	↓	↓
6	7	.	6	6

结果为　　（110111.11011)$_2$ =（67.66)$_8$

（2）十六进制数与二进制数之间的相互转换

1）十六进制数转换成二进制数。十六进制数转换成二进制数的转换原则是"一位拆四位"，即把 1 位十六进制数转换成对应的 4 位二进制数，然后按顺序连接即可。

例 11　将（C41.BA7)$_{16}$转换为二进制数。

C	4	1	.	B	A	7
↓	↓	↓		↓	↓	↓
1100	0100	0001	.	1011	1010	0111

结果为　　（C41.BA7)$_{16}$ =（110001000001.101110100111)$_2$

2）二进制数转换成十六进制数。二进制数转换成十六进制数的转换原则是"四位并一位"，即从小数点开始向左右两边以每四位为一组，不足四位时补 0，然后每组改成等值的一位十六进制数即可。

例 12　将（1111101100.00011010)$_2$转换成十六进制数。

0011	1110	1100	.	0001	1010
↓	↓	↓		↓	↓
3	E	C	.	1	A

结果为　　（1111101100.00011010)$_2$ =（3EC.1A)$_{16}$

学习链接

◆ 在程序设计中，为了区分不同进制，常在数字后加一英文字母作为后缀以示区别。

十进制数，在数字后面加字母 D 或不加字母，如（6659)$_{10}$写成 6659D 或 6659。

二进制数，在数字后面加字母 B，如（1101101)$_2$写成 1101101B。

八进制数，在数字后面加字母 O，如（1275)$_8$写成 1275O。

十六进制数，在数字后面加字母 H，如（CFA7)$_{16}$写成 CFA7H。

1.2.4　编码的基本概念

学习要点

- 理解西方字符编码。
- 理解汉字编码。

学习指导

1. 西方字符编码

在计算机中数据都是用二进制数码表示的，这种把信息编成二进制数码的方法，称为计算机的编码。用以表示字符的二进制数码称为字符编码。下面对计算机的几种常用编码加以介绍。

（1）BCD 码　BCD 码是指每位十进制数用 4 位二进制数码表示。值得注意的是，四位二进制数有 16 种状态，但 BCD 码只选用 0000 ~ 1001 来表示 0 ~ 9 这 10 个数码。这种编码自然简单、书写方便。例如，846 的 BCD 码为

$$8 \quad 4 \quad 6$$
$$1000 \quad 0100 \quad 0110$$

（2）ASCII 码　ASCII 码即美国国家信息交换标准代码。这种编码是字符编码，利用 7 位二进制数字"0"和"1"的组合码，对应着 128 个符号，其中包括 10 个十进制数码、52 个英文大写和小写字母、32 个专用符号（如#、$、%、+ 等）和 34 个控制字符（如〈Enter〉键、〈Delete〉键等）。

ASCII 码一般用一个字节来表示，其中第 7 位通常用作奇偶校验，余下七位进行编码组合。"奇偶校验"是一种简单且最常用的检验方法，主要用来验证计算机在进行信息传输时的正确性。在工作时，通常把第 7 位取为"0"。例如，字符 A 的 ASCII 码如图 1-5 所示。

7	6	5	4	3	2	1	0
0	1	0	0	0	0	0	1

图 1-5　字符 A 的 ASCII 码

表 1-4 列出了 128 个字符的七位 ASCII 码，其中前面两列是控制字符，通常用于控制或通信。

表 1-4　128 个字符的七位 ASCII 码表

$D_3D_2D_1D_0$ ＼ $D_6D_5D_4$	000	001	010	011	100	101	110	111
0000	NUL	DLE	SP	0	@	P	`	p
0001	SOH	DC1	!	1	A	Q	a	q
0010	STX	DC2	"	2	B	R	b	r
0011	ETX	DC3	#	3	C	S	c	s
0100	EOT	DC4	$	4	D	T	d	t
0101	ENQ	NAK	%	5	E	U	e	u
0110	ACK	SYN	&	6	F	V	f	v
0111	BEL	ETB	'	7	G	W	g	w
1000	BS	CAN	(	8	H	X	h	x
1001	HT	EM	)	9	I	Y	i	y
1010	LF	SUB	*	:	J	Z	j	z
1011	VT	ESC	+	;	K	[	k	{
1100	FF	FS	,	<	L	\	l	|
1101	CR	GS	−	=	M	]	m	}
1110	SO	RS	.	>	N	^	n	~
1111	SI	US	/	?	O	_	o	DEL

2. 汉字的字符编码

（1）国标码　国标码指国家标准信息交换汉字字符集（GB 2312）。这是我国制定的统一标准的汉字交换码，又称标准码，是一种双七位编码。顺便一提的是，在我国的台湾地区采用的是另一套不同标准码（BIG5 码），因此，两岸的汉字系统及各种文件不能直接相互使用。

国标码的任何一个符号、汉字和图形都是用两个七位的字节来表示的。国标码中收录了 7 445 个汉字及图形字符，其中汉字 6 763 个。

第一部分：字母、数字和各种符号，包括拉丁字母、俄文、日文平假名与片假名、希腊字母、汉语拼音等共 682 个（统称为 GB 2312 图形符号）。

第二部分：一级常用汉字，共 3 755 个，按汉语拼音排列。

第三部分：二级常用字，共 3 008 个，按偏旁部首排列。

（2）区位码 GB 2312 国标字符集构成一个二维平面，它分成 94 行、94 列，行号称为区号，列号称为位号。每一个汉字或符号在区位码表中都有各自的位置，字符的位置用它所在的区号（行号）及位号（列号）来表示。每个汉字的区号和位号分别用 1 个字节来表示，如"大"字的区号 20，位号 83，区位码是 2083，用两个字节表示为 00010100 01010011。

（3）国标交换码 在信息通信中，汉字的区位码与通信使用的控制码（00H ~ 1FH）发生冲突。为了避免汉字区位码与通信控制码的冲突，ISO 2022 规定，每个汉字的区号和位号必须分别加上 32（20H）得到国标交换码。

（4）机内码 文本中的汉字与西文字符经常是混合在一起使用的，汉字信息如不予以特别的标识，它与单字节的标准 ASCII 码就会混淆不清。所以把一个汉字看作两个扩展 ASCII 码，使表示 GB 2312 汉字的两个字节的最高位（b7）都等于"1"。这种高位为 l 的双字节（16 位）汉字编码就称为 GB 2312 汉字的"机内码"，又称内码，如"大"字的内码是 10110100 11110011（B4F3）。

汉字编码示例：

国标码 = 区位码 + 2020H

机内码 = 国标码 + 8080H

机内码 = 区位码 + A0A0H

例如"啊"的区位码 1601→1001H 00010000 00000001

国标码：3021H←1001H + 2020H 00110000 00100001

机内码：B0A1H←3021H + 8080H 10110000 10100001

（5）字形码 为了将汉字在显示器或打印机上输出，把汉字按图形符号设计成点阵图，就得到了相应的点阵代码（字形码）。

用于显示的字库叫作显示字库。显示一个汉字一般采用 16×16 点阵、24×24 点阵或 48×48 点阵。已知汉字点阵的大小，可以计算出存储一个汉字所需占用的字节空间。

图 1-6 显示了"你"字的 16×16 字形点阵及代码。用 16×16 点阵表示一个汉字，就是将每个汉字用 16 行、每行 16 个点表示，一个点需要 1 位二进制代码，16 个点需用 16 位二进制代码（即两个字节），共 16 行，所以需要 16 行×2 字节/行 = 32 字节，即 16×16 点阵表示一个汉字，字形码需用 32 字节，即

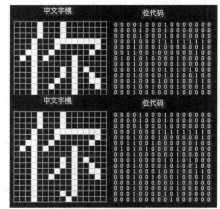

字节数 = 点阵行数 ×（点阵列数/8）

用于打印的字库叫作打印字库，其中的汉字比显示字库多，而且工作时也不像显示字库需调入内存。

图 1-6 汉字字形点阵及代码

学习链接

◆ 全部汉字字形码的集合叫作汉字字库。汉字库可分为软字库和硬字库：软字库以文件的形式存放在硬盘上，现多用这种方式；硬字库则将字库固化在一个单独的存储芯片中，再和其他必要的器件组成接口卡，插接在计算机上，通常称为汉卡。

◆ 可以这样理解，为在计算机内表示汉字而统一的编码方式形成汉字编码叫作内码，内码是唯一的。为方便汉字输入而形成的汉字编码称为输入码，属于汉字的外码。输入码因编码方式不同而不同，是多种多样的。为显示和打印输出汉字而形成的汉字编码称为字形码，计算机通过汉字内码在字模库中找出汉字的字形码，实现其转换。

1.2.5 多媒体技术简介

学习要点

- 理解多媒体文件的基本特征。
- 熟悉常见多媒体文件及基本格式。

学习指导

多媒体技术（Multimedia Technology）是利用计算机对文本、图形、图像、声音、动画、视频等多种信息综合处理、建立逻辑关系和人机交互作用的技术。

1. 多媒体基本特征

（1）集成性 能够对信息进行多通道统一获取、存储、组织与合成。

（2）控制性 多媒体技术是以计算机为中心，综合处理和控制多媒体信息，并按人的要求以多种媒体形式表现出来，同时作用于人的多种感官。

（3）交互性 交互性是多媒体应用有别于传统信息交流媒体的主要特点之一。传统信息交流媒体只能单向地、被动地传播信息，而多媒体技术则可以实现人对信息的主动选择和控制。

（4）非线性 多媒体技术的非线性特点将改变人们传统循序性的读写模式。以往人们读写方式大都采用章、节、页的框架，循序渐进地获取知识，而多媒体技术将借助超文本链接（Hyper Text Link）的方法，把内容以一种更灵活、更具变化的方式呈现给读者。

（5）实时性 当用户给出操作指令时，相应的多媒体信息都能够得到实时控制。

（6）信息使用的方便性 用户可以按照自己的需要、兴趣、任务要求、偏爱和认知特点来使用信息，任取图、文、声等信息表现形式。

（7）信息结构的动态性 "多媒体是一部永远读不完的书"，用户可以按照自己的目的和认知特征重新组织信息，增加、删除或修改节点，重新建立链接。

2. 多媒体文件

（1）常见的图像文件格式

BMP：一种位图文件格式。它是一组点（像素）组成的图像，是 Windows 系统中的标准位图格式，使用很普遍，结构简单，未经过压缩，一般图像文件会比较大，能被大多数软件"接受"，可称为通用格式。

GIF：图形交换格式，支持 256 色，分为静态 GIF 和动画 GIF 两种，支持透明背景图像，适用于多种操作系统。GIF 将多幅图像保存为一个图像文件，从而形成动画，仍然是图片文件格式。

JPEG：应用最广泛的图片文件格式之一，采用一种特殊的有损压缩算法，将不易被人眼察觉的图像颜色删除，从而达到较大的压缩比（可达到 2:1 甚至 40:1），网络上普遍使用。

PSD：图像处理软件 Photoshop 的专用图像格式，图像文件一般较大。

PNG：与 JPG 格式类似，压缩比高于 GIF，支持图像透明。

（2）常见的音频文件格式

Wave 文件（WAV）：Microsoft 公司开发的一种声音文件格式，用于保存 Windows 平台的音频信息资源，文件尺寸较大，多用于存储简短的声音片断。

MPEG 音频文件（MP1/MP2/MP3）：MPEG 音频文件的压缩是一种有损压缩，根据压缩质量和编码复杂程度可分为 MP1、MP2 和 MP3 这三种声音文件。目前使用最多的是 MP3 文件格式。

RealAudio 文件（RA/RM/RAM）：RealNetworks 公司开发的一种流式音频文件格式，主要用于在低速率的广域网上实时传输音频信息。

MIDI 文件（MID/RMI）：MIDI 是乐器数字接口（Musical Instrument Digital Interface）的英文缩写，是数字音乐/电子合成乐器的统一国际标准，可以模拟大提琴、小提琴、钢琴等常见乐器。

（3）常见的视频文件格式

GIF 文件（GIF）：动画文件，由 CompuServe 公司于 20 世纪 80 年代推出的一种高压缩比的彩色图像文件格式。目前 Internet 上大量彩色动画文件多为这种格式的文件。在 Flash 中可以将设计的动画存储为 GIF 格式。

AVI 文件（AVI）：Microsoft 公司开发的一种数字音频与视频文件格式，目前主要应用在多媒体光盘上，用来保存电影、电视等各种影像信息，有时在 Internet 上供用户下载、欣赏新影片的精彩片断。

QuickTime 文件（MOV/QT）：Apple 计算机公司开发的一种音频、视频文件格式，用于保存音频和视频信息，具有先进的视频和音频功能。

MPEG 文件（MPEG/MPG/DAT）：MPEG 文件采用有损压缩，是针对运动图像而设计的，压缩效率非常高，同时图像和音响的质量也非常好，并且在微型计算机（简称微机）上有统一的标准格式，兼容性相当好。

Real Video 文件（RM）：RealNetworks 公司开发的一种新型流式视频文件格式，主要用在低速率的广域网上实时传输活动视频影像，可以实现影像数据的实时传送和实时播放，在数据传输过程中可以边下载边播放视频影像。目前，Internet 上已有不少网站利用 Real Video 技术进行重大事件的实况转播。

🎀 学习链接

◆ 随着多媒体技术的发展，多媒体电话也应运而生。多媒体电话是一种在固定网络智能电话的基础上发展起来的，具有多媒体播放及网络功能的电话机，可以完成网站浏览、信息交互、媒体播放等功能。

1.2.6 信息技术及其发展

学习要点

- 了解信息技术的概念。
- 了解信息技术的发展。

学习指导

1. 信息技术

信息技术是对文图声像各种信息进行获取、加工、存储、传输与使用的技术之和。

2. 信息技术的发展

信息技术的发展分为五个阶段，每次新技术的使用都引起了一次技术革命。

第一次技术革命是语言的使用。语言是人类进行思想交流和信息传播不可缺少的工具。

第二次技术革命是文字的出现和使用。文字使人类对信息的保存和传播取得重大突破，较大地超越了时间和地域的局限。

第三次技术革命是印刷术的发明和使用。印刷术使书籍、报刊成为重要的信息储存和传播的媒体。

第四次技术革命是电话、广播、电视的使用。电话、广播、电视使人类进入利用电磁波传播信息的时代。

第五次技术革命是计算机与互联网的使用。第五次信息技术革命始于 20 世纪 60 年代，其标志是电子计算机的普及应用及计算机与现代通信技术的有机结合。

学习链接

◆ 1844 年 5 月 24 日，人类历史上的第一份电报从美国国会大厦传送到了 40 英里（1 英里 =1.609 千米，余同）外的巴尔的摩市。

◆ 1876 年 3 月 10 日，美国人贝尔用自制的电话同他的助手通了话。

◆ 1895 年俄国人波波夫和意大利人马可尼分别成功地进行了无线电通信实验。

◆ 1925 年英国人贝尔德首次播映电视画面。

◆ 1969 年互联网诞生。

1.3 计算机系统的组成

学习目标

1. 理解冯·诺依曼计算机的基本思想及组成。
2. 掌握计算机的系统组成。
3. 掌握计算机的硬件及软件。
4. 了解计算机的基本配置及性能指标。
5. 掌握常用输入设备的使用。

　　计算机按照人的要求接收和存储信息，自动进行数据处理和计算，并输出结果。计算机系统由硬件和软件两部分组成，它们共同协作运行应用程序，处理和解决实际问题，如图 1-7 所示。硬件是计算机赖以工作的实体，是各种物理部件的有机结合；软件是控制计算机运行的灵魂，是由各种程序及程序所处理的数据组成。

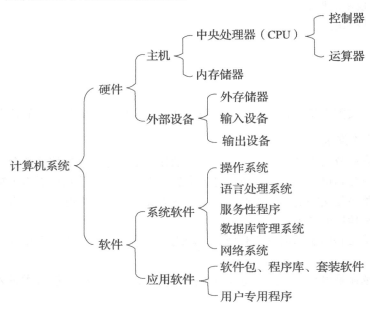

图 1-7　计算机系统的组成

1.3.1　计算机基本工作原理

学习要点

- 掌握冯·诺依曼结构计算机的基本思想。
- 了解冯·诺依曼结构计算机的工作过程。

学习指导

　　1. 冯·诺依曼结构计算机的基本思想

　　1946 年，美籍匈牙利科学家冯·诺依曼提出"存储程序"的思想，并成功地将其运用在计算机的设计之中。冯·诺依曼结构计算机的基本思想可以归纳为如下几点：

　　1）计算机内部采用二进制数码来表示指令和数据，每条指令由一个操作码和一个地址码组成，其中操作码表示所做的操作性质，地址码则指出被操作数在存储器中的存放地址。

　　2）采用存储程序的概念，即将编制好的程序（由计算机指令组成的序列）和原始数据存入计算机的主存储器中，使计算机在工作时能够连续、自动、高速地从存储器中取出一条条指令执行。

　　3）计算机硬件设备由存储器、运算器、控制器、输入设备和输出设备五大基本部件组成，并对其基本功能做了规定。

　　① 运算器：进行数据的加工处理，主要功能是对二进制数进行算术运算和逻辑运算。

② 控制器：计算机的指挥中心，指挥计算机各部件进行自动、协调工作。

③ 存储器：具有记忆功能，用来存放程序和数据。

④ 输入设备：将信息、数据、程序等送入计算机进行处理。

⑤ 输出设备：将计算机处理的信息结果以直观的形式表现出来。

2. 冯·诺依曼结构计算机的工作过程

按照冯·诺依曼提出的"存储程序"的原理，计算机在执行程序时须先将要执行的相关程序和数据放入内存储器中，在执行程序时 CPU 根据当前程序指针寄存器的内容取出指令并执行指令；然后再取出下一条指令并执行，如此循环下去直到程序结束指令时才停止执行。其工作过程就是不断地取指令和执行指令的过程，最后将计算的结果放入指令指定的存储器地址中。计算机的工作原理如图 1-8 所示。

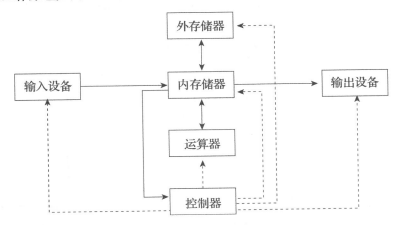

图 1-8　计算机的工作原理图

🎓学习链接

◆ 冯·诺依曼最先提出"程序存储"的思想，并成功地将其运用在计算机的设计之中。根据这一原理制造的计算机被称为冯·诺依曼结构计算机。世界上第一台冯·诺依曼结构计算机是 1949 年研制的 EDVAC。由于冯·诺依曼对现代计算机技术的突出贡献，因此他又被称为"现代计算机之父"。

1.3.2　计算机的硬件系统

🎓学习要点

● 熟悉计算机的硬件组成及各部分的作用。

🎓学习指导

硬件是计算机的物质基础。尽管各种计算机在性能、用途和规模上有所不同，但其结构都遵循冯·诺依曼体系结构，人们称符合这种设计的计算机为冯·诺依曼结构计算机。它由输入、存储、运算、控制和输出五个部分组成。

1．运算器

运算器由算术逻辑单元（ALU）、累加器、状态寄存器、通用寄存器等组成。运算器的基本功能是对二进制数码进行算术运算或逻辑运算。算术运算包括加、减、乘、除以及乘方、开方等数学运算，而逻辑运算则是指逻辑变量之间的运算，即通过与、或、非等基本操作对二进制数进行逻辑判断。

运算器的核心是加法器，计算机的运算速度通常是指每秒所能执行加法指令的条数，常用百万次/秒（MI/s）来表示。

2．控制器

控制器是指挥计算机的各个部件按照指令的功能要求协调工作的部件，是计算机的神经中枢和指挥中心。控制器的基本功能是根据指令计数器中制定的地址从内存取出一条指令，对指令进行译码，再由操作控制部件有序地控制各部件完成操作码规定的工作。

从宏观上看，控制器的作用是控制计算机各部件协调工作。从微观上看，控制器的作用是按一定顺序产生机器指令以获得执行过程中所需要的全部控制信号，这些控制信号作用于计算机的各个部件以使其完成某种功能，从而达到执行指令的目的。所以，对控制器而言，真正的作用是对机器指令执行过程的控制。

运算器和控制器合在一起，统称为中央处理器，简称为 CPU。中央处理器如图 1-9 所示。

3．存储器

存储器是用于存储数据和程序的"记忆"装置，相当于存放资料的仓库。计算机中的全部信息，包括信息、程序、指令以及运算的中间数据和最后的结果都要存放在存储器中。

图 1-9　中央处理器（CPU）

存储器分为内存储器和外存储器两种。内存储器按功能又可分为只读存储器（ROM）和随机存取存储器（RAM）。

（1）内存储器

1）只读存储器（ROM）。主机板上有块 ROM 芯片，用于存放计算机基本输入/输出系统（BIOS）。BIOS 提供最基本的和初步的操作系统服务，如开机自检程序、装入引导程序。这些程序保存在 ROM 芯片中，只能读出，不能写入，故不易丢失。

2）随机存取存储器（RAM）。RAM 是指计算机能够根据需要任意在其内部存放和取出指令和数据的内存储器。RAM 是构成内存的主要部分，通常所讲的内存就是指 RAM，如图 1-10 所示。RAM 直接与 CPU 进行数据传递和交换。RAM 中的指令和数据不是永久记忆的，它们既可根据需要由计算机对其进行更新和修改，也会随计算机电源的关闭而全部丢失。目前常见的个人计算机（PC）的内存容量一般为 1~8GB 不等，有的甚至更大。

图 1-10　内存

（2）外存储器

1）软盘驱动器。软盘驱动器简称软驱，是以前微型计算机上常见的配件，用于读取软盘上的数据，如图 1-11 所示。由于软盘驱动器的容量和速度已经远远不能满足需要，无法适应现在越来越大的文件保存需求，且随着大容量的移动存储器、CD-RW 光盘刻录机及其他存储设备的普及，软盘驱动器已逐渐从 PC 上消失。

2）硬盘驱动器。硬盘驱动器简称硬盘，是微型计算机最重要的外部存储器，具有比软盘大得多的容量和快得多的存取速度，如图 1 – 12 所示。目前常用的硬盘一般为 5.25in（1in = 25.4mm）盘径，容量一般可达 500GB ~ 2TB。目前微型计算机中硬盘的外形差不多，在技术规格上有以下几项重要的指标。

① 容量：目前硬盘容量一般在 250GB 以上，其中单片容量越大越好。

② 平均寻道时间（Average Seek Time）：硬盘磁头移动到数据所在磁道时所用的时间，单位为毫秒（ms）。平均寻道时间越短越好。

③ 主轴转速：硬盘内主轴的转动速度。目前 ATA（IDE）硬盘的主轴转速一般为 5400 ~ 7200r/min，主流硬盘的转速为 7200r/min。

图 1 – 11　软盘驱动器与软盘
a）软盘驱动器　b）软盘

图 1 – 12　硬盘

3）光盘驱动器。随着计算机技术的不断发展，多媒体计算机已经大量应用于各个领域，光盘驱动器（包括 CD – ROM、DVD – ROM 等）已经成为微型计算机的基本配置，如图 1 – 13 所示。它具有容量大、速度快、兼容性强、盘片成本低等特点，逐渐成为微型计算机数据交换的主要存储介质。

4）闪存。闪存（Flash Memory）作为另一类移动存储设备，多被应用在各种各样的便携设备上，如便携式计算机、数码相机、MP3、移动电话等。在这类移动存储设备中非常有代表性的是存储卡（包括 CF 卡、SM 卡等）、记忆棒和 U 盘，如图 1 – 14 所示。

 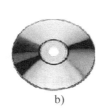  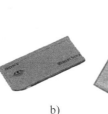 

图 1 – 13　光盘驱动器与光盘
a）光盘驱动器　b）光盘

图 1 – 14　闪存
a）CF 卡　b）记忆棒　c）U 盘

CF（Compact Flash）卡和 SM（Smart Media）卡是目前流行的数码相机存储设备，也被一些移动通信设备、PDA（Personal Digital Assistant，个人数字助理）等所采用。它的体积非常小，容量目前已可达 64GB。

记忆棒（Memory Stick）是索尼公司推出的微型移动存储设备，它的体积只有半块口香糖大小。记忆棒作为存储介质，主要在索尼计算机、数码摄像机、数码相机及其他电子产品上使用。

U 盘（USB Flash Disk）是一种常见的移动存储产品，主要用于存储较大的数据文件和在计算机之间方便地交换文件。U 盘无须驱动程序，采用 USB 接口，其优点主要有体积小、重量轻、使用简便、即插即用、存取速度快、可靠性好。

4．输入设备

微型计算机最主要的输入设备是键盘和鼠标，其他常用的输入设备有扫描仪、数字化仪、触摸屏、汉字书写板、条码读入器、光笔等。

（1）键盘　键盘是微型计算机的主要输入设备，如图 1－15 所示。用户的各种指令、程序和数据都可以通过键盘输入计算机。

（2）鼠标　鼠标是一种指点设备，如图 1－16 所示。利用鼠标可以方便地在显示屏幕上指定光标的位置，亦可在应用软件的支持下，通过鼠标上的按钮完成某种特定的功能。使用鼠标比用键盘上的方向键移动光标要方便得多。

图 1－15　键盘　　　　　　　图 1－16　鼠标

（3）扫描仪　扫描仪是一种图像输入设备。平板式扫描仪如图 1－17 所示。由于扫描仪可以迅速地将图像输入到计算机中，因而成为图文通信、图像处理、模式识别、排版印刷等方面的重要输入设备。如果计算机装上文字辨析软件（OCR），还可以通过扫描仪把书刊、报纸上的印刷文字转换为文本文件。

（4）数字化仪　数字化仪是一种图形输入设备。由于数字化仪可以把各种图形信息转换成相应的计算机可识别数字信号，送入计算机进行处理，并具有精度高、使用方便、工作幅面大等优点，因此成为各种计算机辅助设计的重要工具之一。目前常用的数字化仪有数码照相机、数码摄像头（见图 1－18）等。

图 1－17　平板式扫描仪　　　　　　图 1－18　数码摄像头

（5）触摸屏　触摸屏是一种定位设备。它通过一定的物理手段，使得当用户用手指或者其他设备触摸安装在计算机显示屏前的触摸层时，所摸到的位置可以被触摸屏控制器检测到，并通过串行口送到 CPU，从而确定用户所输入的信息。触摸屏的使用主要是为了改善人与计算机的交互方式，特别是对于非计算机专业人员使用计算机时可以将注意力集中在屏幕上，免除了他们对键盘不熟悉的苦恼，有效地提高了人机对话的效率。实际使用时，往往还能引起人们对计算机的兴趣。

5．输出设备

微型计算机常用的输出设备有显示器、打印机和绘图仪等。

（1）显示器　显示器的作用是将电信号转换成可直接观察到的字符、图形或图像。

显示器由监视器和显示适配器两部分组成，如图 1-19 所示。目前常见的监视器有 CRT（Cathode Ray Tube，阴极射线管）显示器和 LCD（Liquid Crystal Display，液晶显示器）两种。显示适配器又称显卡，是监视器的控制电路和接口。

a)　　　　　　　　　　b)　　　　　　　　　　c)

图 1-19　显示器及显卡

a）LCD　b）CRT　c）显卡

（2）打印机　打印机是信息输出的主要设备。常用的打印机有三类：针式打印机、喷墨打印机和激光打印机，如图 1-20 所示。

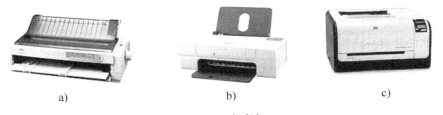

a)　　　　　　　　　　b)　　　　　　　　　　c)

图 1-20　打印机

a）针式打印机　b）喷墨打印机　c）激光打印机

1）针式打印机经久耐用，价格低廉，打印成本极低，还可以打印复写纸、宽行打印纸等，这些优点使其在很长的一段时间内能广受欢迎。当然，较低的打印质量、较大的工作噪声也使得它无法适应高质量、高速度的商用打印需要，所以现在只有在银行、超市、学校等用于票单和报表打印的地方才可以看见它的踪迹。

2）喷墨打印机分辨率高，噪声低，在普通纸上打印的分辨率虽不如激光打印机，但由于其价格低廉、使用方便，已成为目前办公室的主要种类的打印机。此外喷墨打印机还具有更为灵活的纸张处理能力；在打印介质的选择上，喷墨打印机也具有一定的优势，既可以打印信封、信纸等普通介质，还可以打印各种胶片、照片纸、卷纸和 T 恤转印纸等特殊介质。

3）激光打印机分为黑白和彩色两种。它提供了更高质量、更快速、更低成本的打印方式，适合打印高质量的文件。虽然激光打印机的价格要比喷墨打印机昂贵，但从单页的打印成本上讲，激光打印机则要便宜很多。

（3）绘图仪　绘图仪是一种图形输出设备，可在软件的支持下，绘出各种复杂、精确的图形，因此成为各种计算机辅助设计（CAD）必不可少的设备。

绘图仪有平台式和滚筒式两大类，目前使用较广泛的是平台式绘图仪，如图 1-21 所示。

图 1-21　平台式绘图仪

学习链接

◆ 音箱：音箱与声卡连接在一起，用来播放声音。

◆ 电源：将 220V 的交流电经过稳压变压器转换为低压直流电，供计算机各部件工作。

◆ 网卡：网卡是局域网中连接计算机和传输介质的接口。

1.3.3 计算机的软件系统

学习要点

- 能区分系统软件和应用软件。
- 理解程序和程序设计语言。

学习指导

软件系统是为运行、管理和维护计算机而编制的各种程序、数据和文档的总称，是用户与硬件之间的接口。用户通过软件使用计算机硬件资源。

1．软件系统及其组成

计算机软件分为系统软件和应用软件两大类。

（1）系统软件 系统软件是指控制和协调计算机及外部设备、支持应用软件开发和运行的软件。系统软件的主要功能是调度、监控和维护计算机系统；负责管理计算机系统中各种独立的硬件，使得它们可以协调工作。系统软件使得计算机使用者及其他应用软件可以将计算机视为一个整体而不需要顾及底层每个硬件是如何工作的。

系统软件主要包括操作系统、语言处理系统、数据库管理系统和系统辅助处理程序等，其中最主要的是操作系统。

1）操作系统。操作系统是系统软件中最重要且最基本的，它是最底层的软件，是计算机与应用程序及用户之间的桥梁。常用的有 DOS 操作系统、Windows 操作系统、UNIX 操作系统、Linux 操作系统和 Netware 操作系统等。

2）语言处理系统。计算机只能直接识别和执行机器语言，因此要在计算机上运行高级语言程序就必须配备程序语言翻译程序。翻译程序本身是一组程序，不同的高级语言都有相应的翻译程序。

3）数据库管理系统。数据库管理系统是一种操纵和管理数据库的大型软件，用于建立、使用和维护数据库。

4）系统辅助处理程序。系统辅助处理程序也称为"软件研制开发工具""支持软件""软件工具"，是指一些为计算机系统提供服务的工具软件和支撑软件，主要有编辑程序、调试程序、装备和连接程序。

（2）应用软件 应用软件是用户可以使用的各种程序设计语言，以及用各种程序设计语言编制的应用程序的集合，分为应用软件包和用户程序。应用软件包是利用计算机解决某类问题而设计的程序的集合，供多用户使用。常用的应用软件如下：

1）办公软件。办公软件指可以进行文字处理、表格制作、幻灯片制作、简单数据库处理等方面工作的软件，包括微软 Office 系列、金山 WPS 系列、永中 Office 系列、红旗 2000（RedOffice）、致力协同 OA 系列等。

2）多媒体软件。多媒体技术已经成为计算机技术的一个重要方面，因此多媒体软件是应用软件领域中的一个重要分支。多媒体软件主要包括图形图像软件、动画制作软件、音频视频软件、桌面排版软件等。

3）Internet 工具软件。随着计算机网络技术的发展和 Internet 的普及，涌现了许多基于 Internet 环境的应用软件，如 Web 服务器软件、Web 浏览器、文件传送工具、远程访问工具、下载工具等。

2. 程序和程序设计语言

程序是按照一定顺序执行的、能够完成某一任务的指令集合。人与计算机沟通需要一种语言，就是计算机语言，也称为程序设计语言。程序设计语言是软件的基础和重要组成部分。

1）机器语言。在计算机中，指挥计算机完成某个基本操作的命令称为指令。所有指令的集合称为指令系统，直接用二进制数码表示指令系统的语言称为机器语言。机器语言是唯一能被计算机硬件系统理解和执行的语言。

2）汇编语言。汇编语言是一种把机器语言"符号化"的语言。它与机器语言的实质相同，都直接指挥硬件执行操作，但汇编语言使用助记符描述程序。汇编语言指令和机器语言指令基本是一一对应的，但计算机无法自动识别汇编语言，必须进行翻译，即将汇编语言翻译成机器语言。

3）高级语言。高级语言是最接近人类自然语言和数学公式的程序设计语言，它基本脱离了硬件系统。用高级语言编写的源程序在计算机中是不能直接执行的，必须将其翻译成机器语言。

学习链接

◆ 常见的计算机高级语言有 Pascal、VB、C、C++、Java、Python 等。

◆ 从高级语言到机器语言有两种翻译方式：编译方式和解释方式。编译方式是将高级语言源程序整个翻译成目标程序，然后通过链接程序将目标程序链接成可执行程序。解释方式是将源程序逐句翻译、逐句执行的方式，解释过程不产生目标程序，基本上是翻译一行执行一行。

1.3.4 性能指标与基本配置

学习要点

● 理解计算机的性能指标。
● 了解计算机的配置。

学习指导

1. 性能指标

（1）字长　字长是计算机的内存储器或寄存器存储一个字的位数。通常微型计算机的字长为 8 位、16 位、32 位或 64 位。计算机的字长直接影响着计算机的精确度。字长越长，用来表示数字的有效数位就越多，计算机的精确度也就越高。

（2）内存容量　内存储器是 CPU 可以直接访问的存储器，内存储器容量的大小反映了计算机即时存储信息的能力。当今微型计算机的内存容量有 1GB、2GB、4GB 等多种，是微型计算机的一项重要性能指标。

（3）存取周期　存储器进行一次性读或写的操作所需的时间称为存取周期，存取周期通常用纳秒（ns）表示（$1\mathrm{ns} = 10^{-3}\mu\mathrm{s} = 10^{-9}\mathrm{s}$）。当今微型计算机的存取周期约为十几到几十纳秒。存取周期反映主存储器（内存储器）的速度性能，存取周期越短，存取速度越快。

（4）运算速度　是计算机进行数值计算、信息处理的快慢程度，以"次/秒"（次/s）表示。如某种型号的微型计算机的运算速度是 100 万次/秒（万次/s），也就是说这种微机在一秒钟内可执行加法指令 100 万次。

（5）输入/输出数据的传送率（吞吐量）　计算机主机与外设交换数据的速度称为计算机输入/输出数据的传送率，以"字节/秒（B/s）"或"位/秒（b/s）"表示。一般传送率高的计算机要配置高速的外部设备，以便在尽可能短的时间内完成输出。

（6）可靠性与兼容性　一般用微型计算机连续无故障运行的最长时间来衡量微型计算机的可靠性。连续无故障工作时间越长，机器的可靠性越高。

2. 基本配置

计算机的基本配置包括主机、显示器、键盘、鼠标等，其中主机又包括主板、CPU、内存、硬盘、显卡、声卡等。

学习链接

◆ 分析如下计算机配置清单。

CPU：AMD Athlon（速龙）II X4 641 四核。

主板：技嘉 A55。

内存：4GB（威刚 DDR3 1333MHz）。

主硬盘：希捷 ST500DM002 - 1BD142（500GB）。

显卡：蓝宝石 HD6770 1GB。

显示器：LG GSM58BE E2242（21.7in）。

光驱：先锋 DVD - 231D。

1.3.5　计算机系统常见故障与处理

学习要点

- 了解计算机常见软件故障的产生原因及处理方法。
- 了解计算机常见硬件故障。

学习指导

计算机系统故障可以分为硬件故障和软件故障，硬件故障一般是由于计算机系统硬件使用不当或硬件的物理损坏而造成计算机系统不能正常使用的现象；软件故障一般是由于软件系统出现问题从而导致的计算机系统故障。

一般 80% 以上的计算机系统故障是软件故障，同时大部分软件故障处理相对容易，而硬件故障大部分是由外设引起的，因此分析、查找故障应该按"先软后硬、先外后内"的次序进行。

当计算机发生故障时，首先通过观察和检查以确认产生的故障现象，然后要对产生的故障现象进行分析，判断计算机产生故障的可能原因，然后利用排除法，将不可能的故障原因排除，当确定故障原因后，再动手检修。对于一些较为复杂的计算机故障则需要由专业维修点以及专业维修人员来进行维修。

1. 常见软件故障的现象、原因和处理方法

（1）常见软件故障的现象

1）错误提示。软件发生故障时，许多错误能够被应用软件或操作系统捕获，并给出相应提示，这类故障一般是由软件自身缺陷、软件冲突、配置不当或错误操作引起的。

2）应用软件无法正常启动。这类故障一般由软件冲突、错误操作、配置不当或病毒引起。

3）系统工作速度突然变慢。这类故障一般由病毒、软件冲突引起。

（2）常见软件故障的原因

1）软件自身的缺陷。

2）软件冲突。由两种或多种软件和程序的运行环境、存取地址等发生冲突，从而造成系统工作紊乱，软件无法正常运转。

3）错误操作。由于用户执行的错误操作或发送了错误的命令导致计算机出现故障。

4）计算机病毒。计算机病毒是造成软件故障的"罪魁祸首"，包括修改系统文件、破坏存储的数据等，并且还会将这些病毒文件传播给其他计算机。有的病毒还能将自己隐藏起来，像定时炸弹一样伺机爆发。

5）系统配置不当。系统配置分为系统启动时的基本 CMOS 芯片配置、系统引导过程配置和系统命令配置。如果这些配置的参数和设置不正确，计算机便会不工作或出现操作故障。

6）突然断电。如果正在全速处理各种数据的计算机突然断电，可能会造成系统文件以及相关数据文件的丢失。

（3）常见软件故障的处理方法

1）使用杀毒软件。如果系统或应用程序出现莫名其妙的运行变慢或出错，应当使用杀毒软件扫描整个系统，以确定是否系统中毒。

2）对于单个应用程序故障，一般可以重新安装该程序。如果对系统比较熟悉，可以先查看系统配置与要求，再决定是否重新安装。

3）重装操作系统。当无法确定系统是否中毒或是哪那个应用出错，可以重新安装操作系统。但需要注意的是，重新安装操作系统，需要在安装前备份重要的数据文件，否则可能造成数据丢失。

4）对应用软件进行升级。

2. 常见硬件故障的原因和处理方法

计算机出现硬件故障的原因主要与使用环境较差、使用者的不良操作习惯、硬件的自然老化以及硬件产品的质量低劣等相关。在通常情况下，只要查找出产生故障的硬件设备并将其更换，即可排除系统的硬件故障。

1.4 计算机病毒及其防治

学习目标

1. 了解计算机病毒的概念、特征和分类。
2. 了解计算机病毒的主要危害及防治方法。

计算机病毒这个词是从生物医学中的病毒概念中引申而来的。计算机病毒之所以被称为病毒，是因为它与生物医学上的病毒有着很多的相同点，即同样有传染性和破坏性。

1.4.1 计算机病毒概述

学习要点

- 掌握计算机病毒的基本概念。
- 了解计算机病毒的种类。

学习指导

1. 计算机病毒的定义

《中华人民共和国计算机信息系统安全保护条例》中指出，计算机病毒是编制者在计算机程序中插入的破坏计算机功能或者数据的代码，是能影响计算机使用、能自我复制的一组计算机指令或者程序代码。

计算机病毒是一个程序或一段可执行码。就像生物病毒一样，它具有自我繁殖、互相传染以及激活再生等生物病毒特征。计算机病毒有独特的复制能力，能够快速蔓延，又常常难以根除。它能把自身附着在各种类型的文件上，当文件被复制或从一个用户传输到另一个用户时，它就随同文件一起蔓延开来。

计算机病毒一般具有寄生性、破坏性、传染性、潜伏性和隐蔽性等特征。

（1）寄生性　计算机病毒通常是一种特殊的寄生程序，即不是一个单独的、完整的计算机程序，而是寄生在其他可执行的程序中。因此，它能享有被寄生的程序所能得到的一切权限。

（2）破坏性　计算机中毒后，可能会导致正常的程序无法运行，计算机内的文件被删除或受到不同程度的损坏。它还能破坏引导扇区及 BIOS，甚至其他硬件环境。

（3）传染性　传染性是指计算机病毒通过修改别的程序将自身的复制品或其变体传染到其他无毒的对象上，这些对象可以是一个程序，也可以是系统中的某一个部件。

（4）潜伏性　潜伏性是指计算机病毒可以依附于其他媒体寄生的能力，即侵入后的病毒会潜伏到条件成熟才发作。

（5）隐蔽性　计算机病毒具有很强的隐蔽性，有些很难通过杀毒软件检查出来。隐蔽性使得计算机病毒时隐时现、变化无常，这类病毒处理起来非常困难。

（6）可触发性　编制计算机病毒的人，一般都为病毒程序设定了一些触发条件，如系统时钟的某个时间或日期、系统运行了某些程序等。一旦条件满足，计算机病毒就会"发作"，使系统遭到破坏。

2. 计算机病毒的分类

计算机病毒的分类方法很多，按计算机病毒的感染方式可分为如下几类。

（1）引导型病毒　引导型病毒指寄生在磁盘引导区或主引导区的计算机病毒。此种病毒利用系统引导时，不对主引导区的内容正确与否进行判别的缺点，在引导型系统启动的过程中侵入并驻留在内存中，监视系统运行，伺机传染和破坏。按照引导型病毒在磁盘上的寄生位置又可细分为主引导记录病毒和分区引导记录病毒。

（2）文件型病毒　文件型病毒主要通过感染计算机中的可执行文件（.exe）和命令文件（.com），对源文件进行修改，使其成为新的带毒文件。一旦计算机运行该文件就会被感染，从而达到传播的目的。

（3）混合型病毒　混合型病毒是指同时具有引导型病毒和文件型病毒寄生方式的计算机病毒，所以它的破坏性更大，传染的机会也更多，查杀也更困难。这种病毒扩大了病毒程序的传染途径，它既感染磁盘的引导记录，又感染可执行文件。当感染此种病毒的磁盘用于引导系统或调用执行染毒文件时，病毒都会被激活。因此在检测、清除混合型病毒时，必须全面、彻底地根治。如果只发现该病毒的一个特性，把它只当作引导型或文件型病毒进行清除，则会留下巨大隐患，这种经过消毒后的"洁净"系统更有破坏性。

（4）宏病毒　宏病毒是一种寄存在文档或模板的宏中的计算机病毒。一旦打开这样的文档，其中的宏就会被执行，于是宏病毒就会被激活，转移到计算机上，并驻留在 Normal 模板上。从此以后，所有自动保存的文档都会"感染"上这种宏病毒，而且如果其他用户打开了感染病毒的文档，宏病毒又会转移到其计算机上。

1.4.2　计算机病毒的危害及防治

学习要点

- 了解计算机病毒的危害及主要防治方法。

学习指导

1. 计算机病毒的主要危害

随着计算机在人们工作、生活中的应用越来越深入，计算机病毒的危害也越来越大，主要表现为以下几点：

1）病毒发作时，将对计算机信息数据造成直接破坏。

2）非法侵占磁盘空间，破坏信息数据。

3）抢占系统资源。

4）影响计算机运行速度。

5）病毒代码本身的错误给计算机系统带来一些不可预见的危害。

6）给用户造成严重的心理压力。

2. 计算机感染病毒的常见症状

计算机感染病毒后，常见的症状有以下几种：

1）磁盘文件数目无故增多。

2）系统的内存空间明显变小。

3）文件的日期/时间值被修改成新近的日期或时间（用户自己并没有修改）。

4）感染病毒后的可执行文件的长度通常会明显增加。

5）正常情况下可以运行的程序却突然因内存区不足而不能载入。

6）程序加载时间或程序执行时间比正常的明显变长。

7）计算机经常出现死机现象或不能正常启动。

8）显示器上经常出现一些莫名其妙的信息或异常现象（蓝屏）。

3. 计算机病毒的防治

（1）计算机病毒的预防　计算机病毒防治的关键是做好预防工作，即防患于未然。首先，在思想上要给予病毒足够的重视，采用"预防为主，防治结合"的方针；其次，应尽可能切断病毒的传播途径，养成对计算机进行病毒检测的习惯，平时多留意一下计算机的反常现象，及早发现、及早清除；最后，在计算机中装入具有动态检测病毒入侵功能的软件，安装、设置防火墙，安装实时监测杀毒软件，以及对文件采用加密方式传播等。

（2）计算机病毒的检测与清除　计算机病毒检测与清除主要通过杀毒软件来实现。杀毒软件通常集成监控识别、病毒扫描、清除以及自动升级等功能，有的杀毒软件还带有数据恢复等功能。

目前，市场上查杀病毒的软件有许多种，常见的有 360 杀毒、金山毒霸、瑞星、卡巴斯基、诺顿等。

习　题

一、选择题

1. 世界上第一台电子计算机取名为_____。

  A. UNIVAC   B. EDSAC   C. ENIAC   D. EDVAC

2. 一个完整的计算机系统通常包括_____。

  A. 硬件系统和软件系统   B. 计算机及其外部设备

  C. 主机、键盘与显示器   D. 系统软件和应用软件

3. 在计算机内部，不需要编译计算机就能直接执行的语言是_____。

  A. 自然语言   B. 机器语言   C. 汇编语言   D. 高级语言

4. 微型计算机中运算器的主要功能是_____。

  A. 算术运算   B. 逻辑运算

  C. 算术运算和逻辑运算   D. 函数运算

5. 计算机存储数据的基本单位是_____。

  A. 位   B. 字节   C. 字长   D. 千字节

6. 一个字节包括_____个二进制位。

  A. 8   B. 16   C. 32   D. 64

7. 在断电后，_____中的信息将会丢失。

  A. ROM   B. 硬盘   C. 软盘   D. RAM

8. 机器语言程序在机器内是以_____形式表示的。

  A. ASCII 码   B. 国标码   C. BCD 码   D. 二进制编码

9. 以下属于高级语言的有_____。
　　A. 汇编语言　　　　　B. C 语言　　　　　C. 机器语言　　　　　D. 以上都是

10. 计算机最早的应用领域是_____。
　　A. 科学计算　　　　　B. 过程控制　　　　　C. 数据处理　　　　　D. 辅助工程

11. 英文缩写 CAD 的中文意思是_____。
　　A. 计算机辅助设计　　　　　　　　　　　B. 计算机辅助制造
　　C. 计算机辅助教学　　　　　　　　　　　D. 计算机辅助管理

12. 将十进制数 97 转换成二进制数为_____。
　　A. 1011111　　　　　B. 1100001　　　　　C. 1101111　　　　　D. 1100011

13. 与十六进制数 AB 等值的十进制数是_____。
　　A. 171　　　　　　　B. 173　　　　　　　C. 175　　　　　　　D. 177

14. 大写字符"B"的 ASCII 码值是_____。
　　A. 65　　　　　　　　B. 66　　　　　　　　C. 41H　　　　　　　D. 97

15. 汉字在计算机内部的传输、处理和存储都使用汉字的_____。
　　A. 字形码　　　　　　B. 输入码　　　　　　C. 机内码　　　　　　D. 国标码

16. 多媒体处理的是_____。
　　A. 模拟信号　　　　　B. 音频信号　　　　　C. 视频信号　　　　　D. 数字信号

17. 计算机中所有信息的存储都采用_____。
　　A. 二进制　　　　　　B. 八进制　　　　　　C. 十进制　　　　　　D. 十六进制

18. 下列各进制的整数中，值最大的是_____。
　　A. 十进制 10　　　　B. 八进制 10　　　　C. 十六进制 10　　　　D. 二进制 10

19. 国际通用的 ASCII 码的码长是_____。
　　A. 7　　　　　　　　B. 8　　　　　　　　C. 12　　　　　　　　D. 16

20. 将二进制数（10.10111）转化为十进制数是_____。
　　A. 2.78175　　　　　B. 2.71785　　　　　C. 2.71875　　　　　D. 2.81775

二、简答题

1. 计算机的主要特点有哪些？
2. 计算机的主要应用领域有哪些？
3. 计算机中为什么要使用二进制数？
4. 计算机语言有哪些，各有什么特点？

实训任务一　计算机基础知识

一、实训目的

1. 掌握正确的开机与关机方法。
2. 能正确使用键盘和鼠标。
3. 掌握中英文输入方法。
4. 了解计算机硬件。

二、实训学时

2 学时。

三、实训内容及要求

任务一　参观机房

1. 了解机房的管理制度。

2. 在指导教师的带领下，进入机房，观察机房的设备种类、布局。

3. 了解机房中计算机的硬件设备。

任务二　正确开机和关机

1. 开机

开机的时候应该首先打开外部设备，再打开主机。例如，一台计算机有主机、显示器、音箱，在开机的时候，应首先打开音箱和显示器电源开关，之后再打开主机电源开关。

注意：

1）开机过程中如果出现一些简单问题，在教师指导下解决。例如，系统提示"Not a System Disk"，出现这种情况的原因可能是因为设置了 U 盘或光盘优先引导但没有提供相应的引导系统而造成的。

2）理解冷启动、热启动和复位启动。计算机的启动方式分为冷启动和热启动。冷启动是通过加电来启动计算机；热启动是指在计算机运行中，重新启动计算机的过程。

① 冷启动。当计算机未加电时，一般采用冷启动的方式开机。冷启动的步骤是：检查显示器电源指示灯是否已亮，若电源指示灯不亮，则按下显示器电源开关，给显示器通电；若电源指示灯已亮，则表示显示器已经通电。按下主机电源开关，给主机加电。为什么在冷启动过程要先开外设电源开关，再开主机呢？开机过程即是给计算机加电的过程，在一般情况下，计算机硬件设备中需加电的设备有显示器和主机。由于电器设备在通电的瞬间会产生电磁干扰，这对相邻的正在运行的电器设备会产生副作用，所以对开机过程的要求是：先开显示器，再开主机。

② 热启动。热启动是指在计算机已经开机，并进入 Windows 操作系统后，由于增加新的硬件设备和软件程序或修改系统参数，系统会需要重新启动。热启动的步骤是：单击桌面上的"开始"按钮，再单击"关机"按钮右侧的箭头，在弹出的菜单中选择"重新启动"命令。

③ 复位启动。在计算机工作过程中，由于用户操作不当、软件故障或病毒感染等多种原因造成计算机"死机"时，可以用复位启动方式来重新启动计算机，即单击机箱面板上的"复位"按钮（也就是"Reset"按钮）。如果系统复位还不能启动计算机，再用冷启动的方式启动。

2. 关机

关机过程即是给计算机断电的过程，这一过程与开机过程正好相反。正确的顺序是：应先关主机，再关外部设备。在 Windows7 操作系统中关机时，应先关闭所有的应用程序，之后单击桌面上的"开始"按钮，再单击"关机"按钮，最后关闭外部设备，完成关机操作。如果系统不能自动关闭时，可选择强行关机。其方法是按下主机电源开关不放手，持续 5 秒，即可强行关闭主机，最后关闭显示器电源。

注意：

1）不能频繁地开、关机，因为这样对各配件的冲击很大，尤其是对硬盘的损伤更严重。一般关机后距下一次开机时间至少应为 10 秒。

2）当计算机工作时，应避免进行关机操作。例如，计算机正在读写数据时突然关机，很可能会损坏驱动器（硬盘，软驱等）；更不能在机器正常工作时搬动机器。

任务三　键盘和鼠标的使用

1. 认识键盘

键盘是向计算机提供指令和信息的必备工具之一，是计算机系统的重要输入设备，用一条电缆线连接到主机机箱。常用键盘有 101 键和 104 键两种。

键盘按键可分为四个区：主键盘区、数字键盘（也称小键盘）区、光标控制键区、功能键区，如图 1-22 所示。

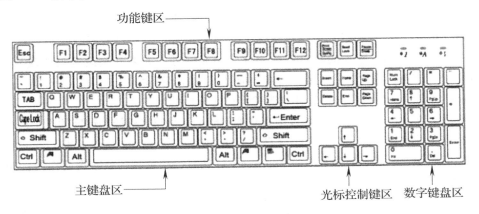

图 1-22　键盘按键分区

（1）主键盘区　主键盘区包括字符键（如字母键、数字键、特殊符号键）及一些用于控制方面的键。

字符键：每按一次字符键，就在屏幕上显示一个对应的字符。如果按住一个字符键不放，屏幕上将连续显示该字符。

〈Space〉键（空格键）：位于主键盘下方的最长键，用于输入一个空格字符，且将光标右移一个字符的位置。〈Space〉键也属于字符键。

〈Enter〉键（回车键）：当用户输入完一条命令时，必须按〈Enter〉键，表示该条命令输入结束，计算机方可接受所输入的命令。在有些编辑软件中，该键也表示为换行。

〈Backspace〉键（退格键）：位于主键盘的右上角，有些键盘中该键标有 "←" 符号。用于删除光标左边的字符，且光标左移一个字符的位置。

〈Caps Lock〉键（大小写锁定键）：用于将字母键锁定在大写或小写状态。键盘右上角的 Caps Lock 显示灯标明了该键的状态。若灯亮，表示直接按字母键输入的是大写字母；若灯灭，表示直接按字母键输入的是小写字母。

〈Shift〉键（上档键）：该键通常与其他键配合使用。主键盘有些键上标有两个字符，当直接按这类键时，输入的是该键所标示的下面的字符；如果需要输入这类键所标示的上面的字符，则只要按住〈Shift〉键的同时按该键即可。另外，〈Shift〉键还可以用于临时转换字母的大小写输入，即键盘锁定在大写输入方式时，如果按住〈Shift〉键的同时按字母键即可输入小写字母；反之，键盘锁定在小写输入方式时，如果按住〈Shift〉键的同时按字母键即可输入大写字母。

〈Ctrl〉键（控制键）：该键通常与其他键配合使用才具有特定的功能，且在不同的系统中功能不同。

〈Alt〉键（转换键）：该键通常与其他键配合使用才具有特定的功能，且在不同的系统中功能不同。

（2）光标控制键区 在该区一共有 10 个键，这里只介绍它们的常用功能，在不同的系统中它们可能有其他作用。

〈↑〉、〈↓〉、〈←〉、〈→〉键（方向键）：用来上、下、左、右移动光标位置。

〈Page Up〉、〈Page Down〉键：利用光标前后移动"页"。

〈Home〉、〈End〉键：用于将光标移动到一行的行首或行尾。

〈Insert（Ins）〉键（插入键）：该键实际上是一个"插入"和"改写"的开关键。当开关设置为"插入"状态时，输入的字符都插入在当前光标处；如果开关设置为"改写"状态，且当前光标处有字符，则此时输入的字符将当前光标处的字符覆盖上。

〈Delete（Del）〉键（删除键）：用来删除当前光标后的字符。

（3）数字键盘区 该键盘区的多数键有双重功能：一是与光标控制键区的十个键有相同功能，二是相当于计算器功能。在这个小键盘的左上角有一个〈Num Lock〉键，该键就是在这两个功能之间做切换，当小键盘上面的 Num Lock 灯亮时，小键盘的数字键起作用；如果 Num Lock 灯灭时，则小键盘的光标控制键有效。

（4）功能键区 在不同的系统中，12 个功能键〈F1〉～〈F12〉的作用是不相同的，但它们的主要作用是为了提高计算机的输入速度。

（5）其他键

〈Esc〉键（退出键）：在很多系统中该键都有强行中断、结束当前状态或操作的作用，但在有些系统中也有其他作用。

〈Print Screen〉键：用于将屏幕上的信息输出到打印机或剪贴板。

〈Pause/Break〉键（暂停/中断键）：单按该键，则执行暂停命令或程序，按其他键后可以继续；如果按住〈Ctrl〉键的同时按该键，就是终止系统的运行，不能再继续。

2. 键盘应用基础训练

正确的键盘指法是提高计算机信息输入速度的关键。因此，初学计算机的用户必须从一开始就严格按照正确的键盘指法进行操作。

（1）正确的姿势 只有正确的姿势才能做到准确快速地输入而又不容易疲劳。

1）调整椅子的高度，使得前臂与键盘平行，前臂与后臂成略小于 90°；上身保持笔直，并将全身重量置于椅子上。

2）手指自然弯曲成弧形，指端的第一关节与键盘成垂直角度，两手与两前臂成直线，手不要过于向里或向外弯曲。

　　3）打字时，手腕悬起，手指指尖要轻轻放在字键的正中面上，两手拇指悬空放在〈Space〉键上。此时的手腕和手掌都不能触及键盘或机桌的任何部位。

　　(2) **击键**　顾名思义，就是手指要用"敲击"的方法去轻轻地击打字键，击毕即缩回。

　　(3) **键盘指法**　分区键盘的指法分区如图1-23所示。要求操作者必须严格按照键盘指法分区规定的指法敲击键盘，这里不适合"互相帮助"的原则。

图1-23　指法分区图

　　3. **认识鼠标**

　　控制屏幕上的鼠标箭头准确地定位在指定的位置处，然后通过击键（左键或右键）发出命令，完成各种操作。

　　鼠标根据工作原理分为光电式鼠标和机械式鼠标，如图1-24所示，也可根据传输介质分为有线鼠标和无线鼠标。

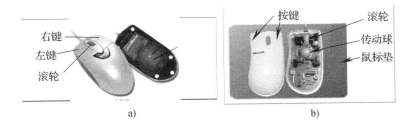

图1-24　光电式鼠标和机械式鼠标

a) 光电式鼠标　b) 机械式鼠标

　　4. **掌握鼠标的操作**

　　移动鼠标：移动屏幕上的鼠标指针。

　　单击左键：选择对象，或选择执行某个菜单命令。

　　双击左键：打开文件/文件夹，或运行与所指对象相关联的应用程序。

　　左键拖放：移动对象/复制对象/创建对象快捷方式等。

　　单击右键：弹出所指对象的快捷菜单。

　　向前/向后转动滚轮：显示窗口中前面/后面的内容。

　　在Windows操作系统中，不同的鼠标指针形状有不同的含义，见表1-5。

表 1 - 5　鼠标指针的常见形状及含义

指针形状	含义	指针形状	含义
↖	标准选择	↕	调整窗口垂直大小
I	文字选择	↔	调整窗口水平大小
↖?	帮助选择	↘	窗口对角线调整
↖⧗	后台操作	↗	窗口对角线调整
⧗	系统忙	✥	移动对象

任务四　文字录入

1. 用"金山打字通"软件进行指法练习。

2. 用"金山打字通"软件练习英文打字 15 分钟后进行速度测试。

3. 用"金山打字通"软件练习中文打字 15 分钟后进行速度测试。

注意：若计算机中没有安装"金山打字通"软件，可在"写字板"中练习。进入方法为：单击 Windows 桌面上的"开始"按钮，选择"所有程序"→"附件"→"写字板"命令。

项目二　Windows 7 操作系统

2.1　操作系统简介

学习目标

1. 操作系统的分类和功能。
2. Windows 7 的启动和退出。
3. 操作系统的概念。

2.1.1　操作系统的功能

操作系统（Operating System，简称 OS）是管理和控制计算机硬件和软件资源、合理地组织计算机工作流程以及方便用户使用计算机的一个大型程序，是用户与计算机的接口。

学习要点

- 了解操作系统的分类和功能。

学习指导

1. 操作系统的五大功能

1）进程管理。又称处理器管理，其主要任务是对处理器的时间进行合理分配，对处理器的运行实施有效的管理。

2）存储器管理。因为多道程序共享内存资源，所以存储器管理的主要任务是对存储器进行分配、保护和扩充。

3）设备管理。根据确定的设备分配原则对设备进行分配，使设备与主机能够并行工作，为用户提供良好的设备使用界面。

4）文件管理。有效地管理文件的存储空间，合理地组织和管理文件系统，为文件访问和文件保护提供更有效的方法及手段。

5）用户接口。用户操作计算机的界面称为用户接口（或用户界面），通过该接口，用户只需进行简单操作，就能实现复杂的应用处理。

2. 操作系统的分类

操作系统种类繁多，很难用单一标准统一分类。

1）根据应用领域划分：可分为桌面操作系统、服务器操作系统和嵌入式操作系统。

2）根据所支持的用户数目划分：可分为单用户操作系统（如 MS DOS、OS/2、Windows）和多用户操作系统（如 UNIX、Linux、MVS）。

3）根据源码开放程度划分：可分为开源操作系统（如 Linux、FreeBSD）和闭源操作系统（如 Mac OS X、Windows）；根据硬件结构，可分为网络操作系统（Netware、Windows NT、OS/2 Warp）、多媒体操作系统（Amiga）和分布式操作系统等。

4）根据操作系统使用环境和对作业处理方式划分：可分为批处理操作系统（如 MVX、DOS/VSE）、分时操作系统（如 Linux、UNIX、XENIX、Mac OS X）和实时操作系统（如 iEMX、VRTX、RTOS、RT Windows）。

学习链接

◆ 单用户操作系统是指一台计算机在同一时间只能由一个用户使用，该用户独自享用系统的全部硬件和软件资源。而如果在同一时间允许多个用户同时使用计算机，则称为多用户操作系统。早期的 DOS 操作系统是单用户单任务操作系统，Windows 操作系统则是单用户多任务操作系统。

2.1.2 Windows 7 简介

学习要点

- 了解 Windows 7 的优点。

学习指导

Windows 7 是微软（Microsoft）继 Vista 之后的又一个新版操作系统，是 Windows 操作系统的一次重大革命创新，在功能、安全性、个性化、可操作性和功耗等方面都有很大的改进。与以往的 Windows 操作系统相比，Windows 7 具有以下特点：

1）更易用。Windows 7 做了许多方便用户的设计，如快速最大化、窗口半屏显示、跳跃列表、系统故障快速修复等，这些新功能令 Windows 7 成为最易使用的 Windows 操作系统。

2）更快速。Windows 7 大幅缩减了系统的启动时间。据实测，在 2008 年的中低端配置计算机下运行，系统加载时间一般不超过 20 秒，这与 Vista 启动的 40 余秒相比，是一个很大的进步。

3）更简单。Windows 7 将会让搜索和使用信息更加简单，包括本地、网络和互联网搜索功能；直观的用户体验将更加高级，还会整合自动化应用程序提交和交叉程序数据透明性。

4）更安全。Windows 7 包括了改进了的安全和功能合法性，还会把数据保护和管理扩展到外围设备。Windows 7 改进了基于角色的计算方案和用户账户管理，在数据保护和坚固协作的固有冲突之间搭建沟通桥梁，同时也会开启企业级的数据保护和权限许可。

5）成本更低。Windows 7 可以帮助企业优化它们的桌面基础设施，具有无缝操作系统、应用程序和数据移植功能，并简化 PC 供应和升级，进一步朝完整的应用程序更新和补丁方面努力。

学习链接

◆ Windows 7 是微软公司在 DOS、Windows 3. X、Windows 95、Windows 98、Windows XP、Windows Vista 之后推出的计算机操作系统。Windows 7 有 6 个主要版本：

1）Windows 7 Starter（入门版）。

2）Windows 7 Home Basic（家庭普通版），不支持 Windows Areo 主题。

3）Windows 7 Home Premium（家庭高级版），支持 Windows Media Center（媒体中心）功能、家庭组和多点触控功能）

4）Windows 7 Professional（专业版），支持 Windows XP 模式，兼容 XP 应用程序。

5）Windows 7 Enterprise（企业版）。

6）Windows 7 Ultimate（旗舰版），支持多语言，可实现 35 种语言之间的切换。

2.1.3 启动和退出 Windows 7

学习要点

● 掌握启动和退出 Windows 7 的基本方法。

学习指导

1. Windows 7 的开机登录

首先确定主机和显示器都接通电源，按下主机电源开关后，系统会自动进行硬件自检，引导操作系统启动等一系列动作。登录时依次显示如图 2 - 1 和图 2 - 2 所示界面。

图 2 - 1　Windows 7 的欢迎界面　　　图 2 - 2　登录界面

进入用户登录界面后，如果有多个账户名并设置了登录密码，则用户只有选择账户并输入正确的密码，才能登录到桌面进行操作。如果计算机里只设有一个账户，并且该账户没有设置密码，则开机后系统会自动登录到桌面。

2. Windows 7 的退出

（1）关闭　Windows 7 的关闭过程相比以前的 Windows 系统变得更加简单，而且关闭速度也更加迅速。单击"开始"按钮，再单击"关机"按钮即可。如果有更新，则会自动安装更新文件，安装完毕后即会自动关闭系统。

（2）Windows 7 的重新启动　单击"开始"按钮，再单击"关机"按钮旁边的箭头按钮，在弹出的菜单中选择"重新启动"命令即可，如图2-3所示。

（3）Windows 7 的睡眠与锁定

1）睡眠：操作系统的一种节能状态，即将运行中的数据保存在内存中并将计算机置于低功耗状态，可以按〈Wake Up〉键唤醒。

2）锁定：进入登录状态，如果设置有密码，则必须输入密码方能进入锁定前的状态。

"睡眠"和"锁定"时若已经设置过登录密码，则重新进入系统还需要输入密码。

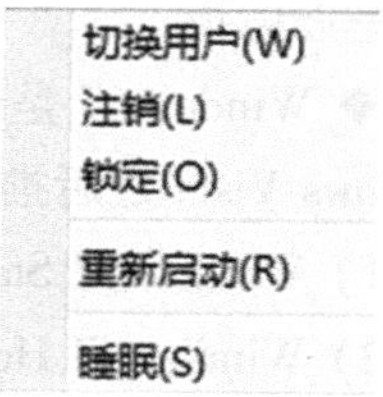

图2-3　"关机"菜单

2.2　图形用户界面操作

学习目标

1. Windows 7 的桌面、窗口和对话框。
2. Windows 7 中菜单的基本操作。

2.2.1　认识 Windows 7 的桌面

学习要点

● 了解 Windows 7 的桌面组成。

学习指导

1. 认识桌面

桌面是用户启动 Windows 7 之后见到的主屏幕区域，也是用户执行各种操作的区域。在桌面中，包含了"开始"按钮、桌面图标、任务栏和通知区域等，如图2-4所示。

图2-4　Windows 7 桌面的组成部分

1）"开始"按钮：位于桌面的左下角，单击该按钮即可弹出"开始"菜单。通过"开始"菜单用户可以启动应用程序、打开文件、修改系统设定值、搜索文件、获得帮助、关闭系统等。

2）桌面图标：在桌面的左边，有许多个上面是图形、下面是文字说明的组合，这种组合叫作图标。用户可以根据自己的使用习惯，添加用户文件、计算机、网络和控制面板等图标，还可以自己创建快捷方式图标。

3）任务栏：位于桌面最下方，提供快速切换应用程序、文档和其他窗口的功能。在运行多个应用程序的情况下，可以通过单击任务栏上的图标快速切换程序。

4）通知区域：位于任务栏的右侧，用于显示时间和一些程序的运行状态和系统图标。单击这些图标，通常会打开与该程序相关的设置，也称系统托盘区域。

2．使用桌面图标

（1）添加桌面图标与锁定　Windows 7 刚安装好后，系统默认下只有一个"回收站"图标，用户可以选择添加"计算机""网络"等系统图标。添加系统图标的方法如下：

1）在桌面空白处右击鼠标，在弹出的快捷菜单中选择"个性化"命令，如图 2-5 所示。

2）单击"个性化"窗口左侧的"更改桌面图标"项，如图 2-6 所示。

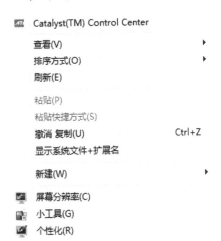

图 2-5　选择"个性化"命令　　　　图 2-6　"个性化"窗口

3）打开"桌面图标设置"对话框，选中"计算机"和"网络"两个复选框，然后单击"确定"按钮，即可在桌面添加这两个图标，如图 2-7 所示。

（2）快捷方式图标　双击快捷方式图标可以快速启动相应的应用程序。下面以添加"画图"快捷方式图标为例，介绍在桌面添加快捷方式图标的方法。

1）单击"开始"按钮，然后单击"所有程序"命令展开列表，如图 2-8 所示。

2）单击其中的"附件"项，找到"画图"命令，如图 2-9 所示。

图 2-7 "桌面图标设置"对话框

图 2-8 "所有程序"列表

图 2-9 "画图"命令

3) 鼠标右击"画图"命令，在弹出的快捷菜单中选择"发送到"→"桌面快捷方式"命令，如图 2-10 所示。

桌面出现"画图"快捷方式图标，如图 2-11 所示。

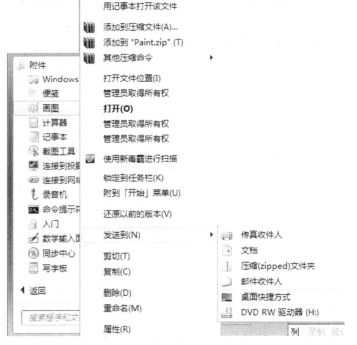

图 2-10 快捷菜单

图 2-11 "画图"快捷方式图标

（3）排列桌面图标　当用户安装了新的程序后，桌面也会相应添加更多的快捷方式图标。为了更快捷地使用图标，可以将图标按照用户的要求顺序排列。

除了用鼠标拖动图标随意安放外，用户也可以按照名称、大小、类型和修改日期来排列桌面图标。

1）在桌面空白处右击鼠标，然后在弹出的快捷菜单中选择"排序方式"→"项目类型"命令，如图2－12所示。

2）桌面上的图标即可按照类型的顺序排列，如图2－13所示。

（4）删除图标　如果桌面上的图标太多，用户可以根据自己的需求删除一些不必要放在桌面上的图标。删除了图标，只是把该程序的快捷方式删除了，图标对应的程序并未删除，用户还可以在安装路径或"开始"菜单里运行该程序。

1）在桌面选中"画图"图标，右击鼠标，弹出快捷菜单，如图2－14所示。

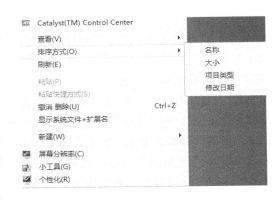

图2－12　选择"排序方式"→
"项目类型"命令

图2－13　桌面上的图标按类型的顺序排列

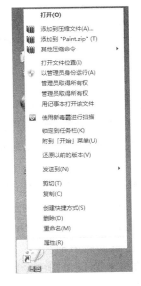

图2－14　快捷菜单

2）选择菜单中的"删除"命令，弹出"删除快捷方式"对话框，单击"是"按钮，即可将"画图"图标删除到回收站里，如图2－15所示。

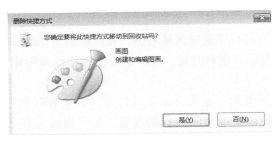

图2－15　删除"画图"图标

　　除了使用快捷菜单删除图标外，也可以用鼠标直接拖拽图标至回收站里。如果要完全删除图标，则可以按住〈Shift〉键后再右击鼠标，在弹出的快捷菜单中选择"删除"命令，此时图标不进入回收站而直接删除。

　　（5）使用任务栏　任务栏是位于桌面下方的一个条形区域，它显示了系统正在运行的程序、打开的窗口和当前时间等内容，用户通过任务栏可以完成许多操作。任务栏最左边圆（球）形的立体按钮便是"开始"按钮。在"开始"按钮右边依次是快速启动区（包含 IE 图标、库图标等系统自带程序、当前打开的窗口和程序等）、语言栏（输入法语言）、通知区域（系统运行程序设置显示和系统时间日期）、"显示桌面"按钮（单击此按钮即可显示完整桌面，再单击即会还原），如图 2 - 16 所示。

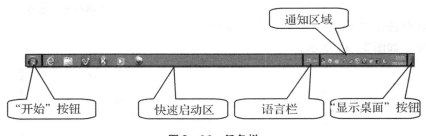

图 2 - 16　任务栏

　　（6）任务栏按钮操作　　Windows 7 的任务栏将计算机的同一应用程序的不同文档集中在同一个图标上。如果是尚未运行的程序，则单击相应图标可以启动对应程序；如果是运行中的程序，单击图标则会将此程序放在最前端。在任务栏上，用户可以通过鼠标的各种操作来实现不同的功能。

　　1）左键单击：如果图标对应的程序尚未运行，则单击鼠标左键即可启动该程序；如果已经运行，单击左键则会将对应的程序窗口放置于最前端。如果该程序打开了多个窗口和表情，则用左键单击可以查看该程序所有窗口和标签的缩略图，再次单击缩略图中的某个窗口，即可将该窗口显示于桌面的最前端。

　　2）右键单击：右键单击一个图标，可以打开快捷菜单，查看该程序历史记录和解锁任务栏以及关闭该程序命令。

　　（7）通知区域　和之前版本的 Windows 操作系统相比，在默认情况下 Windows 7 的通知区域只会显示最基本的系统图标，分别是操作中心、电源选项（只针对便携式计算机）、网络连接、音量调节、系统时间，其他图标则被隐藏起来，需要单击向上箭头才能看到。

　　（8）系统时间　系统时间位于通知区域右侧，和以前的 Windows 版本相比，Windows 7 的任务栏比较高，可以同时显示日期和时间。右键单击该区域会弹出菜单显示日历和表盘菜单，如图 2 - 17 所示。

　　单击"更改日期和时间设置"链接，还可以打开"日期和时间"对话框，如图 2 - 18 所示。在该对话框中，用户可以更改时间和日期设置，还可以设置在表盘上显示多个附加时钟（最多 3 个）；为了确保时间准确无误，还可以设置时间与 Internet 同步。

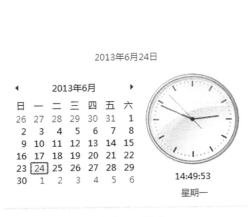

图 2-17　显示日历和表盘菜单

图 2-18 "日期和时间" 对话框

（9）"显示桌面" 按钮　"显示桌面" 按钮位于任务栏最右端，将鼠标移动至该按钮上，会将系统中所有打开的窗口都隐藏，只显示窗口边框；移开鼠标后，会恢复原本的窗口。

如果单击 "显示桌面" 按钮，则所有打开的窗口都会被最小化，不会显示窗口边框，原来打开的窗口则会被恢复显示。

（10）使用 "开始" 菜单　"开始" 菜单由位于屏幕左下角的 "开始" 按钮启动，是操作计算机程序、文件夹和系统设置的主通道。

Windows 7 的 "开始" 菜单和以前的 Windows 系统相比没有太大变化，主要分为 5 个部分：常用程序列表、"所有程序" 命令、常用位置列表、搜索框和 "关机" 按钮组，如图 2-19 所示。

图 2-19　"开始" 菜单

1）常用程序列表：该列表列出了最近经常使用的程序的快捷方式，只要是所有程序列表中运行的程序，系统都会按照使用频率的高低，自动排列在常用列表上。

2）"所有程序"命令：将鼠标指向或单击"所有程序"命令，即可显示系统中安装的所有程序菜单。

3）常用位置列表：该列表里列出了硬盘上常用文件的位置，使用户能快速进入常用文件夹或常用的系统程序。

4）搜索框：在搜索框中输入关键字，即可搜索本机安装的程序或文档。

5）"关机"按钮组：由"关机"按钮和旁边箭头按钮 ▣ 的级联菜单组成，包含关机、切换用户、注销、锁定、重新启动和睡眠这些系统命令。

2.2.2 认识 Windows 7 的窗口

学习要点

- 了解 Windows 7 的窗口组成。

学习指导

窗口是 Windows 系统里最常见的图形界面，其外形为一个矩形的屏幕显示框，用来区分各个程序的工作区域，用户可以在窗口里进行文件、文件夹以及程序的操作和修改。Windows 7 的窗口加入了许多新模式，大大提高了窗口操作的便捷性。

一个典型的窗口包括标题栏、地址栏、搜索栏、菜单栏、工具栏、导航窗格及工作区域等，如图 2-20 所示。

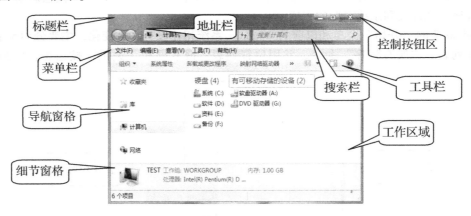

图 2-20 典型的窗口

1）标题栏：位于窗口的顶端。标题栏右端显示"最小化" ▬ 、"最大化/还原" ▢ 、"关闭" ✖ 3 个按钮。

2）地址栏：用于显示和输入当前浏览位置的详细路径信息。

3）搜索栏：具有在计算机中搜索文件的功能（和"开始"菜单中"搜索框"的作用和用法相同）。

4）菜单栏、工具栏：位于地址栏下方，提供了一些基本的工具和菜单。

5）导航窗格：位于窗口的左侧，它给用户提供了树状结构的文件夹列表，从而方便用户迅速定位所需要的目标。

6）工作区域：用于显示主要的内容，是窗口中最主要的部分。

7）细节窗格：位于窗口最底部，用于显示当前系统操作的状态及提示信息，或当前用户对象的详细信息。

2.2.3 操作 Windows 7 的窗口

学习要点

● 掌握 Windows 7 中窗口的基本操作。

学习指导

1. 窗口的最大化、最小化、还原及关闭

1）最大化：若窗口不在最大化状态，直接单击窗口右上角的"最大化"按钮 。

2）最小化：单击窗口右上角的"最小化"按钮 。

3）还原：若窗口在最大化状态，直接单击窗口右上角的"还原"按钮 。

4）关闭：单击窗口右上角的"关闭"按钮 。

2. 移动窗口和改变窗口大小

将鼠标指针移动至窗口标题栏，按住鼠标左键不放进行拖拽可以移动窗口。

将鼠标移动至窗口四周的边框或 4 个角，鼠标指针变成双箭头形状时，按住鼠标左键不放进行拖拽可以改变窗口的大小。（当窗口处于"最大化"状态时，不能改变窗口大小。）

3. 排列窗口

当用户打开多个窗口，需要它们同时处于显示状态时，排列好窗口就会让操作变得方便。Windows 7 提供了层叠、堆叠和并排 3 种窗口排列方式。

打开多个窗口后在任务栏单击鼠标右键，可在弹出的快捷菜单中选择"层叠窗口""堆叠显示窗口"和"并排显示窗口"命令。

4. 切换窗口

用户打开多个窗口时需要在这些窗口之间进行切换预览，可以通过按住〈Alt〉键不放，再按〈Tab〉键进行切换。

2.2.4 认识 Windows 7 的对话框

学习要点

● 了解 Windows 7 的对话框组成。

学习指导

Windows 7 中的对话框多种多样。一般来说，对话框中可操作的元素包括命令按钮、选项卡、下拉列表框、单选按钮、复选框和文本框等（不是所有对话框都包含以上所有元素），如图 2-21 所示。

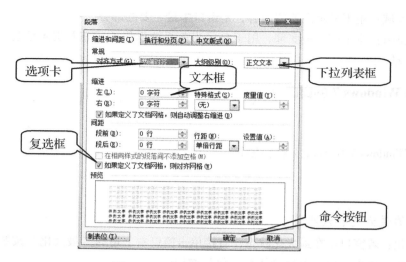

图 2-21　Windows 7 中的对话框

1）选项卡：对话框内一般有多个选项卡，选择不同的选项卡可以切换到相应的设置页面。

2）下拉列表框：列表框在对话框里以矩形显示，里面列出多个选项以供用户选择。

3）单选按钮：单选按钮是一些互斥的选项，每次只能选择其中的一个项目，被选中的圆圈中间会有一个黑点。

4）复选框：复选框中所列出的各个选项不互相排斥，用户可以根据需要选择其中的一个或几个选项。

5）文本框：文本框主要用来接收用户输入的信息，以便正确地完成对话框的操作。

📌学习链接

◆ 对话框与窗口的最大区别是没有最大化和最小化按钮。对话框一般不能改变其形状和大小。

2.2.5　操作 Windows 7 的菜单

📌学习要点

● 掌握 Windows 7 中菜单的基本操作。

📌学习指导

菜单是应用程序中命令的集合，一般都位于窗口的菜单栏里。菜单栏通常由多层菜单组成，每个菜单又包含若干个命令。

1. 打开和关闭菜单

打开：将鼠标指针移到菜单栏上的某个菜单选项，单击即可打开菜单。

关闭：在菜单外面的任何地方单击鼠标，可以取消菜单显示。

2．菜单中的命令项

暗淡的：表示此命令暂时不可执行。

后带省略号"…"：表示选择此命令后，将弹出一个对话框或者一个设置向导。

前有符号"√"：复选命令，在一组命令中可以同时选择多个命令，带"√"表示此命令处于选中状态。

前带符号"●"：单选命令，在一组命令中只能选择一个命令，带"●"表示此命令处于选中状态。

后带符号"▶"：鼠标指向此命令后，会弹出下一级菜单。

带组合键：用户可以通过使用这些组合键，快速直接地执行相应的菜单命令。

3．快捷菜单

当用鼠标右键单击对象时，即可打开包含作用于该对象的命令的快捷菜单。在不同的对象上单击右键，会弹出不同的快捷菜单。图 2－22 所示为"回收站"的快捷菜单。

图 2－22 "回收站"的
快捷菜单

学习链接

◆ 在 Windows 7 中的菜单包括：开始菜单、下拉菜单、控制菜单和快捷菜单。

2.3 Windows 7 的资源管理

学习目标

1．熟悉文件和文件夹的含义、文件名的相关知识。
2．掌握查看文件和文件夹的方法。
3．掌握文件和文件夹的排序和显示的方法。
4．掌握 Windows 7 的资源管理器和库的使用。

2.3.1 认识文件和文件夹

学习要点

● 熟悉文件和文件夹的含义、文件名的相关知识。

学习指导

文件是相关信息的集合。所有的程序和数据都以文件的形式存放在计算机的外存储器里。在计算机上，文件用图标表示，这样便于通过查看其图标来识别文件类型。

1．磁盘、文件和文件夹

磁盘、文件和文件夹三者存在着包含和被包含的关系，下面将分别介绍这三者的相关概念和相互关系。

1）磁盘：通常磁盘是指计算机硬盘划出的分区，用来存放计算机的各种资源。磁盘由盘符来加以区别，盘符通常由磁盘图标、磁盘名称和磁盘使用信息组成，用大写字母加一个冒号来表示，如"E："（简称 E 盘）。用户可以根据自己的需要在不同的磁盘内存放相应的文件或数据，一般来说，C 盘也就是第一个磁盘分区，用来存放系统文件。

2）文件：文件是相关信息的集合，所有的程序和数据都以文件的形式存放在计算机的外存储器上。在计算机上，文件用图标表示，这样便于通过查看其图标来识别文件类型。

3）文件夹：文件夹是存储文件的容器，相关文件保存在一个文件夹中。文件夹还可以存储其他文件夹，文件夹中包含的文件夹通常称为"子文件夹"。

2. 文件名

（1）常用文件名的格式　常用文件名的格式为"文件名 . 扩展名"，其中扩展名是一组字符，这组字符有助于 Windows 理解文件中的信息类型以及应使用何种程序打开这种文件。例如，在文件名 myfile. txt 中，扩展名为 txt，它告诉 Windows 这是一个文本文件。

（2）文件名长度　Windows 通常限定文件名最多包含 260 个字符，但实际的文件名必须少于这一数值，因为完整路径，如"C：\ Program Files \ filename. txt"都包含在此字符数值中。

（3）文件名命名规则

1）文件名中不可以使用下列任何一种字符：\ ／? : * " > < | 。

2）文件名中可以用汉字，一个汉字占两个英文字符的位置。

3）文件名不区分大小写，如 FILE1. DAT 和 file1. dat 是一个文件。

4）文件名可以使用具有多分隔符的名字，如 photo. bmp. zip。

5）通常扩展名为 3 个字符。

3. 磁盘、文件和文件夹之间的关系

文件和文件夹都存放在计算机的磁盘中，文件夹可以包含文件和子文件夹，子文件夹又可以包含文件和子文件夹，以此类推，即形成文件和文件夹的树形关系。

4. 磁盘、文件和文件夹之间的路径

路径指的是文件或文件夹在计算机中存储的位置。当打开某个文件夹时，在地址栏中即可以看到该文件夹的路径。

路径的结构一般包括磁盘名称、文件夹名称和文件名称，它们之间用"\"隔开。如在 F 盘下的"班级"文件夹里的"成绩 . txt"，文件路径显示为"F：\ 班级 \ 成绩 . txt"。

学习链接

◆ 显示或隐藏文件扩展名。依次单击"开始"→"控制面板"→"外观和个性化"→"文件夹选项"，打开"文件夹选项"对话框。

单击"查看"选项卡，然后在"高级设置"栏中执行下列操作之一：

1）若要隐藏文件扩展名，则选中"隐藏已知文件类型的扩展名"复选框，然后单击"确定"按钮。

2）若要显示文件扩展名，则取消勾选"隐藏已知文件类型的扩展名"复选框，然后单击"确定"按钮。

◆ 常用的扩展名见表 2 - 1。

表 2 - 1　常用的扩展名

扩展名	文件类型
BMP、GIF	位图文件
DOC、DOCX（Word 2007 之后）	Word 文件
COM、EXE	命令文件
AVI、RM、MPEG	影像文件
WAV、MP3、MID	声音文件
ZIP、RAR	压缩文件
TXT	文本文件
HTM、HTML	网页文件

2.3.2　查看文件和文件夹

学习要点

● 掌握查看文件和文件夹的方法。

学习指导

　　在 Windows 7 中管理计算机资源时，随时都可以查看文件和文件夹。Windows 7 一般用"计算机"窗口来查看磁盘、文件和文件夹等计算机资源，如图 2 - 23 所示。

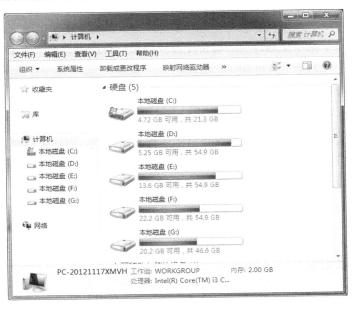

图 2 - 23　"计算机"窗口

1. 通过窗口工作区域查看

窗口工作区域是窗口最主要的部分，通过该区域查看计算机中的资源是最直观的方法。

2. 通过地址栏查看

Windows 7 的窗口地址栏用按钮的形式取代了传统的纯文本方式，并且在地址栏周围取消了"向上"按钮，而仅有"前进"和"后退"按钮。通过地址栏，用户可以轻松跳转与切换磁盘及文件夹目录。地址栏只能显示文件夹和磁盘目录，不能显示文件。

3. 通过导航窗格查看

Windows 7 中"计算机"窗口里的导航功能比 Windows XP 的更加强大和实用，其中增加了"收藏夹""库""网络"等树形目录。用户可以通过导航窗格查看磁盘目录下的文件夹以及文件夹下的子文件夹，不过和地址栏一样，它也无法直接查看文件。

2.3.3 文件和文件夹的排序和显示

🔖学习要点

● 掌握文件和文件夹的排序和显示的方法。

🔖学习指导

在 Windows 7 中，用户可以对文件或文件夹依照一定的规律排列顺序，方便查看。用户还可以对文件和文件夹的显示外观进行改变，系统有几种显示方式以供用户选择。

1. 文件和文件夹的排序

文件和文件夹排序的具体方法就是在窗口空白处右击鼠标，在弹出的快捷菜单中选择"排序方式"命令，在其子菜单里选择所需的排序方式即可。排序方式有"名称""大小""项目类型""修改日期"等几种；Windows 7 还提供了"更多"选项让用户选择；而"递增"和"递减"选项是指确定排序方式后，再按增减顺序排列。

2. 文件和文件夹的显示方式

在窗口中查看文件和文件夹时，系统提供了多种显示方式。用户可以单击工具栏右侧的按钮，更改文件在窗口中的显示方式。单击工具栏中的"视图"按钮

，可以查看每个文件的不同种类信息的视图。单击"视图"按钮右侧的箭头，在弹出的列表中有 8 种排列方式可供选择，如图 2 - 24 所示。

2.3.4 资源管理器和库

🔖学习要点

● 掌握 Windows 7 中资源管理器和库的使用。

图 2 - 24　"视图"列表

学习指导

Windows 7 中的资源管理器和 Windows XP 相比，其功能和外观都有了很大的改进。使用资源管理器可以方便地对文件进行浏览、查看、移动、复制等各种操作，在一个窗口里用户就可以浏览所有磁盘、文件和文件夹。其组成部分和之前介绍的窗口类似，在这里就不再做讲解。

1. 打开库

用户可以选择"开始"→"所有程序"→"附件"→"Windows 资源管理器"命令，或者直接单击任务栏中的"Windows 资源管理器"图标，打开"库"窗口，如图 2-25 所示。

2. 新建库

1）单击左窗格中的"库"项。

2）在"库"的工具栏中单击"新建库"按钮，如图 2-26 所示。

3）键入库的名称，然后按〈Enter〉键。

图 2-25　"库"窗口

图 2-26　新建库

3. 将文件夹添加到库中

1）在"资源管理器"中选定文件夹。

2）单击工具栏中的"包含到库中"，再选择某个库（如"文档"），如图 2-27 所示。

注意：无法将可移动媒体设备（如 CD 和 DVD）和某些 U 盘中的文件夹包含到库中。

4. 删除库中的文件夹

从库中删除文件夹时，不会从原始位置中删除该文件夹及其内容。在"资源管理器"左侧窗格的"库"列表中，右击要删除的文件夹，在弹出的快捷菜单中选择"从库中删除位置"命令；

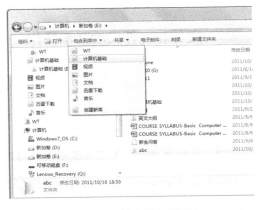

图 2-27　将文件夹添加到库中

或者直接在右侧"库"窗口中右击要删除的文件夹，在弹出的快捷菜单中选择"删除"命令，如图 2 – 28 和图 2 – 29 所示。

图 2 – 28　删除库中的文件夹 1

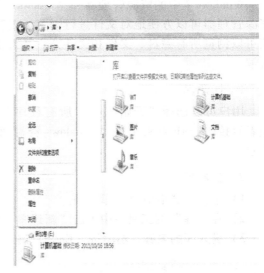

图 2 – 29　删除库中的文件夹 2

学习链接

◆ 在 Windows 7 中，还可以应用库组织访问文件。库可以收集不同位置的文件，并将其显示为一个集合，而无须从其存储位置移动这些文件。库实际上不存储项目，只用于管理文档、音乐、图片和其他文件的位置。可以使用与在文件夹中浏览文件的相同方式浏览库文件。

◆ 在 Windows 7 中，由于引进了库，文件管理更方便。可以把本地或局域网中的文件添加到库中，把文件收藏起来。文件库可以将用户需要的文件和文件夹统统集中到一起，就如同网页收藏夹一样，只要单击库中的链接，就能快速打开添加到库中的文件夹而不管它们原来深藏在本地计算机或局域网当中的任何位置。默认库有文档、音乐、图片和视频。

2.4　文件和文件夹的基本操作

学习目标

1. 掌握 Windows 7 中新建、选择、重命名、移动、复制、删除文件和文件夹的方法。
2. 掌握 Windows 7 中文件和文件夹的高级设置方法。
3. 掌握 Windows 7 中回收站的使用方法。

要想在 Windows 7 操作系统中管理好计算机资源，就必须掌握文件和文件夹的基本操作。这些基本操作包括了创建、选择、移动、复制、删除、重命名文件和文件夹等。

2.4.1　新建、选择、重命名文件和文件夹

🚩学习要点

● 掌握 Windows 7 中新建、选择、重命名文件和文件夹的方法。

🚩学习指导

1．新建文件和文件夹

在使用计算机时，用户新建文件是为了存储数据或者使用应用程序的需要。用户也可以根据自己的需求，创建文件夹来存放相应类型的文件。下面举例介绍新建文件和文件夹的具体步骤：

1）双击桌面上的"计算机"图标，打开"计算机"窗口，然后双击"本地磁盘（E:)"盘符，打开 E 盘。

2）在窗口空白处右击鼠标，在弹出的快捷菜单中选择"新建"→"文本文档"命令。

3）此时窗口出现"新建文本文档.txt"文件，并且文件名"新建文本文档"呈可编辑状态。

4）输入"作业"并按〈Enter〉键，则变为"作业.txt"文件。

5）在窗口空白处右击鼠标，在弹出的快捷菜单中选择"新建"→"文件夹"命令。

6）出现名为"新建文件夹"的文件夹。由于文件夹名处于可编辑状态，直接输入"姓名"字样并按〈Enter〉键，则变成"姓名"文件夹。

2．选择文件和文件夹

用户对文件和文件夹进行操作之前，先要选定文件和文件夹，选中的目标在系统默认下呈蓝色状态显示。Windows 7 提供如下几种选择文件和文件夹的方法。

1）选择单个文件和文件夹：单击文件或文件夹图标即可将其选择。

2）选择多个相邻的文件和文件夹：选择第一个文件或文件夹后，按住〈Shift〉键，然后单击最后一个文件或文件夹。

3）选择多个不相邻的文件和文件夹：选择第一个文件或文件夹后，按住〈Ctrl〉键，单击要选择的文件或文件夹。

4）选择所有文件和文件夹：按〈Ctrl + A〉组合键即可选中当前窗口中所有的文件和文件夹。

5）选择某一区域的文件和文件夹：在需要选择的文件或文件夹起始位置处按住鼠标左键进行拖动，此时在窗口中出现一个蓝色的矩形框，当该矩形框包含了需要选择的文件或文件夹后松开鼠标，即可完成选择。

3．重命名文件和文件夹

用户在新建文件和文件夹后，已经给文件和文件夹命名了。不过实际操作过程中，为了方便用户管理和查找文件和文件夹，要根据用户需求和对其重命名。用户可以将之前新建的"作业.txt"文件和"姓名"文件夹进行重命名。右键单击该文件或文件夹，在弹出的快捷菜单中选择"重命名"命令即可。

2.4.2 移动、复制、删除文件和文件夹

学习要点

- 掌握 Windows 7 中移动、复制、删除文件和文件夹的方法。

学习指导

1. 复制文件和文件夹

复制文件和文件夹的目的是为了防止程序出错、系统问题或电脑病毒所引起的文件损坏或丢失。用户可以使用右键快捷菜单中的"复制"和"粘贴"命令将文件和文件夹备份到磁盘上的其他位置上。

2. 移动文件和文件夹

移动文件和文件夹是指将文件和文件夹从原来位置移动至其他位置，移动的同时，会删除原先位置下的文件和文件夹。在 Windows 7 中，用户可以使用鼠标拖动的方法，或者使用右键快捷菜单中的"剪切"和"粘贴"命令，对文件和文件夹进行移动操作。

注意：这里所说的移动不是指改变文件和文件夹的摆放位置，而是指改变文件和文件夹的存储路径。

3. 删除文件和文件夹

当计算机磁盘中存在损坏或不需要的文件和文件夹时，用户可以将其删除，这样可以保持计算机系统运行顺畅，也节省了计算机的磁盘空间。

删除文件和文件夹的方法有以下几种：

1）选中想要删除的文件和文件夹，然后按〈Delete〉键。

2）右键单击要删除的文件和文件夹，在弹出的快捷菜单中选择"删除"命令。

3）用鼠标将要删除的文件和文件夹直接拖拽到桌面的"回收站"图标上。

4）选中想要删除的文件和文件夹，然后单击窗口工具栏中的"组织"按钮，在弹出的下拉菜单中选择"删除"命令。

学习链接

◆ 将文件和文件夹在不同磁盘分区之间进行拖动时，Windows 的默认是复制；在同一分区中拖动时，Windows 的默认是移动。如果要在同一分区中从一个文件夹复制对象到另一个文件夹，则必须在拖动时按住〈Ctrl〉键，否则将会只移动文件。同样，若要在不同的磁盘分区之间移动文件，则必须在拖动的同时按住〈Shift〉键。

2.4.3 文件和文件夹的高级设置

学习要点

- 掌握 Windows 7 中文件和文件夹的高级设置方法。

学习指导

学会了文件和文件夹的基础操作后，用户还可以对文件和文件夹进行各种设置，以便于更好地管理文件和文件夹。这些设置包括改变文件或文件夹的外观、设置文件夹的只读属性和隐藏属性等。

1. 设置文件和文件夹的外观

文件和文件夹的图标外形都可以进行改变。由于文件是各种应用程序生成的，都有相应固定的程序图标，所以一般无须更改图标。文件夹图标系统默认下都很相似，用户如果想要让某个文件夹更加醒目特殊，可以更改其图标外形。具体方法如下：

1）右击某个文件夹，在弹出的快捷菜单中选择"属性"命令，打开该文件夹的"属性"对话框。选择"自定义"选项卡，单击"文件夹图标"栏里的"更改图标"按钮，如图 2-30 所示。

2）在打开的"更改图标"对话框中选择一张图片作为该文件夹的图标，或者单击"浏览"按钮，在计算机硬盘里寻找一张图片作为该文件夹的图标，如图 2-31 所示。

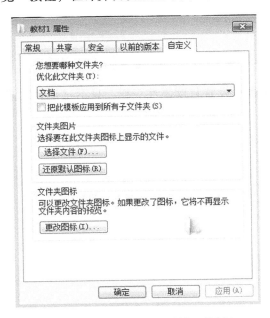

图 2-30 文件夹的"属性"对话框

图 2-31 "更改图标"对话框

2. 更改文件和文件夹的只读属性

文件和文件夹的只读属性表示用户只能对文件和文件夹的内容进行查看访问而无法进行修改。一旦文件和文件夹被赋予只读属性，就可以防止用户误操作删除损坏该文件和文件夹。

要设置文件和文件夹的只读属性，只需要鼠标右键单击文件和文件夹，在弹出的快捷菜单中选择"属性"命令，打开其"属性"对话框，在"常规"选项卡的"属性"栏中选中"只读"复选框，单击"确定"按钮，如图 2-32 所示。

如果文件夹内有文件或文件夹，还会打开"确认属性更改"对话框，选中"将更改应用于此文件夹、子文件夹和文件"单选按钮，然后单击"确定"按钮，如图 2 - 33 所示。

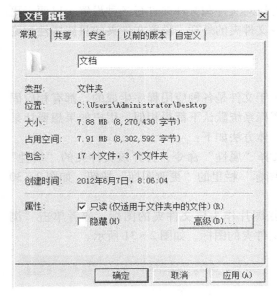

图 2 - 32　"常规"选项卡

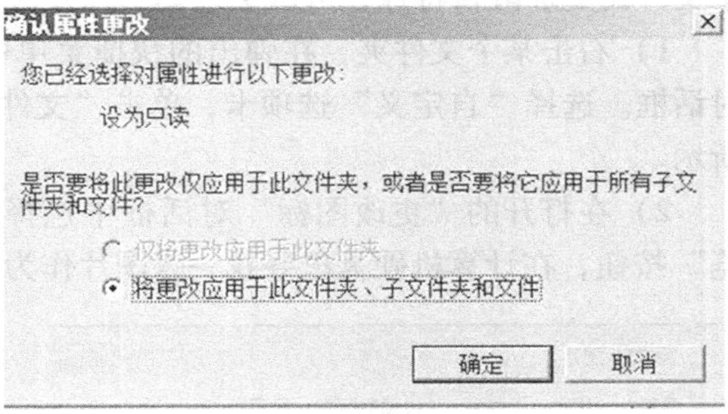

图 2 - 33　"确认属性更改"对话框

如果用户想取消文件和文件夹的只读属性，步骤和设置只读属性一样，只不过是要取消"只读"复选框的选中状态。

3. 隐藏文件和文件夹

如果用户不想让计算机的某些文件和文件夹被其他人看到，可以隐藏这些文件和文件夹。当用户想看时，再将其显示出来。

（1）设置隐藏文件　右击要隐藏的文件和文件夹，在弹出的快捷菜单中选择"属性"命令。在弹出的"属性"对话框的"常规"选项卡中，在"属性"栏里选中"隐藏"复选框，再单击"确定"按钮，如图 2 - 34 所示。

（2）显示隐藏文件　双击桌面上的"计算机"图标，在打开的"计算机"窗口中单击左上角的"组织"按钮，如图 2 - 35 所示，在弹出的下拉列表中选择"文件夹和搜索选项"命令。在弹出的"文件夹选项"对话框中选择"查看"选项卡，如图 2 - 36 所示，然后单击"不显示隐藏的文件夹、文件或驱动器"单选按钮，最后单击"确定"按钮。

图 2 - 34　"属性"对话框

图 2-35 "计算机"窗口

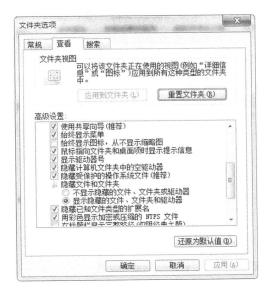

图 2-36 "查看"选项卡

学习链接

◆ 文件和文件夹的搜索功能。Windows 7 操作系统的搜索功能非常方便、快捷，用户要搜索某个文件和文件夹，只需在"计算机"窗口或"开始"菜单中的搜索框里输入该文件或文件夹的名称、名称的部分内容或关键字，系统会根据输入内容自动进行搜索，搜索完成会在窗口或"开始"菜单内显示搜索到的全部内容。

◆ 创建搜索文件。用户可以使用"搜索结果"窗口显示搜索的文件，如果经常要使用同样的搜索操作，则可以单击工具栏中的"保存搜索"按钮，把该搜索结果保存为一个文件夹。以后只要双击该文件夹，即可快速查看搜索结果。

2.4.4 回收站的使用

学习要点

● 掌握 Windows 7 中回收站的使用方法。

学习指导

回收站是系统默认存放已删除文件的场所。一般文件和文件夹在被删除的时候，都会自动移动到回收站里，而不是从磁盘里彻底删除，这样可以防止文件的误删除。用户随时可以从回收站里还原文件和文件夹。

1. 管理回收站

回收站可以进行还原、删除、清空等操作，下面将分别介绍。

（1）还原回收站文件　从回收站还原文件和文件夹有以下两种方法：

1）右击要还原的文件或文件夹，在弹出的快捷菜单中选择"还原"命令，这样即可将该文件或文件夹还原到被删除之前的磁盘目录的位置，如图 2-37 所示。

2）直接单击回收站窗口中工具栏上的"还原此项目"按钮，效果和第一种方法相同，如图 2-38 所示。

图 2-37　"还原"回收站文件

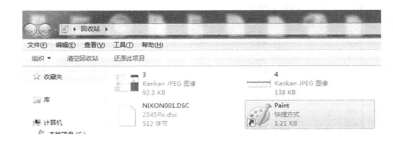

图 2-38　"还原此项目"命令

（2）删除回收站文件　在回收站中删除文件和文件夹的方法是右击要删除的文件，在弹出的快捷菜单中选择"删除"命令，如图 2-39 所示，然后会打开提示框，单击"是"按钮，则该文件被永久删除。

（3）清空回收站　清空回收站是将回收站里的文件和文件夹全部永久删除。此时，用户就不必去选择要删除的文件，直接右击桌面"回收站"图标，在弹出的快捷菜单中选择"清空回收站"命令，如图 2-40 所示。

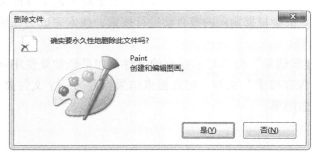

图 2-39　删除回收站文件

图 2-40　选择"清空回收站"命令

此时也会弹出提示框，然后单击"是"按钮便可清空回收站，如图 2-41 所示。

图 2-41　清空回收站

2. 设置回收站属性

在回收站还原或删除文件和文件夹的过程中，用户可以使用回收站默认的设置，也可以按照自己的需求进行属性设置。右击桌面上的回收站图标，在弹出的快捷菜单在选择"属性"命令，打开"回收站属性"对话框，如图 2-42 所示。

1）回收站位置：即回收站存储空间放置在哪个磁盘空间中。系统默认一般是放在系统安装盘即 C 盘下面，用户也可以设置放在其他磁盘下。

2）自定义大小：即回收站存储空间的大小。在系统默认情况下，回收站最大占用该磁盘空间的 10%，用户也可以自行修改。

3）停用回收站：如果用户想停用回收站，可选中"不将文件移动到回收站中。移除文件后立即将其删除。"单选按钮。

图 2-42 "回收站属性"对话框

4）选中"显示删除确认对话框"复选框，即在删除时会打开系统提示对话框，如果不选该复选框，则不会打开该对话框。

2.5 设置 Windows 7

学习目标

1. 掌握 Windows 7 桌面个性化设置的方法。
2. 掌握 Windows 7 桌面小工具的使用方法。

2.5.1 Windows 7 桌面的个性化设置

学习要点

● 掌握 Windows 7 桌面个性化的设置方法。

学习指导

Windows 7 是一个崇尚个性的操作系统，它不仅提供各种精美的桌面壁纸，还提供更多的外观选择、不同的桌面背景和灵活的声音方案，让用户随心所欲地"绘制"属于自己的个性桌面。Windows 7 通过 Windows Aero 和 DWM 等技术的应用，使桌面呈现出一种半透明的 3D 效果。

1. 桌面外观设置

1）右击桌面空白处，在弹出的快捷菜单中选择"个性化"命令，打开"个性化"窗口，如图 2 - 43 所示。

2）在"Aero"主题下预置了多个主题，直接单击所需主题即可改变当前桌面外观。

2. 桌面背景设置

1）如果需要自定义个性化桌面，则在"个性化"窗口下方单击"桌面背景"，选择单张或多张系统内置图片，如图 2 - 44 所示。

图 2 - 43　"个性化"窗口　　　　　　　图 2 - 44　选择桌面背景图片

2）当选择了多张图片作为桌面背景后，图片会定时自动切换。可以在"更改图片时间间隔"下拉菜单中设置切换间隔时间，也可以选择"无序播放"实现图片随机播放，还可以通过"图片位置"项设置图片显示效果。

3）单击"保存修改"按钮完成操作。

2.5.2　Windows 7 的桌面小工具

学习要点

● 掌握 Windows 7 桌面小工具的使用方法。

学习指导

Windows 7 提供了时钟、天气、日历等一些实用小工具，如图 2 - 45 所示。右击桌面空白处，在弹出的快捷菜单中选择"小工具"命令，打开"小工具"管理面板，直接将要使用的小工具拖动到桌面即可。

1. 设置小工具属性

用户可以轻松设置小工具的属性。以时钟小工具为例：将鼠标指针悬停在时钟小工具上，当出现操作提示图标后，单击"选项"按钮，打开其属性设置面板。

图 2 - 45　桌面小工具

在设置面板中可以选择时钟外观、是否显示秒针等。用户也可以在桌面上添加许多个时钟小工具，显示不同国家的时间。

2. 获取更多小工具

Windows 7 内置了 10 个小工具，用户还可以从微软官方站点下载更多的小工具。在"小工具"管理面板中单击右下角的"联机获取更多小工具"，打开 Windows 7 个性化主页的小工具分类页面，可以获取更多小工具。如果想彻底删除某个小工具，则只需在"小工具"管理面板中右击该工具，在弹出的快捷菜单中选择"卸载"命令即可。

2.6 设置 Windows 7 的实用附件工具

学习目标

1. 掌握 Windows 7 中写字板的使用。
2. 掌握 Windows 7 中便笺的使用。
3. 掌握 Windows 7 中计算器的使用。
4. 掌握 Windows 7 中画图工具的使用。

Windows 7 自带了非常实用的工具软件，如写字板、便笺、记事本、计算器、画图工具等。即便计算机中没有安装专门的应用程序，用户通过自带的工具，也可以满足日常的编辑文本、绘图和计算等需求。

2.6.1 写字板

学习要点

● 掌握 Windows 7 中写字板的使用。

学习指导

写字板是 Windows 7 自带的一款具有强大的文字和图片编辑以及排版功能的工具软件，用户使用写字板可以制作简单文档，完成输入文本、设置格式、插入图片等操作。

新建一个写字板文档并保存，然后再将其打开，步骤如下：

1）单击"开始"按钮，选择"所有程序"→"附件"→"写字板"命令。

2）单击菜单栏中的"写字板"按钮，选择"新建"命令。

3）单击任务栏上的语言栏输入法按钮，选择"搜狗拼音输入法"选项。

4）在写字板文档编辑区域输入"在 Windows 7 中使用写字板程序"这句话。

5）再次单击"写字板"按钮，选择"保存"命令，在弹出的"另存为"对话框中，选择保存位置至 E 盘，文件名为"使用写字板"，最后单击"保存"按钮。

2.6.2 便笺

学习要点

● 掌握 Windows 7 中便笺的使用。

学习指导

便笺是 Windows 7 中新添加的一个小工具。顾名思义，它是用户平时用来记事和提醒留言的，相当于日常生活中使用的"小贴士"，只不过不是纸质的，而是显示在计算机屏幕上。

1）单击"开始"按钮，选择"所有程序"→"附件"→"便笺"命令。

2）将鼠标指针定位在便笺中，直接输入文本，如图 2 – 46 所示。

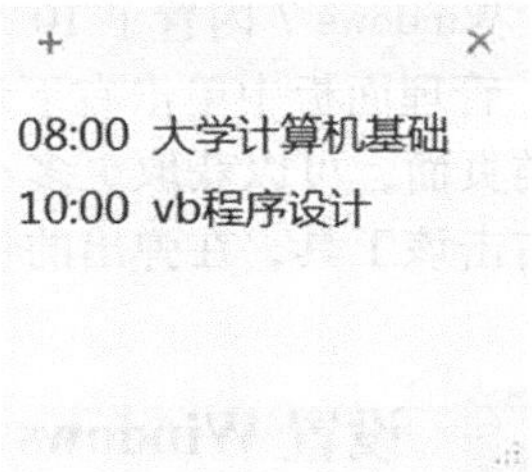

图 2 – 46　在便笺中输入文本

学习链接

◆ 便笺具有备忘录、记事本的特点。用户可以使用便笺编写待办事列表，快速记下电话号码，或者记录任何可用便笺纸记录的内容。

◆ 新建便笺：单击"便笺"左上方的"＋"按钮，即可新建便笺。

◆ 删除便笺：单击"便笺"右上方的"×"按钮，即可删除便笺。

◆ 更改便笺颜色：在便笺上单击鼠标右键，在弹出的快捷菜单中选择相应的颜色即可。

◆ 改变便笺大小：在便笺的边或角上拖动，即可改变便笺大小。

2.6.3　计算器

学习要点

● 掌握 Windows 7 中计算器的使用。

学习指导

Windows 7 自带的计算器是一个数学计算工具程序，除了有与我们日常生活中使用的普通计算器相同的标准型模式外，它还加入了多种模式，如科学型模式、程序员模式、统计信息模式等。

要启动计算器，可以单击"开始"按钮，选择"所有程序"→"附件"→"计算器"命令。

Windows 7 中的计算器的使用与现实中的计算器使用方法大致相同，按操作界面中相应的按钮即可算出运算结果。不过有些运算符号和现实计算器有区别，如现实计算器的"×"和"÷"分别在计算器中变为"＊"和"/"。

2.6.4　画图工具

学习要点

● 掌握 Windows 7 中画图工具的使用。

学习指导

Windows 7 自带的画图工具是一个图像绘制和编辑程序。用户可以使用该程序绘制简单的图画，也可以将其他图片在画图工具里查看和编辑。单击"开始"按钮，选择"所有程序"→"附件"→"画图"命令，打开画图操作界面，如图2-47所示。

画图的操作界面和写字板程序十分相似，很多功能大致相同，不同之处在于前者是图像编辑而后者是文字编辑。

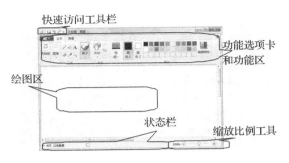

图2-47　画图操作界面

学习链接

◆ 绘制一幅简单的"星空"图并将其保存。

1）单击"开始"按钮，选择"所有程序"→"附件"→"画图"命令，启动画图工具。

2）将颜色栏中的"颜色2"设置为"黑色"，单击工具栏的中的"用颜色填充"按钮后再右击绘图区域，将背景填充为黑色，如图2-48所示。

3）将颜色栏中的"颜色1"设置为"黄色"，单击形状栏中的下拉按钮，选择"四角星形"形状，然后单击"粗细"按钮选择第二种粗细程度，再将鼠标移动到绘图区，鼠标指针变成一个空心十字形状，按住鼠标左键拖动，画出一个外形是黄色的四角星，如图2-49所示。

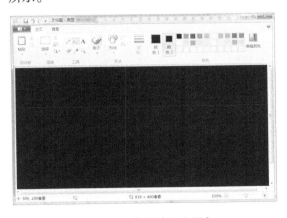

图2-48　背景填充为黑色

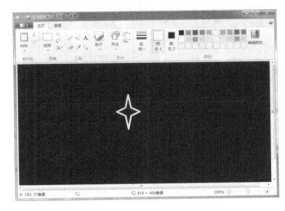

图2-49　画出黄色的四角星

4）单击工具栏中的"用颜色填充"按钮后再单击四角星内部，将四角星填充为黄色。按照以上步骤，再画出大小不一的几个黄色四角星，如图2-50所示。

5）单击工具栏的中的"铅笔"按钮后再单击"粗细"按钮选择第二种粗细程度，再将鼠标移动到绘图区，鼠标指针变成一个铅笔形状，按住鼠标左键拖动，画出一个月亮，然后填充为黄色，如图2-51所示。

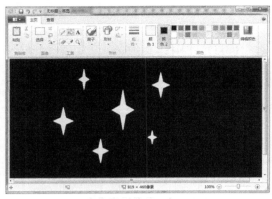

图 2-50　画出几个四角星

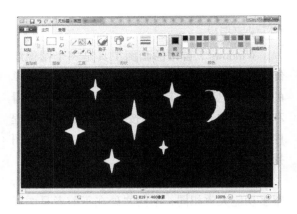

图 2-51　画出一个月亮

6）单击"刷子"按钮，选择其下拉列表中的"喷枪"选项，再单击"粗细"按钮选择其中的第四种粗细程度，将鼠标移动到绘图区，鼠标指针变成喷枪形状，然后按住鼠标左键拖动，划过细密的星河。至此这幅"星空"图像全部完成，如图 2-52 所示。

7）单击快速访问工具栏里的"保存"按钮，打开"保存为"对话框，在"保存类型"里选择 JPEG 格式，"文件名"输入"星空"，选择保存位置至 E 盘，最后单击"保存"按钮，如图 2-53 所示。

图 2-52　完成的星空图像

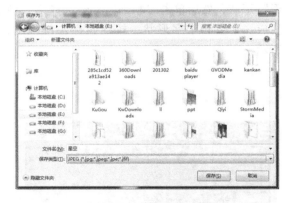

图 2-53　保存星空图像

2.7　使用中文输入法

◇ **学习目标**

1. 掌握中文输入法的使用方法。
2. 掌握在 Windows 7 中添加和删除输入法的方法。

2.7.1 中文输入法简介

🏹 学习要点

● 掌握中文输入法的使用方法。

🏹 学习指导

Windows 7 作为中文操作系统，输入汉字是必不可少的功能。Windows 7 的中文输入法有很多种，用户可以根据自己的习惯选择输入法。

所谓"中文输入法"是指用来输入汉字的软件，作用是把键盘上的英文字母按一定规则转化为汉字。

1. 中文输入法的种类

常用的中文输入法一般分为以下两类。

1）拼音输入法：把英文字母转化成拼音的声母和韵母，进而组合成汉字。

2）字形输入法：把英文字母转化成汉字的字根，进而组合成汉字。

2. 常见输入法

1）中文（简体）：英文输入状态，如图 2-54 所示。

2）QQ 拼音输入法：中文拼音输入法，如图 2-55 所示。

3）QQ 五笔输入法：中文字形输入法，如图 2-56 所示。

4）搜狗拼音输入法：中文拼音输入法，如图 2-57 所示。

5）王码五笔输入法：中文字形输入法，如图 2-58 所示。

图 2-54　英文输入状态　　　**图 2-55　QQ 拼音输入法**　　　**图 2-56　QQ 五笔输入法**

图 2-57　搜狗拼音输入法　　　**图 2-58　王码五笔输入法**

3. 切换输入法的方法

1）使用鼠标切换：用鼠标单击输入法图标，选择需要的输入法即可。

2）使用键盘切换：按住〈Ctrl〉键不放，同时按下〈Shift〉键，可以按顺序依次切换输入法。每按一下〈Shift〉键，即可更改一种输入法。

3）中英文切换：按住〈Ctrl〉键不放，同时按〈空格〉键，即可更换。

4. 中文输入法的组成

1）图标：在任务栏右侧、桌面右下角，只有启动时才会出现。输入法图标如图 2-59 所示。

图 2 - 59　输入法图标

2）窗口：用来显示输入法各项功能的窗口，如图 2 - 60 所示。

3）输入窗口：正在打字时可以显示的窗口，用来检索、选择文字，如图 2 - 61 所示。

图 2 - 60　输入法窗口

ni'hao
1.你好 2.拟好 3.妮好 4.你 5.腻

图 2 - 61　输入窗口

5. QQ 拼音输入法窗口

QQ 拼音输入法窗口如图 2 - 62 所示。

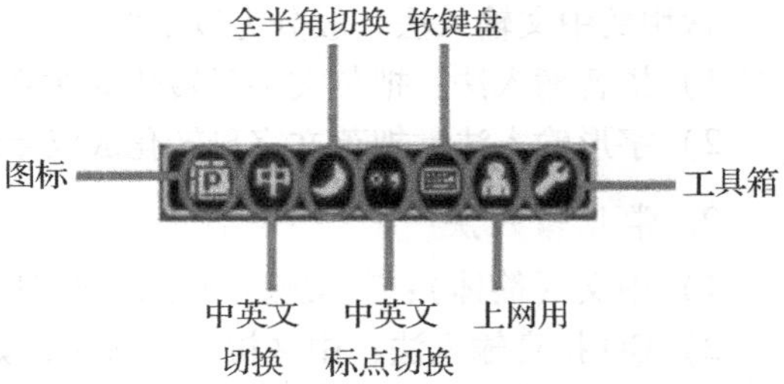

1）图标：QQ 拼音输入法的标志。

2）中英文切换：单击图标或按〈Shift〉键即可更改。

3）全半角切换：全角、半角指的是字母、数字所占位置的多少，单击鼠标左键即可更改。半角为 1 个字符位置，如 abc123；全角为 2 个字符位置，如 ａｂｃ１２３。

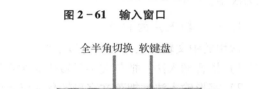

图 2 - 62　QQ 拼音输入法窗口

4）中英文标点切换：单击鼠标左键即可更改。

5）软键盘：用来输入特殊符号或其他语言的机器本身自带的键盘。

在"软键盘"按钮上单击鼠标右键，打开软键盘快捷菜单选择一种软键盘并打开，直接单击相应符号。输入完毕后，单击"软键盘"按钮，关闭软键盘。

2.7.2　添加和删除输入法

学习要点

● 掌握 Windows 7 中添加和删除输入法的方法。

学习指导

Windows 7 中文版自带了几种常用输入法供用户使用，如果这些输入法不能满足用户的需求，或者有些输入法不需要，就需要添加和删除输入法。

1）单击"开始"按钮，选择"控制面板"→"时钟、语言和区域"→"区域和语言"，选中"键盘和语言"选项卡，单击"更改键盘"按钮，如图 2 - 63 所示。

2）在"文本服务和输入语言"对话框的"设置"选项卡中单击"添加"按钮，如图 2 - 64 所示。

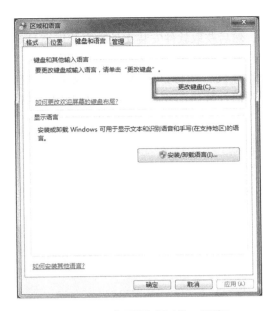

图 2-63 "区域和语言" 对话框

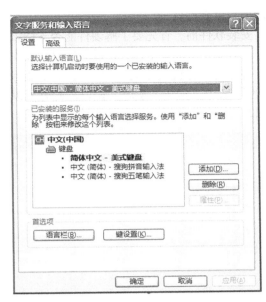

图 2-64 "文本服务和输入语言" 对话框

3）在列表中选择需要添加的输入法即可。

2.8 Windows 7 的软硬件管理

学习目标

1．掌握软件的安装和卸载方法。
2．掌握软硬件设备管理的基本方法。
3．掌握安装打印机的方法。

2.8.1 软件的安装和卸载

学习要点

- 掌握软件的安装和卸载方法。

学习指导

使用计算机离不开软件的支持，操作系统和应用程序都属于软件的范畴之内。虽然 Windows 7 提供了一些用于文字处理、编辑图片、多媒体播放、计算数据、娱乐休闲等应用程序组件，但是这些程序无法满足实际应用需求，所以在安装操作系统软件之后，用户会经常安装其他的应用软件或卸载不适合的软件。

1．安装软件

用户首先要选择好适合自己需求和硬件允许安装的软件，然后再选择安装方式和步骤来安装应用程序软件。

安装软件前，首先要了解硬件能否支持该软件，然后获取软件安装文件和安装序列号等准备，只有做足了准备工作，才能有针对性的安装用户所需的软件。

要检查计算机的配置，可以右击桌面上的"计算机"图标，在弹出的快捷菜单中选择"属性"命令，打开"系统"窗口，此时可以看到当前计算机的硬件和操作系统的相关信息，如图2-65所示。

图2-65　"系统"窗口

然后，用户需要获取软件的安装程序。可以通过两种方式来获取安装程序：第一种是从网上下载安装程序，网上有很多共享的免费软件提供下载，用户可以上网查找并下载这些安装程序；第二种是购买安装光盘，一般销售软件都以光盘介质为载体，用户可以在软件销售处购买安装光盘，然后将光盘放入计算机光驱内执行安装。

为了防止盗版、维护知识产权，正版的软件一般都有安装序列号，也叫注册码。安装软件时必须输入正确的序列号，才能正常安装。序列号可以通过以下途径找到：如果用户是购买的光盘，则应用软件的安装序列号一般印刷在光盘的包装盒上；如果用户是从网上选择的软件，则一般是通过网络注册或手机注册的方式来获取得到安装序列号。当然有些软件也不提供序列号，用户可以直接安装。

安装程序的可执行文件一般的扩展名为 exe，其名称一般为 Setup 或 Install，用户找到该文件，双击即可启动安装程序，之后按照窗口中的提示进行安装操作。

2. 运行软件

在 Windows 7 中，用户可以有很多种方式来运行安装好的程序。

1）从"开始"菜单中选择：单击"开始"→"所有程序"，然后在程序列表中找到要运行软件的快捷方式即可。

2）双击桌面快捷方式：双击系统桌面上的运行软件的快捷方式图标即可。

3）双击安装目录中的可执行文件：找到运行软件的安装目录中的可执行文件（扩展名为exe），运行即可。

3. 卸载软件

卸载软件就是将该软件从计算机硬盘内删除。由于软件不是独立的文档和图片等文件，因此简单的"删除"命令不能完全将其删除，必须通过其自带的卸载程序进行删除，也可以通过控制面板中的"程序和功能"命令来卸载软件。

（1）内置卸载　大部分软件都提供了内置的卸载程序，一般都是以 uninstall. exe 为文件名的可执行文件。可以在"开始"菜单中选择相应软件的卸载程序来删除该软件。

（2）使用控制面板卸载软件　如果软件没有自带卸载程序，则可以通过控制面板中的"程序和功能"命令来卸载。

学习链接

◆ 用户在使用软件的过程中会遇到一些问题，如应用程序有时发生错误需要修复、联网更新软件的最新版本、使用在 Windows 7 操作系统下不兼容的软件、设置默认软件关联文件、设置其他用户运行软件的权限等。只有管理好软件的这些设置，软件才能随用户的意愿正确无误地运行。

2.8.2　硬件设备管理

学习要点

● 掌握硬件设备管理的基本方法。

学习指导

Windows 7 中用于查看和管理硬件设备的自带程序是"设备管理器"，用户可以通过设备管理器方便地查看计算机已经安装硬件设备的各项属性，此外还能更改硬件设备的高级设置等操作。本节主要介绍使用设备管理器查看硬件属性、启用和禁用硬件设备、安装和卸载硬件等内容。

1. 启动硬件设备管理器

在 Windows 7 中，打开设备管理器的方法有以下两种：

1）右击桌面上的"计算机"图标，从弹出的快捷菜单中选择"管理"命令，然后在随后打开的"计算机管理"窗口左侧树状列表中选择"设备管理器"项，即打开"设备管理器"窗口，如图 2 - 66 所示。

2）右击桌面上的"计算机"图标，从弹出的快捷菜单中选择"属性"命令，打开"系统"窗口。然后单击左侧任务列表中的"设备管理器"项，打开"设备管理器"窗口。

2. 查看硬件属性

在 Windows 7 中，设备管理器会按照类型显示所有的硬件设备。用户通过设备管理器，不仅能查看计算机硬件的基本属性，还可以查看硬件设备及其驱动程序的问题。

打开"设备管理器"窗口，单击每一个类型前面的"▷"按钮即可展开该类型的设备列表，并查看属于该类型的具体设备，如图 2 - 67 所示。双击该设备就可以打开相应设备的属性对话框。

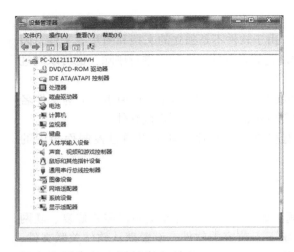

图 2-66 "设备管理器"窗口 1   图 2-67 "设备管理器"窗口 2

在具体设备上右击，则可以在弹出的快捷菜单中执行相关的一些命令。

3. 查看 CPU 速度和内存容量

CPU 速度和内存容量是计算机的重要参数，它们决定着计算机的工作速度。Windows 7 可以通过简单的方法快速地查看当前计算机的 CPU 速度和内存容量。用户只需要右击桌面的"计算机"图标，从弹出的快捷菜单中选择"属性"命令，随后在打开的系统属性窗口中可以查看 CPU 速度和内存容量。

4. 启动和禁用硬件设备

在使用计算机的过程中，如果遇到某些已安装的硬件设备暂时不需要，或者为了减少系统分配给该硬件的资源，用户可以禁用该硬件设备，等到需要使用的时候，还可以重新启用。启用和禁用设备，不用直接拆卸硬件设备与计算机的连接，用户可以通过设备管理器进行设置。

5. 安装和更新驱动程序

驱动程序（Device Driver）的全称为"设备驱动程序"，是一种可以使计算机和设备通信的特殊程序，可以说相当于硬件的接口。操作系统只有通过这个接口，才能控制硬件设备的工作，假如某设备的驱动程序未能正确安装，便不能正常工作。因此，驱动程序被誉为"硬件的灵魂""硬件的主宰"和"硬件和系统之间的桥梁"等。

通常在安装新硬件设备时，系统会提示用户需要为硬件设备安装驱动程序，此时可以使用光盘、本地硬盘、联网等方式寻找与硬件相符的驱动程序。安装驱动程序可以先打开"设备管理器"窗口，选择菜单栏中的"操作"→"扫描检测硬件改动"命令，系统会自动寻找新安装的硬件设备。

6. 卸载硬件设备

在使用计算机过程中，如果某些硬件暂时不需要运行，或者该应尽通其他硬件产生冲突导致无法正常运行计算机的时候，用户可以在 Windows 7 操作系统中卸载该设备。

卸载硬件设备的步骤很简单，用户只需打开"设备管理器"窗口，右击要卸载的硬件设备选项，在弹出的快捷菜单中选择"卸载"命令即可。

2.8.3 安装打印机

🏆学习要点

● 掌握安装打印机的方法。

🏆学习指导

在 Windows 7 中安装打印机,可以使用控制面板中的添加打印机向导,指引用户按照步骤来安装适合的打印机。要使用打印机还需要安装驱动程序,用户可以通过安装光盘或联网下载获得驱动程序,这两种安装方式和安装软件流程相似。此外,用户也可以选择 Windows 7 中自带的相应型号打印机驱动程序来安装打印机。

1)首先单击"开始"按钮,选择"设备和打印机"进入设置页面,如图 2 - 68 所示。注:也可以通过"控制面板"中"硬件和声音"中的"设备和打印机"项进入。

2)在"设备和打印机"设置页面中单击"添加打印机"按钮,可以选择添加本地打印机或网络打印机,如图 2 - 69 所示。

图 2 - 68 进入"设备和打印机"设置页面

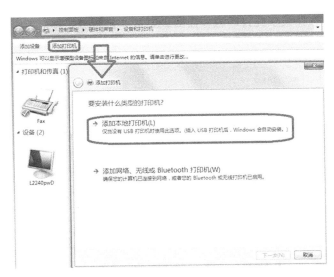

图 2 - 69 "添加打印机"页面

3)选择"添加本地打印机"后,会进入到"选择打印机端口"页面,选择本地打印机端口类型后单击"下一步"按钮,如图 2 - 70 所示。

4)在"添加打印机"页面中需要选择打印机的"厂商"和"打印机"类型进行驱动加载。例如,选择"EPSON LASER LP - 2200"打印机,如图 2 - 71 所示。选择完成后单击"下一步"按钮。注:如果在下面的打印机类型列表中没有需要的打印机,可以单击"从磁盘安装"按钮添加打印机驱动,或单击"Windows Update"按钮,然后等待 Windows 联网检查其他驱动程序。

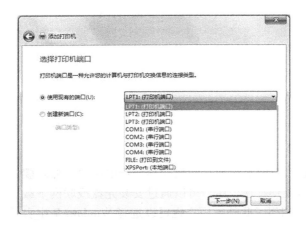

图 2 - 70   "选择打印机端口"页面

图 2 - 71   "安装打印机驱动程序"页面

5）系统会显示出所选择的打印机名称，如图 2 - 72 所示。确认无误后，单击"下一步"按钮进行驱动程序安装。

6）打印机驱动加载完成后，系统会出现"打印机共享"页面，如图 2 - 73 所示。可以选择"不共享这台打印机"或"共享此打印机以便网络中的其他用户可以找到并使用它"。如果选择共享此打印机，需要设置共享打印机名称。

图 2 - 72   "键入打印机名称"页面

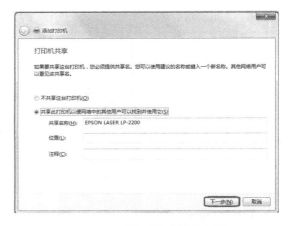

图 2 - 73   "打印机共享"页面

7）单击"下一步"按钮，完成添加打印机，"添加打印机"页面会显示所添加的打印机，如图 2 - 74 所示。可以通过单击"打印测试页"按钮检测打印设备是否可以正常使用。

学习链接

◆ 如果计算机需要添加两台打印机，则在第二台打印机添加完成页面，系统会提示是否"设置为默认打印机"以方便用户使用，如图 2 - 75 所示。也可以在打印机设备上单击右键，选择"设置为默认打印机"命令进行更改。

图 2 - 74　"添加打印机"页面

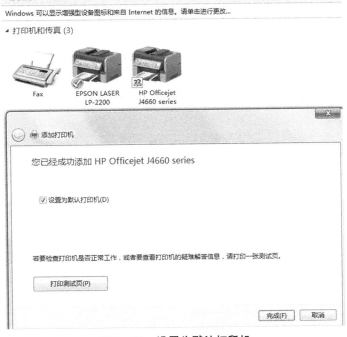

图 2 - 75　设置为默认打印机

2.9 Windows 7 的网络配置和系统维护

学习目标

1. 掌握 Windows 7 的网络配置方法。
2. 掌握 Windows 7 的系统维护与优化的方法。

2.9.1 Windows 7 的网络配置与应用

学习要点

● 掌握 Windows 7 的网络配置方法。

学习指导

在 Windows 7 中，几乎所有与网络相关的操作和控制程序都在"网络和共享中心"窗口中，通过可视化的视图和单站式命令，用户可以轻松连接到网络。

1. 连接到宽带网络

单击"开始"按钮，选择"控制面板"→"网络和 Internet"→"网络和共享中心"命令，打开"网络和共享中心"窗口，如图 2–76 所示。用户可以通过形象化的映射图了解网络状况，并进行各种网络设置。

在"更改网络设置"栏中单击"设置新的链接或网络"项，在打开的对话框中选择"连接到 Internet"，并单击"下一步"按钮。

在"连接到 Internet"对话框中选择"宽带（PPPoE）"，并在随后弹出的对话框中输入 ISP（互联网服务提供商）提供的"用户名""密码"以及自定义的"连接名称"等信息，单击"连接"按钮。

使用时，只需单击任务栏通知区域的网络图标，选择自建的宽带连接即可。

2. 连接到无线网络

单击任务栏通知区域的网络图标，在弹出的"无线网络连接"面板中双击需要连接的网络，如图 2–77 所示。

图 2–76 "网络和共享中心"窗口

图 2–77 "无线网络连接"面板

如果无线网络设置有安全加密，则需要输入密码。

学习链接

◆ 通过家庭组实现两台计算机的资源共享。家庭组是 Windows 7 推出的一种新概念，旨在让用户借助家庭组功能轻松实现组内各计算机中软硬件资源的共享，并确保共享数据的安全。家庭组是基于对等网络设计的概念，所有的组内计算机地位平等。使用任何版本的 Windows 7 都可以加入家庭组，但是只有在 Windows 7 家庭高级版、专业版或旗舰版中才能创建家庭组。

◆ 创建家庭组。首先，搭建局域网：分别设置两台计算机的 IP 地址为 192.168.1.2 和 192.168.1.3（私有地址），子网掩码均为 255.255.255.0。然后，创建家庭组：在"网络和共享中心"的"查看活动网络"中，将当前网络位置修改为"家庭网络"，完成家庭组的创建。

注意：一个局域网内只能有一个家庭组。

◆ 加入家庭组。将另一台机器的网络位置设置为"家庭网络"后，则在资源管理器界面的左侧导航窗格中显示"家庭组"节点，单击"立即加入"按钮，在弹出的对话框中输入创建家庭组时的密码，即可成功加入家庭组。

◆ 家庭组共享资源。设置好家庭组后，该组内的所有计算机就可以通过资源管理器中"家庭组"节点实现软硬件资源的共享。

2.9.2 Windows 7 的系统维护与优化

学习要点

● 掌握 Windows 7 的系统维护与优化的方法。

学习指导

使用过 Windows XP 的用户可能都遇到过这样的问题：Windows XP 会随着使用周期的延长而性能下降；系统性能会随着开机时间的延长而下降。

很多人会以牺牲硬件为代价来换取系统性能的提高，但是当 CPU 足够多、内存足够大、硬盘足够快时，用户依然会遇到上述问题。计算机是由硬件和软件组成的，当硬件条件不是造成系统性能降低的原因时，软件因素就成为重点怀疑对象。Windows XP 系统硬盘随机读取、内存管理方式和资源调用策略等的不足是系统性能无法提高的瓶颈，Windows 7 通过改进内存管理、智能划分 I/O 优先级以及优化固态硬盘等手段，极大地提高了系统性能，带给用户新的体验。

1. 减少 Windows 7 启动加载项

单击"开始"按钮，选择"控制面板"→"系统和安全"→"管理工具"命令。在"管理工具"窗口中双击"系统配置"图标，打开"系统配置"对话框，选择"启动"选项卡，如图 2-78 所示。在显示的启动项目中取消不希望登录后自动运行的项目。

注意：尽量不要关闭关键性的自动运行项目，如病毒防护软件等。

2. 提高磁盘性能

在 Windows XP 系统中，计算机长时间运行就会导致速度越来越慢。产生该现象的很大原因是系统分区频繁地随机进行读写操作，让本可以在盘片上被高速读取的数据凌乱无序，这就是磁盘碎片。在 Windows XP 中用户需要手动整理碎片，而在 Windows 7 中磁盘碎片整理工作是由系统自动完成的。当然用户也可以根据需要手动进行整理。

1）在"开始"菜单的"搜索栏"中输入"磁盘"，在检索结果中单击"磁盘碎片整理程序"项，即可打开"磁盘碎片整理程序"对话框，如图 2−79 所示。

2）选中一个或多个需要整理的目标盘符，单击"确定"按钮即可。

3）在"磁盘碎片整理程序"对话框中，单击"配置计划"按钮，在打开的"修改计划"对话框中，可设置系统自动整理磁盘碎片的频率、日期、时间和磁盘。一般频率间隔不要设置过久。

图 2−78   "系统配置"对话框

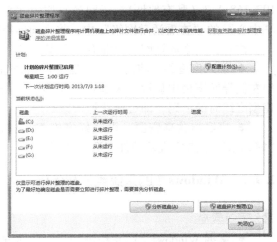

图 2−79   "磁盘碎片整理程序"对话框

习　题

一、填空题

1. 在 Windows 7 启动之前按_____键，可以进入 Windows 7 的"高级启动选项"界面。

2. 一般单击鼠标右键打开的菜单称为_____。

3. 在计算机中，信息（如文本、图像或音乐）以_____的形式保存在存储盘上。

4. 文件名通常由_____和_____两部分构成，其中_____能反映文件的类型。

5. 在 Windows 7 中有四个默认库，包括_____、_____、_____、_____。

6. 复制文件的快捷键是_____，粘贴的快捷键是_____。

7. Windows 7 环境中的一个库中最多可以包含_____个文件夹。

8. 如果用户需要的输入法没有出现在语言栏中，则表示计算机上没有安装该输入法，此时需要使用控制面板中_____项下的"更改键盘或其他输入法"命令来添加输入法。

9. 记事本是用来编辑_____文件的应用程序，用记事本创建的文件扩展名为_____。

10. 打开记事本程序的方法为选择"开始"→_____→_____→"记事本"命令。

二、选择题

1. 不是用于 PC 桌面操作系统的是_____。

A. Mac OS   B. Windows 7   C. Android   D. Linux

2. 能够提供即时信息及可轻松访问常用工具的桌面元素是_____。

     A. 桌面图标   B. 桌面小工具   C. 任务栏   D. 桌面背景

3. 同时选择某一位置下全部文件或文件夹的快捷键是_____。

     A. Ctrl + C   B. Ctrl + V   C. Ctrl + A   D. Ctrl + S

4. 直接永久删除文件而不是先将其移至回收站的快捷键是_____。

     A. Esc + Delete   B. Alt + Delete   C. Ctrl + Delete   D. Shift + Delete

5. 文本文件的扩展名是_____。

     A. TXT   B. EXE   C. JPG   D. AVI

6. 如果一个文件的名字是"AA. BMP",则该文件是_____。

     A. 可执行文件   B. 文本文件   C. 网页文件   D. 位图文件

7. 下面图标中代表网页文件的是_____。

     A.   B.   C.   D.

8. 以下输入法中是 Windows 7 自带的输入法的是_____。

     A. 搜狗拼音输入法   B. QQ 拼音输入法

     C. 陈桥五笔输入法   D. 微软拼音输入法

9. 各种中文输入法切换的键盘命令是_____。

     A. Ctrl + Space   B. Shift + Space   C. Ctrl + Shift   D. Shift + Ctrl

10. 中/英文输入切换的键盘命令是_____。

     A. Ctrl + Space   B. Ctrl + Alt   C. Shift + Space   D. Ctrl + Shift

11. 半/全角字符切换的键盘命令是_____。

     A. Alt + Space   B. Shift + Space   C. Ctrl + Esc   D. Ctrl + A

12. 在记事本中想把一个文本文件以另一个文件名保存,此时需要选择的菜单命令为_____。

     A. 文件→保存   B. 文件→另存为   C. 编辑→保存   D. 编辑→另存为

13. 桌面"便笺"程序不支持的输入方式为_____。

     A. 键盘输入   B. 手写输入   C. 扫描输入   D. 语音输入

14. 保存"画图"程序建立的文件时,默认的扩展名为_____。

     A. PNG   B. BMP   C. GIF   D. JPEG

15. 写字板是一个用于_____的应用程序。

     A. 图形处理   B. 文字处理   C. 程序处理   D. 信息处理

三、简答题

1. 鼠标的主要操作有哪些?

2. 试列出至少三种打开资源管理器的方法。

3. 简述在资源管理器中同时选择多个连续文件或文件夹的方法。

4. 试列出三种复制文件的方法。

5. 简述安装和删除输入法的方法。

实训任务二　　Windows 7 的应用

一、实训目的

1. 掌握资源管理器的启动及其窗口的组成。
2. 掌握窗口、菜单、对话框的基本操作。
3. 掌握对文件及文件夹的基本操作。
4. 掌握快捷方式的创建和使用方法。
5. 掌握利用 Windows 控制面板设置系统配置的方法。
6. 掌握屏幕抓图的方法。

二、实训学时

2 学时。

三、实训内容及要求

任务一　窗口、菜单、对话框

1. 打开"计算机"窗口

1）观察、认识窗口的组成。

2）双击系统盘（C:）的图标，浏览查看 C 盘上的文件和文件夹。

3）单击窗口"关闭"按钮，关闭 C 盘和"计算机"窗口。

2. 窗口操作

1）在"开始"菜单中单击"计算机"，打开"计算机"窗口。

2）拖动"计算机"窗口的边缘及四角改变窗口大小。

3）利用"最大化""最小化"按钮改变窗口的大小。

4）双击窗口标题栏，使窗口最大化。

5）单击"还原"按钮使窗口恢复原始的大小。

6）拖动窗口标题栏改变其位置。

3. 打开三个窗口，用以下方法进行窗口切换、窗口内容滚动、窗口关闭的操作

1）单击任务栏中该窗口的按钮切换。

2）利用〈Alt + Tab〉组合键切换。

3）单击标题栏非按钮处切换。

4）横向平铺窗口。

5）使用滚动条滚动窗口内的内容。

6）用多种方法关闭打开的窗口。

4. 打开"计算机"窗口认识各类菜单

1）用鼠标单击菜单栏上的菜单名，打开相应的菜单。

2）用鼠标单击窗口右上角的控制按钮或右击标题栏打开控制菜单。

3）用鼠标右击某一对象，打开该对象的快捷菜单。

4）使用键盘打开菜单，如按〈Alt + F〉键打开"文件"菜单。

5）在"计算机"窗口中，利用窗口信息区打开"我的文档"窗口，选择"查看"→"详细信息"方式，显示窗口中的图标。

任务二　启动资源管理器

启动资源管理有两种方法，任选其一。

方法 1：选择"开始"→"所有程序"→"附件"→"Windows 资源管理器"命令，打开"资源管理器"窗口，如图 2 – 80 所示。

方法 2：通过快捷菜单，选择"资源管理器"命令进入。

1）右击"开始"按钮。

2）在弹出的快捷菜单中选择"打开 Windows 资源管理器"命令。

注意：在 Windows 7 中引入"库"的概念，与 XP 系统中的"我的文档"类似，分文档、图片、音乐和视频 4 个库，建议把重要的资料分类放入各库中。库是一个虚拟文件夹，操作与普通的文件夹一样，是"我的文档"的进一步加强。

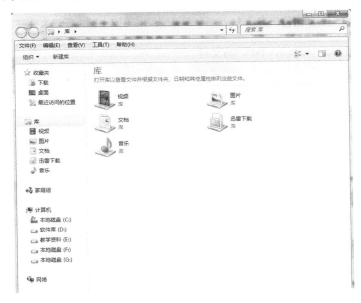

图 2 – 80　"资源管理器"窗口

任务三　文件管理

1. 新建文件和文件夹

（1）用资源管理器菜单的方式新建名为"student1"的文件夹

1）在"资源管理器"窗格左侧选定需要建立文件夹的驱动器。

2）选择"文件"→"新建"→"文件夹"命令，如图 2 – 81 所示，在右窗格中出现的新文件夹命令框中输入"student1"，然后按〈Enter〉键。

（2）以右键菜单方式新建一个名为"student2"的文件夹

1）在"资源管理器"左窗格中选定需要建立文件夹的驱动器。

2）在"资源管理器"右窗格任意空白区域右击鼠标，在弹出的快捷菜单中选择"新建"→"文件夹"命令，如图 2 – 82 所示。在出现的新文件夹命名框中输入"student2"并按〈Enter〉键。

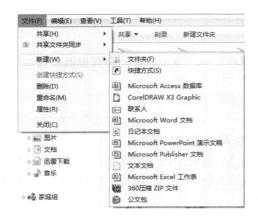

图 2-81　新建文件夹方法 1

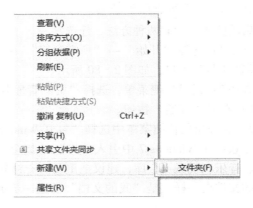

图 2-82　新建文件夹方法 2

（3）新建一个名为"happy. txt"的文件

1）在"资源管理器"左窗格中选定建立文件所在的位置，例如 E 盘。

2）鼠标移到右窗格中并右击，在弹出的快捷菜单中选择"新建"→"文本文件"命令，在出现的新文件命名框中输入"happy. txt"并按〈Enter〉键。

2. 删除文件和文件夹

删除名为"student1"的文件夹。操作步骤如下：

1）在"资源管理器"右窗格中选定"student1"文件夹，然后选择下列三种方法之一将其删除。

方法 1：选择"文件"→"删除"命令。

方法 2：右击选定的文件夹，在弹出的快捷菜单中选择"删除"命令。

方法 3：直接按〈Delete〉键删除。

2）在出现的对话框中单击"是"按钮，可看到右窗格中的文件夹"student1"被删除。删除的文件通常放到"回收站"中，必要时可以恢复。

3. 复制文件和文件夹

复制文件和文件夹是指在目的文件夹中创建出与源文件夹中被选定的文件和文件夹完全相同的文件和文件夹。一次可复制一个或多个文件和文件夹。

将 C：\ Windows \ System32 \ command. com 文件和其后连续的四个文件复制到 E 盘。操作步骤如下：

1）选定文件 C：\ Windows \ System32 \ command. com 和其后连续的四个文件。

2）右击鼠标，在弹出的快捷菜单中选择"复制"命令（此时文件会放到剪贴板中）。

3）选定需要复制文件的目标位置，右击鼠标，在弹出的快捷菜单中选择"粘贴"命令。

4. 重命名文件和文件夹

将 E 盘中"student2"文件夹重命名为"pupil2"，操作步骤如下（两种方法，任选其一）。

方法 1：在左/右窗格中选定"student2"文件夹，右击鼠标，在弹出的快捷菜单中选择

"重命名"命令，然后输入新的文件夹名"pupil2"，按〈Enter〉键确定。

方法2：在左/右窗格中选定"student2"文件夹，选择"文件"→"重命名"命令，输入新文件夹名"pupil2"，按〈Enter〉键确定。

5. 查找文件和文件夹

用户经常碰到这样的情况：有时只知道文件的部分信息（条件），却又希望能够快速地找到该（类）文件，这时就可以使用 Windows 7 提供的查找功能。

找出 C：\ Windows 下所有的扩展名为 exe 的文件，操作步骤如下（两种方法，任选其一）。

方法1：打开"资源管理器"窗口，选择搜索的驱动器，选择对应的文件夹 Windows，在搜索栏中输入"＊.exe"，即可在对应的文件夹中查找，如图2-83所示。

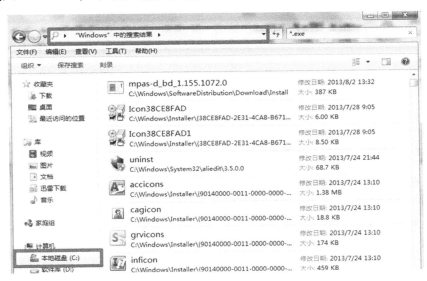

图2-83 在"资源管理器"窗口中查找文件

方法2：刷新桌面，按功能键〈F3〉，弹出如图2-84所示的搜索栏，输入相应内容。

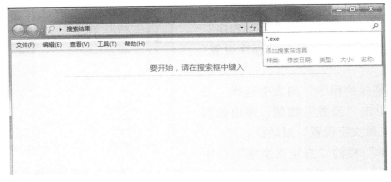

图2-84 弹出搜索栏

6. 创建快捷方式

以在桌面上建立记事本程序（Notepad. exe）的快捷方式为例，介绍创建快捷方式的方法。

方法1：右击桌面空白处，在弹出的快捷菜单中选择"新建"→"快捷方式"命令，打开如图2-85所示的"创建快捷方式"对话框。单击"浏览"按钮，弹出如图2-86所示的"浏览文件或文件夹"对话框，找到记事本程序，如 C：\ Windows \ System32 \ notepad. exe，再按提示一步一步地操作即可。

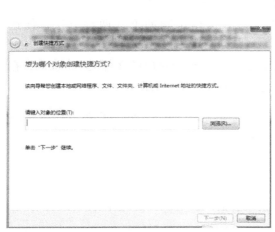

图2-85 "创建快捷方式"对话框 　　　　图2-86 "浏览文件或文件夹"对话框

方法2：在资源管理器中找到 C：\ Windows \ System32 \ notepad. exe，右击鼠标，在弹出的快捷菜单中选择"发送到"→"桌面快捷键方式"命令即可。

方法3：单击"开始"→"所有程序"→"附件"，然后右击"记事本"项，在弹出的快捷菜单中选择"发送到"→"桌面快捷键方式"命令即可，如图2-87所示。

任务四　控制面板的使用

1. 屏幕保护程序的设置

1）单击"开始"→"控制面板"→"外观和个性化"→"个性化"，弹出如图2-88所示"个性化"窗口，单击"屏幕保护程序"，弹出如图2-89所示的"屏幕保护程序设置"对话框。

2）在"屏幕保护程序"列表中选择"三维文字"，接着单击"设置"按钮，弹出如图2-90所示的"三维文字设置"对话框。

3）在"文本"栏的"自定义文字"框中输入"Windows 7"，并对"大小""旋转速度""表面样式""字体"等选项进行设置，最后单击"确定"按钮。

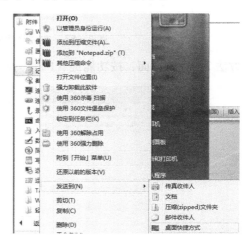

图2-87 将应用程序的快捷方式发送到桌面上

4）如要设置密码，可在"屏幕保护程序设置"对话框中选择"在恢复时显示登录屏幕"复选框。这样设置后，在从屏幕保护中恢复正常运行时用户必须输入 Windows 的登录密码。

图 2-88 "个性化"窗口

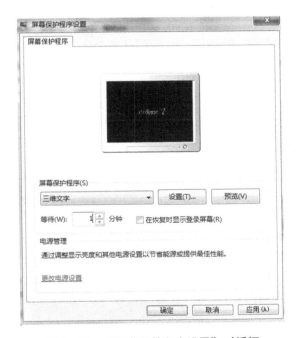

图 2-89 "屏幕保护程序设置"对话框

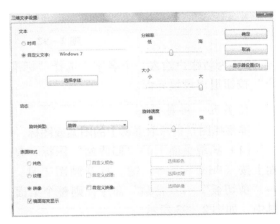

图 2-90 "三维文字设置"对话框

5）在"屏幕保护程序设置"对话框的"等待"框中，设置适当的屏幕保护程序启动等待时间（如设定最少等待时间为 1 分钟）。

6）单击"确定"按钮关闭所有对话框，暂停计算机操作，等待 1 分钟后，观察计算机屏幕的变化。

2. 用户管理

建立新用户，并设置密码。操作步骤如下：

1）单击"开始"→"控制面板"→"用户账户和家庭安全"→"用户账户"→"添加

或删除用户账户"，如图 2－91 所示，打开"管理账户"窗口，选择"创建一个新账户"，打开如图 2－92 所示窗口。

图 2－91　添加或删除用户账户

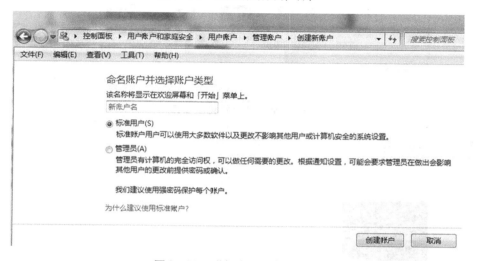

图 2－92　"创建新账户"窗口

2）为新账户输入一个名字，选择"标准用户"或"管理员"。设置完成后单击"创建账户"按钮退出设置界面。

任务五　屏幕抓图

屏幕抓图是指抓取屏幕上的图案或图标，应用于文档中。

（1）抓取桌面上的"回收站"图标　显示桌面，在桌面上按〈Print Screen〉键。打开画图工具，选择"主页"→"剪切板"→"粘贴"命令，则整个桌面被导入画图工具中，如图 2－93 所示。

（2）抓取屏幕保护图案　例如欲将常见的如图 2－94 所示的"彩带"屏幕保护图案抓取下来做成文件保存。具体方法如下：

1）右键单击桌面，在弹出的快捷菜单中选择"个性化"命令，单击"屏幕保护程序"，在打开的对话框中，选择"彩带"屏保图案，再单击"预览"按钮查看。

2）当屏幕上出现彩带图案时，按〈Print Screen〉键。

图 2－93　整个桌面被导入画图工具中

退出屏保并打开画图工具，选择"主页"→"剪切板"→"粘贴"命令，将刚刚抓取的图案导入。

3）将彩带图案以 JPG 格式做成一个图形文件保存。

（3）抓取活动窗口 按〈Alt + Print Screen〉组合键就可以抓取当前活动窗口。

当系统桌面上同时出现多个窗口时，其中只有一个是正在操作的窗口，即活动窗口。活动窗口的标题栏是蓝色的，其他非活动窗口的标题栏是灰色的。

假设用户正在玩"纸牌"游戏时，如果按〈Alt + Print Screen〉组合键，则可抓下"纸牌"游戏窗口，如图 2 - 95 所示。将其粘贴到画图工具中，可以通过编辑将扑克牌一张一张地裁剪下来。

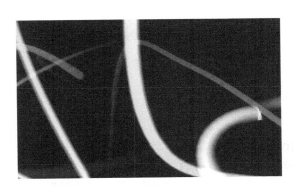

图 2 - 94 "彩带"屏保图案

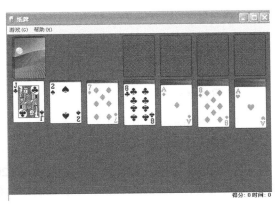

图 2 - 95 "纸牌"游戏窗口

项目三　文字处理软件 Word 2010

3.1　初步认识 Word 2010

📎 学习目标

1. 了解 Word 2010 的工作界面。
2. 了解 Word 2010 的视图方式。

Word 2010 是 Microsoft 公司研发的 Office 2010 办公组件之一，是一款功能强大的文字处理软件。利用它，用户可以轻松、高效地制作出精美的文档。Word 自 1983 年诞生以来经历了多个版本，2010 版于 2010 年 6 月 18 日上市。相比之前的版本，2010 版的操作界面与功能都有显著的提升，并且能够与 Windows 7 完美结合。

3.1.1　Word 2010 的工作界面

📷 学习要点

● 了解 Word 2010 的工作界面。

📷 学习指导

在体验 Word 2010 的强大功能之前，首先要了解它的工作界面，如图 3 - 1 所示。

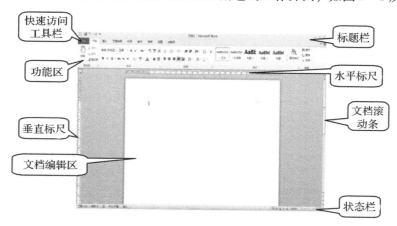

图 3 - 1　Word 2010 的工作界面

1）标题栏：位于工作界面的最上方，包括文档名称、程序名称、"最小化"按钮、"最大化"按钮、"还原"按钮和"关闭"按钮。

2）快速访问工具栏：位于工作界面的左上方，提供了一些快速执行的操作命令。

3）功能区：位于标题栏下方，包括文件、开始、插入、页面布局、引用、邮件、审阅、视图和加载项 9 个选项卡。编辑文档时常用的命令就在这个区域。

4）水平标尺、垂直标尺：用于快速查看和设置文本的缩进量、页边距、栏宽值、行高值等内容。

5）文档编辑区：位于窗口中心处，是 Word 2010 的主要工作区域，用于输入和编辑文档。

6）文档滚动条：有垂直滚动条和水平滚动条两种，通过滚动条可以方便地查看整个文档的内容。

7）状态栏：在整个 Word 工作界面的最下方，包括文档的页数、字数、输入状态、视图方式切换以及视图大小比例等信息。

学习链接

◆ 用户可根据习惯自定义功能区、快速访问工具栏和状态栏。

3.1.2 Word 2010 的视图方式

学习要点

● 了解 Word 2010 的视图方式。

学习指导

在 Word 2010 中提供了五种视图方式，分别是页面视图、阅读版式视图、Web 版式视图、大纲视图和草稿，用户可以在 Word 2010 的"视图"功能区进行视图方式选择。

1. 页面视图

页面视图是 Word 2010 的默认视图，用于显示文档所有内容在整个页面的分布情况，并可对其进行编辑。页面视图主要包括页眉、页脚、图形对象、页边距等元素，是最接近打印结果的视图方式，如图 3－2 所示。

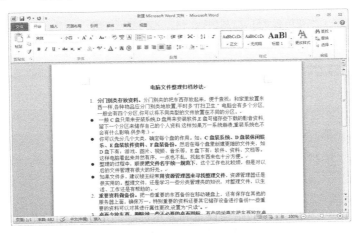

图 3－2 页面视图

2. 阅读版式视图

以图书的分栏样式显示文档。"文件"按钮、功能区等窗口元素被隐藏起来，用户还可以单击"工具"按钮选择各种阅读工具，如图 3-3 所示。

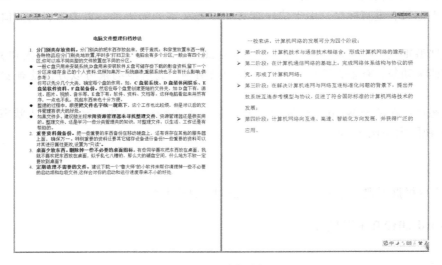

图 3-3　阅读版式视图

3. Web 版式视图

以网页的形式显示文档。Web 版式视图适用于发送电子邮件和创建网页，如图 3-4 所示。

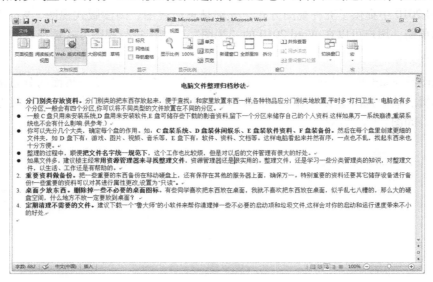

图 3-4　Web 版式视图

4. 大纲视图

主要用于设置 Word 2010 文档的结构设置和显示标题的层级结构，并可以方便地折叠和展开各层级的文档。大纲视图主要用于长文档的快速浏览和设置，如图 3-5 所示。

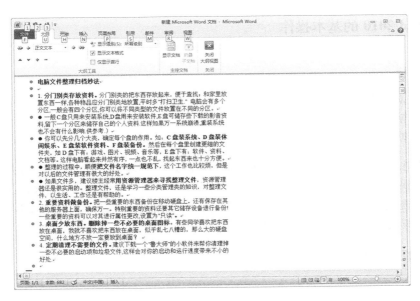

图 3 - 5　大纲视图

5．草稿

在草稿视图中取消了页面边距、分栏、页眉、页脚和图片等元素，仅显示标题和正文，是最节省计算机系统硬件资源的视图方式，如图 3 - 6 所示。

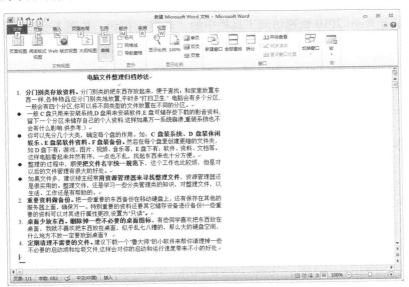

图 3 - 6　草稿视图

学习链接

◆ 除了可以在视图功能区选择视图方式外，还可以通过单击状态栏右下方的视图按钮进行视图方式选择。

3.2 Word 2010 的基本操作

学习目标

1. 掌握 Word 2010 文档的基本操作。
2. 掌握 Word 2010 中编辑文本的方法。
3. 掌握 Word 2010 中查找和替换文本的方法。

本节内容主要介绍 Word 2010 的文档基本操作方法，包括新建、保存、打开、关闭文档等；同时还将讲解如何输入、选择、复制与剪切文本的方法，在最后还针对实际工作需要讲解撤销与恢复、查找与替换的操作方法。通过本节的学习，读者可以掌握 Word 2010 的基本操作方法，为深入学习 Word 2010 打好基础。

3.2.1 Word 2010 文档的基本操作

学习要点

● 掌握 Word 2010 文档的基本操作。

学习指导

1. 新建文档

方法 1：单击 Word 2010 快速访问工具栏中的"新建"按钮，如图 3-7 所示。

图 3-7　使用快速访问工具栏新建文档

方法 2：选择"文件"→"新建"命令，选择"空白文档"→"创建"，如图 3-8 所示。

图 3-8　使用文件功能区新建文档

方法 3：使用组合快捷键〈Ctrl + N〉。

方法 4：在桌面或硬盘指定位置，右击打开快捷菜单，选择"新建"→"Microsoft Word 文档"命令，如图 3-9 所示。

图 3-9　使用右键菜单新建文档

2. 保存文档

创建好文档后应及时将其保存，以方便下次查看或编辑。保存文档的方法如下：

切换到"文件"功能区，选择"保存"命令，如图 3-10 所示。如果是第一次保存文档，会弹出"另存为"对话框，此时选择好保存文档的位置之后，单击"保存"按钮即可，如图3-11所示。

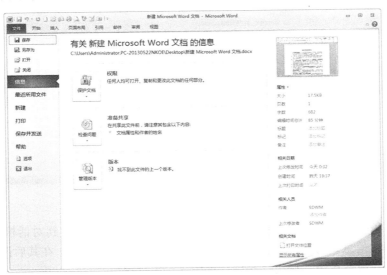

图 3-10　保存文档

图 3-11　"另存为"对话框

为避免发生文档丢失的意外情况，需要随时对文档进行保存。在 Word 2010 中提供了自动定时保存文档的功能，方法如下：

1）切换到"文件"功能区，选择"选项"命令，如图 3-12 所示。

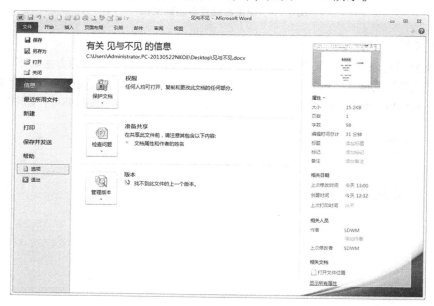

图 3-12　"文件"菜单中的"选项"命令

2）在弹出的"Word 选项"对话框中，选择"保存"项，可以看到对话框右方会出现有关自动保存的设置信息，勾选"保存自动恢复信息时间间隔"复选框，在其后设置自动保存的时间间隔。设置完成后单击"确定"按钮，如图 3-13 所示。

图 3 - 13　自动保存文档的设置

3．打开与关闭文档

打开和关闭文档是 Word 2010 最基本的操作之一。用户可以将计算机中保存的文档打开进行查看或编辑，也可以将不需要的文档关闭，但不退出 Word 程序。

（1）打开文档

1）切换到"文件"功能区，选择"打开"命令，如图 3 - 14 所示。

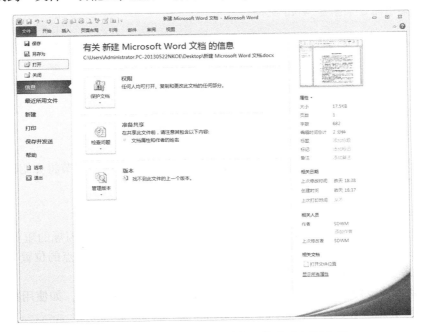

图 3 - 14　使用"文件"→"打开"命令打开文档

2）在弹出的"打开"对话框中，选择要打开文档的位置，再选择要打开的文档，然后单击"打开"按钮，如图 3 - 15 所示。

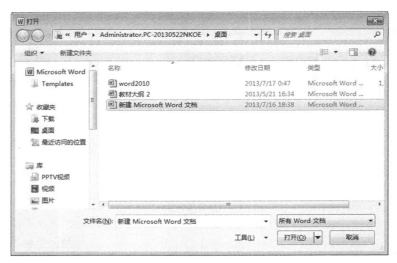

图 3 - 15　"打开"对话框

（2）关闭文档　与打开文档的操作方法类似，选择"文件"→"关闭"命令，即可关闭文档。

学习链接

◆ 在打开 Word 2010 时，会自带一个空白文档。一般在实际工作当中，更习惯在指定位置通过右键快捷菜单命令来新建 Word 文档。

3.2.2　在 Word 2010 中编辑文本

学习要点

● 掌握在 Word 2010 中编辑文本的方法。

学习指导

输入与选择文本是编辑文档的基础工作，也是修饰文档的前提。本节将介绍输入文本、选择文本以及删除和修改文本的方法。

1. 输入与选择文本

（1）输入文本　打开任意一个文档，会看到在编辑区有一条不断闪烁的短竖线（光标），把这条竖线称为插入点，输入的文本会在插入点之后出现。要改变插入点的位置非常简单，只需将鼠标指针移动到所需位置，单击左键即可。

Word 2010 支持多种输入法，可以通过鼠标或键盘进行输入法切换，如使用搜狗拼音输入法在 Word 2010 中输入汉字文本，如图 3 - 16 所示。

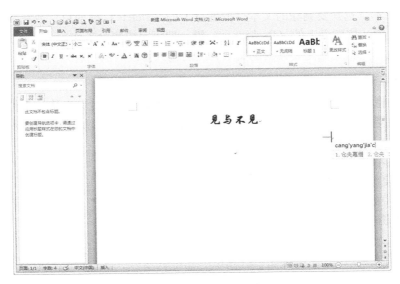

图 3-16 使用搜狗拼音输入法输入汉字文本

（2）选择文本 要对已输入的文本内容进行排版、修饰，首先要进行文本选定。用户可以根据需要选择文档中的文本内容，方法如下：在要选择文本的起始或结束位置，按住鼠标左键并拖动到需要的位置后松开左键，即完成对文本的选择。处于选定状态的文本会出现背景色，如图 3-17 所示。

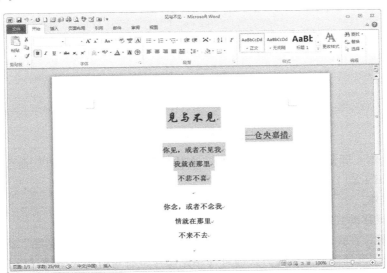

图 3-17 选择文本

在 Word 2010 中，有很多文本选择的技巧，比如在文档左侧空白处单击或双击，可以选择与之相应的一行或一段内容。读者可以自己尝试其他选择文本的方法。

2. 删除和修改文本

在编辑文本的过程中，难免会出现不必要的文本或者错误的文本内容，这时候就要用到删除和修改文本的操作。

（1）删除文本　选择要删除的文本，按键盘上的〈Delete〉键即可；或在需要删除的文本后面单击鼠标左键，按键盘上的〈Backspace〉键，即可完成删除工作。

（2）修改文本　首先选定要修改的文本，然后输入修改后的内容即可。

3．复制与剪切文本

复制文本是将文本复制出一模一样的一份，而剪切文本则是将文本从一个位置移动到另一个位置。在执行复制或剪切操作之后，为了将选中的内容转移到目标位置，必须搭配粘贴操作来实现。

（1）复制文本

1）选中要复制的文本。

2）右击选中的文本区域，在弹出的快捷菜单中选择"复制"命令（也可以使用快捷键〈Ctrl + C〉），如图 3 - 18 所示。

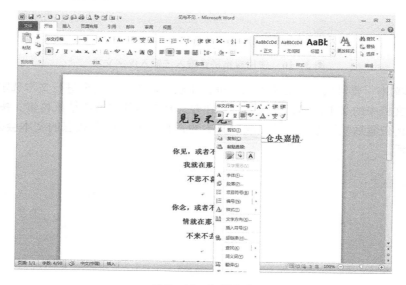

图 3 - 18　复制文本

（2）剪切文本　同复制文本的操作类似，在快捷菜单中选择"剪切"命令即可（也可以使用快捷键〈Ctrl + X〉）。

（3）粘贴文本

1）将插入点移动到准备粘贴文本的位置。

2）单击右键，在弹出的快捷菜单中选择"粘贴"命令。在选择"粘贴"命令时，会出现不同的粘贴选项，选择需要的粘贴方式即可（粘贴操作也有对应的快捷键〈Ctrl + V〉）。

4．撤销与恢复

在使用 Word 2010 编辑文档的过程中，如果出现错误操作，用户就可以使用撤销操作退回到上一步，也可以通过恢复操作取消原先的撤销操作。撤销和恢复是使用率非常高的操作，读者一定要熟练掌握。

（1）撤销　单击快速工具栏中的"撤销"按钮 ，或者使用快捷键〈Ctrl + Z〉。

（2）恢复　单击"撤销"按钮右边的"恢复"按钮 ，或者使用快捷键〈Ctrl + Y〉。

学习链接

◆ 在输入文本时，要注意状态栏的提示。如果显示"插入"，则输入的内容会被插入到插入点处；如果显示"改写"，则输入的内容会替换插入点后的内容。要想更改当前的工作状态，可以通过按键盘上的〈Insert〉键或者单击状态栏上相应的提示按钮来实现。

◆ 要取消对文本的选择，可以在文档的空白处单击，也可以按键盘上的方向键。

◆ 如果要删除一段文本内容，可以先选定这段文本，然后再按键盘上的〈Backspace〉键。

◆ 在"文件"功能区和"开始"功能区也有"复制""剪切"和"粘贴"命令，使用这些命令也可以完成以上操作。

◆ 连续使用撤销操作会退回到多步操作之前，单击"撤销"下拉按钮会有下拉菜单显示之前的操作步骤，通过单击可选取撤销的操作步数。不过可撤销的操作步数是有限制的，最多可退回1000步的操作步数。

3.2.3　在 Word 2010 中查找和替换文本

学习要点

● 掌握在 Word 2010 中查找和替换文本的方法。

学习指导

用 Word 2010 编辑文档时，时常要用到查找和替换这两个非常实用且重要的功能。查找功能可以帮用户在一篇文档中快速找到需要的内容，而替换功能则常常与查找功能配合使用，一次修改多个相同的文本错误。下面进一步举例来说明查找与替换功能的操作方法。

图 3-19 所示是一篇编辑好的、但文字出错的文档。由于录入人员粗心将文档中的"或者"错打成了"并且"，需要用"查找和替换"命令来一次性完成修改工作。

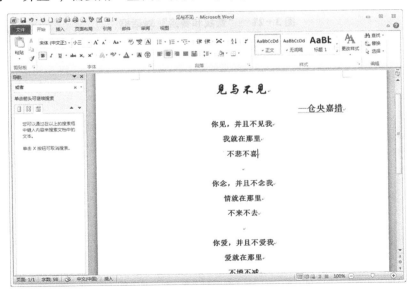

图 3-19　文字出错的文档

切换到"开始"功能区，单击最右方"编辑"组中的"替换"按钮，如图 3-20 所示。

图 3 - 20 "开始"功能区的"替换"按钮

在弹出的"查找和替换"对话框中选择"替换"选项卡，在"查找内容"文本框中输入"并且"，在"替换为"文本框中输入"或者"，然后单击"全部替换"按钮，如图 3 - 21 所示。

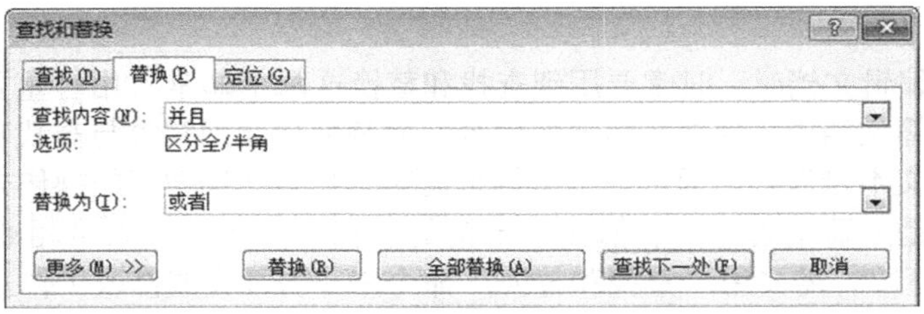

图 3 - 21 "查找和替换"对话框

替换后的文本如图 3 - 22 所示。

图 3 - 22 替换后的文本

◆ 在"替换"选项卡中，单击"更多"按钮会打开搜索选项和格式设置选项，从而进行更高级的查找和替换操作。

3.3 设置 Word 2010 文档的格式

学习目标

1. 掌握 Word 2010 文本格式的设置方法。
2. 掌握 Word 2010 段落格式的编排方法。
3. 掌握 Word 2010 特殊版式的设置方法。

为了让文档拥有漂亮的外观及便于阅读，对文档格式的设置是必不可少的。本节将介绍设置 Word 2010 文本格式与段落格式、特殊版式设计以及添加边框和底纹的知识和技巧。通过本节内容的学习，应该掌握美化文档、编排文档的方法和技巧。

3.3.1 设置 Word 2010 文本格式

学习要点

● 掌握设置 Word 2010 文本格式的方法。

学习指导

设置文本格式包括对文字的字体、大小、颜色、字形等内容的设置。

以图 3－23 所示文本为例，要求将图中文档的标题字体设置为隶书，大小为 48 号，颜色设置为浅蓝，字形设置为加粗并倾斜。

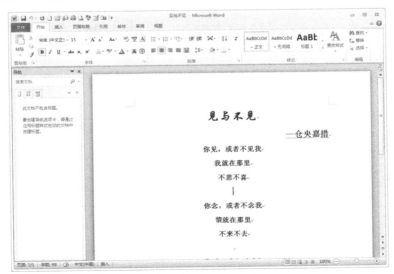

图 3－23 需要设置文本格式的文档

操作方法如下：

1）选中标题"见与不见"。

2）切换到"开始"功能区，在"字体"组中单击"字体启动器"按钮 。

3）在弹出的"字体"对话框中，在"中文字体"下拉列表里选择"隶书"，在"字形"栏中选择"加粗 倾斜"，在"字号"栏中选择"48"，在"字体颜色"栏中选择"浅蓝色"，如图 3 - 24 所示。

图 3 - 24　"字体"对话框

4）单击"确定"按钮，完成设置。格式设置完成后的文档如图 3 - 25 所示。

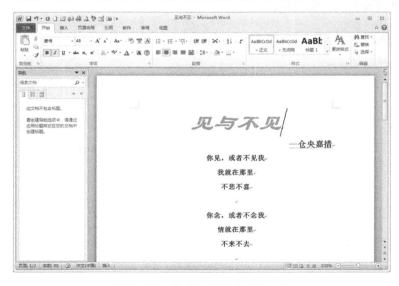

图 3 - 25　格式设置完成后的文档

　　一些常用的字体格式设置可以直接在"开始"功能区的"字体"组里进行设置，这和 Word 之前版本的格式工具栏类似；也可以选中文本后在选中区域单击右键，在弹出的快捷菜单中进行设置。

　　上例中的"字号 48"是指文字大小为 48 磅，"磅"是计量单位，1 磅约等于 0.035 厘米；如果在"字号"菜单中没有需要设置的字体磅值，则可以手动输入具体数值。

学习链接

　　◆ 除了以上列举的字体设置项目外，还可以给文本添加特殊效果及修改字符间距等。文字的一般效果设置在"字体"对话框中可直接设置，特殊效果需要再单击"文字效果"按钮，在"设置文本效果格式"对话框中进行详细设置，如图 3 - 26 所示。而修改字符间距是在"字体"对话框的"高级"选项卡中进行设置，如图 3 - 27 所示。

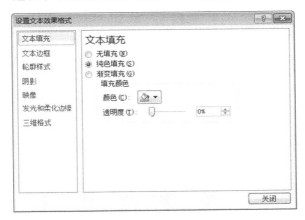

图 3 - 26　"设置文本效果格式"对话框

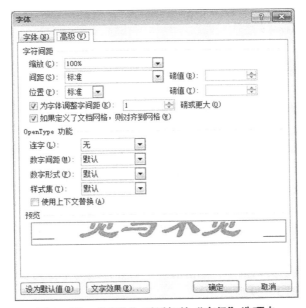

图 3 - 27　"字体"对话框的"高级"选项卡

3.3.2 编排 Word 2010 段落格式

学习要点

- 掌握 Word 2010 段落格式的编排方法。

学习指导

编排段落格式可以使文档更加整洁、工整。段落格式主要包括段落的对齐方式、缩进量、段落间距、行间距等。下面举例介绍详细的设置方法。

例如，将图 3 - 28 所示的需要设置段落格式的文档设置为居中对齐，作者名一行设置为右对齐，正文段前间距一行，正文行距设为 1.5 倍。

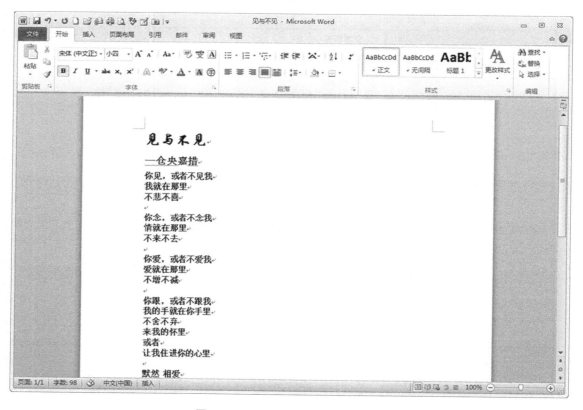

图 3 - 28　需要设置段落格式的文档

设置方法如下：

1）使用快捷键〈Ctrl + A〉选中整个文档内容。

2）切换到"开始"功能区，单击"段落"组右下角的"段落"按钮 。

3）在弹出的"段落"对话框中，单击展开"对齐方式"下拉列表，选择"居中"项，再单击"确定"按钮，如图 3 - 29 所示。

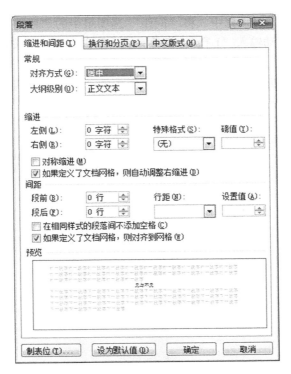

图 3 - 29　"段落"对话框

4）选中"作者名"一行。

5）切换到"开始"功能区，单击"段落"组中的"文本右对齐"按钮▤。

6）在正文第一段任意位置右击，在弹出的快捷菜单中选择"段落"命令，如图 3 - 30 所示。

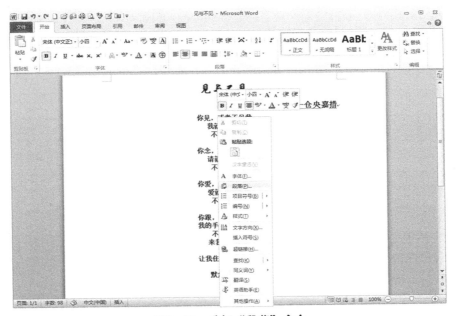

图 3 - 30　选择"段落"命令

7）在打开的"段落"对话框中，将"间距"选项组中的"段前"设置为"1 行"。可单击上下箭头微调，也可手动输入"1 行"。设置完成后单击"确定"按钮。

8）选中正文。

9）切换到"开始"功能区，单击"段落"组中的"行和段落间距"按钮，在下拉列表中选择"1.5"，如图 3 - 31 所示。

图 3 - 31　选择 1.5 倍行距

段落格式设置完成后的文档如图 3 - 32 所示。

图 3 - 32　段落格式设置完成后的文档

与设置字体格式一样，设置段落格式也有三种方式：直接单击"开始"功能区中"段落"组中的工具按钮；单击右键，在弹出的快捷菜单中选择"段落"命令；单击"开始"功能区"段落"栏右下角的段落启动器按钮。三种方法在上面的例题中均有体现。

写作时一般习惯在每一段的开头空两格，在 Word 2010 中可以通过设置段落格式首行缩进两个字符来实现。

如果只对一个段落进行格式设置，只需要将插入点置于该段落中。如果同时对多个段落进行格式设置，就需要先选定相应的段落。

在"段落"对话框中的"换行和分页"选项卡中有六个选项，其中"孤行控制"的含义是防止在页面顶端打印段落末行或在页面底端打印段落首行；"与下段同页"的含义是使当前段与其后一段在同一页；"段中不分页"的含义是强制一个段落的内容在同一页显示；"段前分页"的含义是将当前段的内容放在下一页的开始；"取消行号"的含义是取消页面设置中对选定文字行的编号；"取消断字"的含义是防止段落自动断字。

学习链接

◆ 在"开始"功能区的"剪贴板"组中可以使用"格式刷"工具 格式刷 来将原有的字符或段落格式复制到新的字符或段落中。单击"格式刷"按钮只能复制一次格式，双击"格式刷"按钮可以复制多个不连续位置的文本格式，单击〈Esc〉键完成格式复制。

3.3.3 设置 Word 2010 特殊版式

学习要点

● 掌握 Word 2010 特殊版式的设置方法。

学习指导

在 Word 2010 中还有许多特殊的格式，比如首字下沉、分栏、拼音指南等，使用这些技巧往往会有出人意料的效果。本节将介绍关于特殊版式的操作方法。

1. 首字下沉

首字下沉是将段落的第一个字的字体变大，从而占据多行空间；段落的其他部分保持原样。这种手法在报纸杂志中比较常见。设置方法如下：

1）将插入点定位到要设置首字下沉的段落中。

2）切换到"插入"功能区，在"文本"组中单击"首字下沉"按钮，在弹出的下拉列表中选择样式，完成设置。首字下沉的效果如图 3 - 33 所示。

图 3－33　首字下沉

3）单击"首字下沉"按钮后，若选择"首字下沉选项"，就可以在弹出的"首字下沉"对话框中设置"首字下沉"格式，如图3－34所示。

2. 分栏

分栏是将文档分成两个或多个竖栏，是十分常见的版式设计。分栏后的文档既美观，又方便阅读。设置方法如下：

1）选中要进行分栏的文本。

2）切换到"页面布局"功能区，在"页面设置"组中单击"分栏"按钮，在弹出的下拉列表中选择分出的栏数。分栏后的效果如图3－35所示。

图 3－34　设置"首字下沉"格式

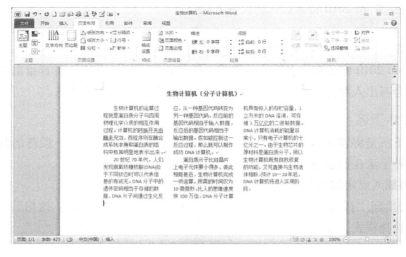

图 3－35　分栏后的效果

3）单击"分栏"按钮后，若选择"更多分栏"，就可以对"分栏"样式进行详细的设置，如图 3 - 36 所示。

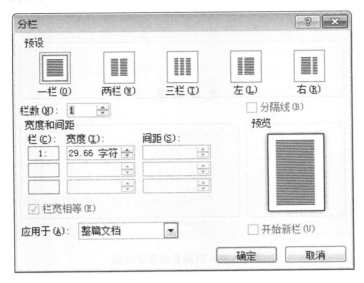

图 3 - 36 "分栏"样式的详细设置

3．拼音指南

使用拼音指南可以自动为汉字加上拼音标注，方便阅读。设置方法如下：

1）选中准备添加拼音的文字。

2）切换到"开始"功能区，在"字体"组中单击"拼音指南"按钮。

3）在弹出的"拼音指南"对话框中对拼音的格式进行设置，完成后单击"确定"按钮，如图 3 - 37 所示。

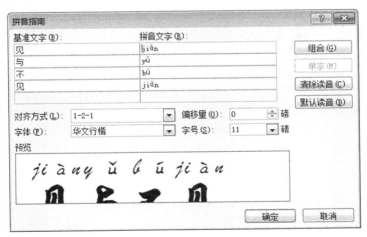

图 3 - 37 "拼音指南"对话框

有拼音效果的文档如图 3 - 38 所示。

图 3 - 38　有拼音效果的文档

4．项目符号和编号

使用 Word 2010 排版时，项目符号和编号是经常要用到的。在合适的位置添加项目符号或编号，可以提高文档的可读性和美观度。设置方法如下：

1）选中要添加项目符号或编号的文本。

2）切换到"开始"功能区，根据需要在"段落"组中单击"项目符号"按钮▤或者"编号"按钮▤。

3）在弹出的下拉列表中选择需要的项目符号或编号格式。

添加项目符号后的文档如图 3 - 39 所示。

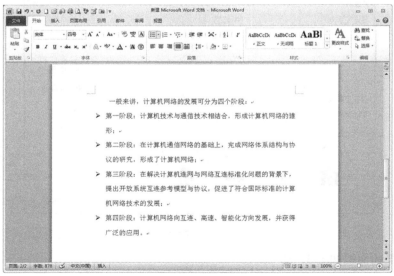

图 3 - 39　添加项目符号后的文档

通过鼠标右键快捷菜单也可以为文本添加项目符号和编号。

单击"项目符号"按钮或者"编号"按钮后，若在弹出的菜单中选择"定义新项目符号"或"定义新编号格式"，就可以自己设定项目符号和编号的格式。

在 Word 2010 中还有很多特殊的版式设计，比如带圈字符、双行合一、纵横混排等，这里就不一一列举了，请读者自己尝试练习。

学习链接

◆ 设置好项目符号或编号后，如果不手动取消，会在后面的段落中一直出现。要想停止项目符号和编号，在新的一行开始时按〈Backspace〉键，使光标回到边界即可；也可以直接按两次〈Enter〉键；还可以单击功能区的"项目符号"或"编号"按钮。

3.4　设置 Word 2010 文档的边框和底纹

学习目标

1. 掌握 Word 2010 文档页面边框的设置。
2. 掌握 Word 2010 文档页面底纹的设置。
3. 掌握 Word 2010 文档水印效果的设置。
4. 掌握 Word 2010 文档页面颜色的设置。

为了使 Word 文档更加美观，还可以给文档添加外观效果，比如添加页面边框、页面底纹、水印效果和页面颜色等。本节主要介绍设置外观效果的操作方法。

3.4.1　设置页面边框

学习要点

● 掌握 Word 2010 文档页面边框的设置方法。

学习指导

页面边框是为文档的外围添加框线效果，使文档更加整洁大方。设置方法如下：

1）切换到"页面布局"功能区，在"页面背景"组中单击"页面边框"按钮。

2）在弹出的"边框和底纹"对话框中选择"页面边框"选项卡；在"设置"栏选择添加边框的类型，在"样式"栏选择边框的线型，在"颜色"栏中选择边框的颜色，在"宽度"栏中选择边框线的宽度。如果想使用图案做边框，就在"艺术型"栏中选择图案类型。设置完成后单击"确定"按钮，如图 3-40 所示。

添加页面边框后的文档如图 3-41 所示。

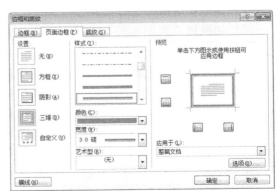

图 3-40　"边框和底纹"对话框

图 3-41 添加页面边框后的文档

学习链接

◆ 在"边框和底纹"对话框中，可以通过"预览"中的四个框线按钮来决定是否添加某一位置的边框线；通过"应用于"下拉菜单来决定为整篇文档、本节、本节首页或者本节除首页外所有页添加边框线。

3.4.2 设置页面底纹

学习要点

● 掌握 Word 2010 文档页面底纹的设置。

学习指导

页面底纹是指为选中的文字或段落添加背景效果。设置方法如下：

1）选中要添加底纹的文本。

2）切换到"页面布局"功能区，在"页面背景"组中单击"页面边框"按钮 。

3）在弹出的"边框和底纹"对话框中选择"底纹"选项卡，在"填充"下拉菜单中选择需要的底纹颜色，在"图案"栏中选择底纹样式，在"预览"栏中选择应用于所选的文字还是段落，完成后单击"确定"按钮，如图3-42 所示。

添加底纹后的文档如图 3-43 所示。

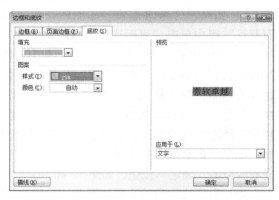

图 3-42 设置底纹

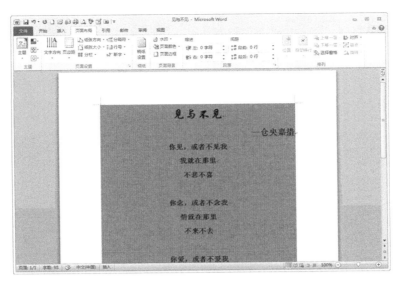

图 3 - 43　添加底纹后的文档

🎀**学习链接**

◆ 如果想给文字或段落添加边框效果，可以在选中文字或段落后，在"边框和底纹"对话框中选择"边框"选项卡进行设置，方法与页面边框设置方法一样。

◆ 如果想取消边框效果，选择边框类型为"无"；如果想取消底纹效果，选择底纹填充色为"无颜色"。

3.4.3　设置水印效果

🎀**学习要点**

● 掌握 Word 2010 文档水印效果的设置方法。

🎀**学习指导**

水印效果是指在页面背景中添加一种颜色略浅的文字或图案效果，使文档更加美观，在实际生活中也较为常见。设置方法如下：

1）切换到"页面布局"功能区，在"页面背景"组中单击"水印"按钮🖼。

2）在弹出的下拉列表中选择"自定义水印"。

3）弹出"水印"对话框，根据需要选择图片水印或者文字水印后可对水印格式进行设置，设置完成后单击"确定"按钮，如图3－44所示。

添加水印效果后的文档如图3－45所示。

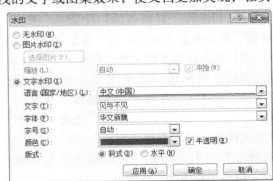

图 3 - 44　"水印"对话框

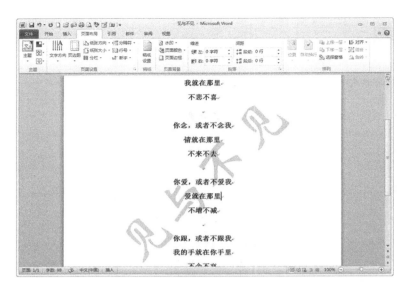

图 3 - 45　添加水印效果后的文档

学习链接

◆　如果想取消水印效果，单击"水印"按钮，在其下拉列表中选择"删除水印"即可。

3.4.4　设置页面颜色

学习要点

● 掌握 Word 2010 文档页面颜色的设置。

学习指导

　　页面颜色就是整个页面的背景。页面的背景不仅能设置为某一种颜色，还可以使用渐变效果、纹理图案、图片等充当背景。下面以设置渐变效果背景为例进行说明，设置方法如下：

　　1）切换到"页面布局"功能区，在"页面背景"组中单击"页面颜色"按钮 。

　　2）在弹出的下拉菜单中选择"填充效果"。

　　3）在弹出的"填充效果"对话框中选择"渐变"选项卡，在颜色栏中选择"双色"，"颜色 1"选为"黄色"，"颜色 2"选为"红色"，在"底纹样式"栏中选择"斜上"，在"变形"栏中选择右下角的变形效果，设置完成后单击"确定"按钮，如图 3 - 46 所示。

　　页面颜色设置完成后的文档如图 3 - 47 所示。

图 3 - 46　　"填充效果"对话框

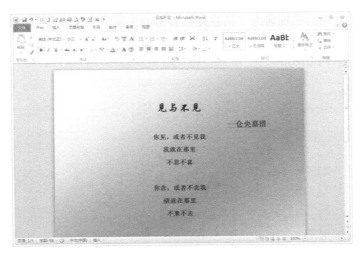

图 3 - 47　页面颜色设置完成后的文档

3.5　Word 2010 文档的插入功能

学习目标

1. 掌握在 Word 2010 文档中插入艺术字的方法。
2. 掌握在 Word 2010 文档中插入文本框的方法。
3. 掌握在 Word 2010 文档中插入图片的方法。
4. 掌握在 Word 2010 文档中创建 SmartArt 图形的方法。
5. 掌握在 Word 2010 文档中插入公式和符号的方法。

　　本节主要介绍在 Word 2010 文档中插入艺术字、文本框、图片、SmartArt 图形、公式和符号等美化效果和实用工具，是制作精美文档必须要掌握的技巧。

3.5.1　插入艺术字

学习要点

● 掌握在 Word 2010 文档中插入艺术字的方法。

学习指导

　　1. 插入艺术字

　　艺术字是将文本信息经过统一的变性修饰组合，形成有固定装饰作用的字体效果。设置方法如下：

　　1）将插入点光标移动到准备插入艺术字的位置。

　　2）切换到"插入"功能区，单击"文本"组中的"艺术字"按钮 ，并在打开的下拉列表中选择需要的艺术字效果。

3）选好之后在页面会出现名为"请在此放置您的文字"的文本框，并且功能区界面会自动切换到新加入的"格式"功能区。此时在文本框内输入文字，在"格式"功能区设置艺术字格式即可，如图 3-48 所示。

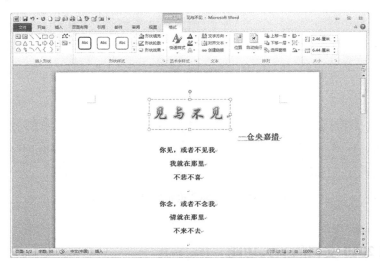

图 3-48 在"格式"功能区设置艺术字格式

标题变为艺术字的文档如图 3-49 所示。

图 3-49 标题变为艺术字的文档

2. 更改艺术字的大小和位置

1）单击已设置好的艺术字。

2）此时在艺术字周围会出现虚线框，通过拖动虚线框上的控点可改变艺术字的大小，拖动虚线框其他位置可移动艺术字的位置，而拖动顶部的绿色圆点可旋转艺术字。

3）选中艺术字后设置字体字号，或者在"格式"功能区的"大小"组中也可以调整艺术字的大小。

3．更改艺术字的样式

1）选中艺术字。

2）切换到"格式"功能区，单击"艺术字样式"组中右下角的"艺术字样式启动器"按钮 。

3）在弹出的"设置文本效果格式"对话框中进行设置，如图 3－50 所示。

4）设置的效果会直接应用于所选的艺术字，设置完成后单击"关闭"按钮。

4．更改艺术字的环绕方式

1）选中需要设置环绕方式的艺术字。

2）切换到"格式"功能区，在"排列"组中单击"自动换行"按钮 ，然后在弹出的下拉列表中进行环绕方式选择。

3）如果在下拉列表中选择"其他布局选项"，会弹出"布局"对话框，就可以进一步设置环绕方式的参数，如图 3－51 所示。

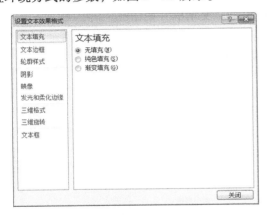

图 3－50　"设置文本效果格式"对话框

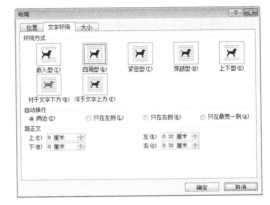

图 3－51　"布局"对话框

5．设置艺术字的边框背景

1）选中要设置边框背景的艺术字。

2）切换到"格式"功能区，在"形状样式"组中单击"形状样式启动器"按钮 。

3）在弹出的"设置形状格式"对话框中设置边框背景，如图 3－52 所示。

4）设置的效果会直接应用于所选艺术字。设置完成后单击"关闭"按钮。

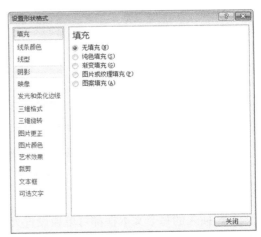

图 3－52　"设置形状格式"对话框

学习链接

◆ 选中艺术字边框后可对艺术字进行剪切、复制等操作。

◆ 如果要删除艺术字，选中艺术字边框后按〈Backspace〉键或者〈Delete〉键。

◆ 可将文档中的文字直接转变为艺术字，选中文字后单击"插入"功能区中"文本"组中的"艺术字"按钮，在下拉列表中选择艺术字样式即可。

◆ 当有多组艺术字相互叠加时，可在选中艺术字边框后，在"格式"功能区的"排列"栏中单击"上移一层"或"下移一层"来调整位置关系。

3.5.2 插入文本框

🎀学习要点

- 掌握在 Word 2010 文档中插入文本框的方法。

🎀学习指导

文本框是一种可以移动、可调节大小的文字或图形容器。使用文本框工具可以将文字或图片放置在页面任意位置，并且每一个文本框都可以独立设置格式，使文档更加灵活和富有创意。设置方法如下：

1）切换到"插入"功能区，在"文本"组中单击"文本框"按钮。

2）在弹出的下拉列表中选择文本框模板样式。

3）此时文档中会出现选择的文本框，在文本框内输入内容即可。

在文档中使用文本框的样式如图 3－53 所示。

图 3－53　在文档中使用文本框的样式

🎀学习链接

◆ 插入的每个文本框都可单独设置大小、位置、格式和环绕方式，也可进行剪切、复制、删除等操作。当有多个文本框叠加时也可以设置文本框之间的位置关系，设置与操作方法均与艺术字相同。

◆ 选择插入的文本框后，可在"格式"功能区的"文本"组中设置文字方向、文本对齐方式以及文本框之间的链接。文本框链接是指当文档中存在多个文本框时，可以将上一个文本框中多出的内容显示在后一个文本框中，实现文字的连续性。

◆ 可以将文档中已有内容放入文本框。首先选定要放入文本框的内容，然后切换到"插入"功能区，单击"文本"组中的"文本框"按钮，根据需要在下拉菜单中选择"绘制文本框"或"绘制竖排文本框"。

3.5.3 插入图片

学习要点

● 掌握在 Word 2010 文档中插入图片的方法。

学习指导

在 Word 文档中可以插入多种格式的图片。图片可以使用 Word 自带的剪贴画，也可以使用计算机中保存的图片。

1. 插入剪贴画

剪贴画是 Word 软件附带的一种矢量图片（扩展名为 wmf），包括人物、动物、植物、建筑等类型。设置方法如下：

1）将光标插入点定位到要插入剪切画的位置。

2）切换到"插入"功能区，在"插图"组中单击"剪贴画"按钮。

3）窗口右侧弹出"剪贴画"窗格，在搜索文字栏中输入搜索内容，比如"动物"。

4）单击"搜索"按钮，在下方出现的图片中单击选择需要的剪贴画，完成剪贴画插入的操作，如图 3–54 所示。

图 3－54　完成剪贴画插入的操作

2. 插入本地图片

Word 2010 支持将本地计算机中存储的图片插入到文档中。设置方法如下：

1）将光标插入点定位到要插入剪切画的位置。

2）切换到"插入"功能区，在"插图"组中单击"图片"按钮 。

3）在弹出的"插入图片"对话框中选择图片，如图 3 – 55 所示。

图 3 – 55 "插入图片"对话框

4）单击"插入"按钮完成操作。完成插入图片后的文档效果如图 3 – 56 所示。

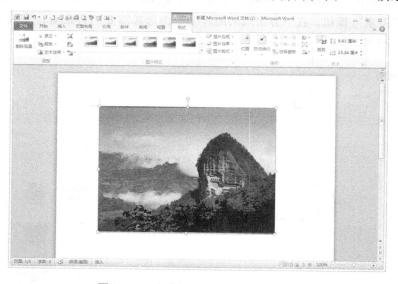

图 3 – 56 完成插入图片后的文档效果

学习链接

◆ 插入文档中的剪贴画和本地图片可通过选择图片后在"格式"功能区的"调整"组和"图片样式"组中进行进一步调整和美化，具体操作方法请读者自己练习体会。

◆ 插入的剪贴画和图片也可以设置大小、位置、文字环绕和叠加次序，与艺术字、文本框的设置方法一样。

3.5.4 创建 SmartArt 图形

学习要点

● 掌握在 Word 2010 文档中创建 SmartArt 图形的方法。

学习指导

SmartArt 图形是信息和观点的视觉表示形式，可以快速、轻松、有效地传达信息。设置方法如下：

1）切换到"插入"功能区，在"插图"组中单击"SmartArt"按钮 。

2）在弹出的"选择 SmartArt 图形"对话框中选择需要的 SmartArt 图形。选择时窗口右侧会出现预览效果及相应的文字说明，如图 3－57 所示。

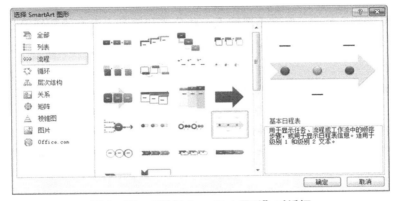

图 3－57　"选择 SmartArt 图形"对话框

3）单击"确定"按钮完成 SmartArt 图形的创建。创建的 SmartArt 图形会出现在插入点之后，其文档如图 3－58 所示。

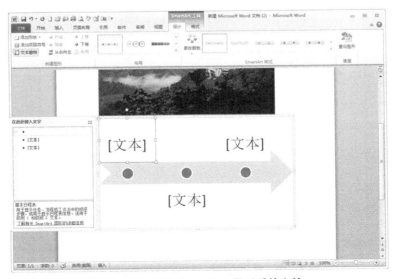

图 3－58　添加 SmartArt 图形后的文档

4）在"［文本］"位置输入自己需要的内容即可。

学习链接

◆ 在插入的 SmartArt 图形中单击文本占位符输入合适的文字即可。

◆ 选中创建好的 SmartArt 图形，会出现新的"设计"和"格式"功能区，在功能区内可对 SmartArt 图形进行详细的设置，具体操作方法请读者自己练习体会。

3.5.5 插入公式和符号

学习要点

● 掌握在 Word 2010 文档中插入公式和符号的方法。

学习指导

在使用 Word 编辑文档时，常常需要输入一些公式和键盘上没有的特殊符号。本小节将介绍如何在文档中插入公式和特殊符号。

1. 插入公式

1）将光标插入点移动到准备插入公式的位置。

2）切换到"插入"功能区，单击"符号"组中的"公式"按钮 π。

3）在弹出的下拉列表中选择一种公式模板或者选择"插入新公式"。

4）文档中出现公式编辑框后，在"设计"功能区对公式进行编辑，如图 3-59 所示。

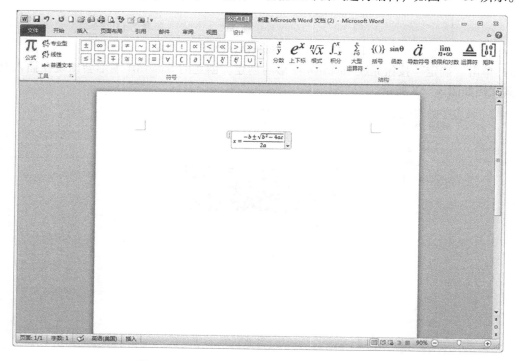

图 3-59 在"设计"功能区对公式进行编辑

2. 插入符号

1）将光标插入点移动到准备插入符号的位置。

2）切换到"插入"功能区，单击"符号"组中的"符号"按钮。

3）在弹出的下拉列表中会出现最近使用的符号，选择一种符号，或者选择"其他符号"。

4）如果选择"其他符号"就会打开"符号"对话框，在对话框内找到并单击需要的符号后单击"插入"按钮，如图 3 - 60 所示。

图 3 - 60　"符号"对话框

插入完成后单击"取消"按钮，关闭"符号"对话框。

3.6　在 Word 2010 中创建表格

📎 学习目标

1. 掌握在 Word 2010 中创建表格的方法。

2. 掌握在 Word 2010 表格中输入和编辑文本的方法。

3. 掌握在 Word 2010 中编辑表格的方法。

表格是在使用 Word 2010 进行日常办公时应用十分广泛的工具，使用表格能够使文档结构简洁、明了，便于分析。

在学习使用表格工具之前，首先介绍几个概念。

1）表格：表格由若干单元格组成，用于显示数字和其他项，以便快速引用和分析。表格中的项被组织成行和列。

2）行：表格中水平方向的一排单元格称为一行。

3）列：表格中垂直方向的一排单元格称为一列。

4）单元格：表格中行与列交叉形成的矩形框。

本节将介绍在 Word 2010 中制作表格的方法。

3.6.1 创建表格

学习要点

● 掌握在 Word 2010 中创建表格的方法。

学习指导

创建表格有两种方法：一种是手动创建表格，另一种是自动创建表格。

1．手动创建表格

1）切换到"插入"功能区，单击"表格"组中的"表格"按钮，在弹出的下拉列表中选择"绘制表格"。

2）鼠标指针会变成铅笔状，此时按住左键进行拖动，即可绘制出表格，如图 3－61所示。

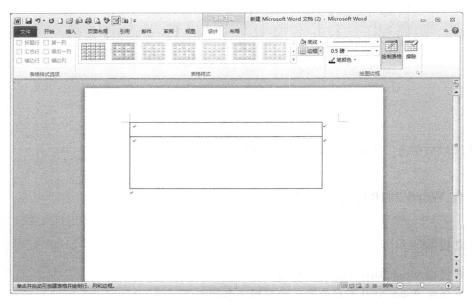

图 3－61　绘制表格

2．自动创建表格

1）切换到"插入"功能区，单击"表格"组中的"表格"按钮，在弹出的下拉列表中选择"插入表格"。

2）在弹出的"插入表格"对话框中设置表格的行数、列数和"自动调整"操作，如图 3－62所示。

3）设置完成后单击"确定"按钮，完成的表格出现在文档中，如图 3－63 所示。

图 3－62　"插入表格"对话框

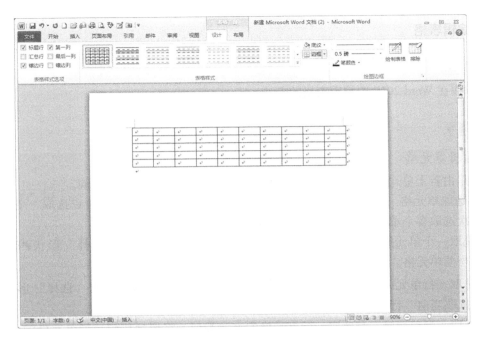

图 3 - 63　完成的表格出现在文档中

🚩学习链接

◆ 通过"表格"栏提供的"虚拟表格"可以快速创建 10 列 8 行以内任意数列的表格。

3.6.2　输入和编辑文本

🚩学习要点

● 掌握在 Word 2010 表格中输入和编辑文本的方法。

🚩学习指导

创建好表格后，用户可以对表格进行字符输入和文本编辑。

1. 输入字符

1）将鼠标指针插入点移动到要输入字符的单元格内。

2）使用键盘输入字符。

2. 设置表格文本对齐方式

1）选中需要对齐的文本。

2）切换到"布局"功能区，在"对齐方式"组中提供的九种对齐方式中选择一种即可，如图 3 - 64 所示。这里要注意，文档中文本的对齐方式以页面为参考对象，而表格中的文本对齐方式是以文本所在的单元格为参考对象。

图 3 - 64　九种表格
文本对齐方式

127

3.6.3 编辑表格

🐎学习要点

● 掌握在 Word 2010 中编辑表格的方法。

🐎学习指导

1. 编辑单元格

表格是由若干单元格组成的，完成单元格的编辑就完成了对表格的编辑。

（1）选取单元格　要对单元格进行编辑，第一步必须选取单元格。可以选取一个单元格，也可以一次选取多个单元格，被选中的单元格会以深色显示。

1）选取一个单元格：将鼠标移到单元格左侧，当鼠标指针变成"选择"形状▰时，单击就可选取当前单元格。

2）选取一行单元格：将鼠标移到一行单元格左侧，当鼠标指针变成"选择"形状▰时，单击就可选取当前一行单元格。

3）选取一列单元格：与选取一行单元格的方法类似，将鼠标移到一列单元格的上方进行选择。

4）选取连续的多个、多行或多列单元格：只需要在选取时拖动鼠标，或者按〈Shift〉键选取即可；如果要选择不连续的单元格，可以按〈Ctrl〉键实现，方法和之前讲过的选取文档中文本的方法相同。

（2）选取整个表格　将鼠标移到表格左上角的图标▦上，单击就可选取整个表格。

2. 插入单元格

在 Word 表格中，用户可以在指定位置插入单个或多个单元格。操作方法如下：

1）将鼠标指针插入点移动到需要插入单元格的位置上。

2）切换到"布局"功能区，在"行和列"组中单击"表格插入单元格"启动器按钮▧。

3）在弹出的"插入单元格"对话框中选择插入的位置后，单击"确定"按钮，如图 3-65 所示。

3. 删除单元格

在表格中用户可以将不需要的单个或多个单元格删除。操作方法如下：

1）选中要删除的单元格。

2）切换到"布局"功能区，在"行和列"组中单击"删除"按钮▧。

3）在弹出的下拉列表中选择需要删除的单元格即可。

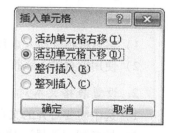

图 3-65　"插入单元格"对话框

4. 合并单元格

合并单元格是指将两个或两个以上连续的单元格合并成一个单元格。操作方法如下：

1）选取要进行合并的连续单元格，如图 3-66 所示。

姓名	王小刚	性别	男	照片粘贴处
地址	甘肃省天水市赤峪路107号			

图3－66 选取要进行合并的连续单元格

2）切换到"布局"功能区，单击"合并"组中的"合并单元格"按钮 合并单元格。

3）单击"确定"按钮完成合并操作。合并单元格后的表格如图3－67所示。

姓名	王小刚	性别	男	照片粘贴处
地址	甘肃省天水市赤峪路107号			

图3－67 合并单元格后的表格

5. 拆分单元格

拆分单元格与合并单元格正好相反，是将单个单元格拆分成多个独立的单元格。操作方法如下：

1）选取要进行拆分的单元格，如图3－68所示。

姓名	王小刚 性别	男	照片粘贴处
地址	甘肃省天水市赤峪路107号		

图3－68 选取要拆分的单元格

2）切换到"布局"功能区，单击"合并"组中的"拆分单元格"按钮 拆分单元格。

3）在弹出的"拆分单元格"对话框中选中要拆分出的行数和列数，然后单击"确定"按钮，如图3－69所示。

4）完成拆分单元格操作后的表格如图3－70所示。

图3－69 "拆分单元格"对话框

姓名：	王小刚	性别：	男	照片粘贴处
地址：	甘肃省天水市赤峪路107号			

图3－70 完成拆分单元格操作后的表格

6. 设置表格格式

为了使插入的表格更加美观，常会对表格进行格式设置。表格的格式包括表格的样式、属性、行高、列宽、边框和底纹等。设置表格的格式时，可以直接套用 Word 软件自带的模板样式，也可以手动设置表格格式。

（1）自动套用表格样式　操作方法如下：

1）选取要更改样式的表格。

2）切换到"设计"功能区，在"表格样式"组中单击下拉按钮 □。

3）在打开的下拉列表中选择需要的表格样式，所选取的表格会随之改变，如图 3 - 71 所示。

图 3 - 71　在"设计"功能区选取"表格样式"

（2）手动设置表格格式　操作方法如下：

1）选取要设置格式的单元格。

2）切换到"设计"功能区，在"表格样式"组中单击"底纹"按钮 底纹 和"边框"按钮 边框，对所选单元格加入底纹和边框美化效果；在"绘图边框"组中使用画笔工具和橡皮工具对表格框线再次进行修改。

3）切换到"布局"功能区，单击"表"组中的"属性"按钮 属性，在弹出的"表格属性"对话框中对表格的行高、列宽、单元格尺寸、对齐方式等参数进行详细设置，如图 3 - 72 所示。

学习链接

◆ 在表格工具的"布局"功能区的"行和列"组中，通过单击"在上方插入""在下方插入""在左侧插入"和"在右侧插入"四个按钮也可以实现行和列的插入。

◆ 可通过"布局"功能区的"单元格大小"组中的"自动调整"按钮选择表格大小与表格内容的对应模式；单击"分布行"按钮和"分布列"按钮来平均分配单元格大小；此外，按住鼠标左键拖动表格框线也可调整单元格大小。

图 3-72   "表格属性"对话框

3.7 页面设置与打印

学习目标

1. 掌握在 Word 2010 中设置页眉和页脚的方法。
2. 掌握在 Word 2010 中打印文档的设置。
3. 掌握在 Word 2010 中的引用功能。

编排好一篇文档后，可能需要将其打印在纸张上，而 Word 2010 提供了打印文档的功能。为了使打印出的文档更加美观和实用，在打印之前还需要做的一件事就是设置文档页面，包括为文档添加页眉和页脚，设置纸张大小、方向和页边距，生成目录以及添加批注等。

3.7.1 设置页眉和页脚

学习要点

● 掌握在 Word 2010 中设置页眉和页脚的方法。

学习指导

页眉和页脚通常用于显示文档的附加信息，常用来插入时间、日期、页码、单位名称、徽标等。其中，页眉在页面的顶部，页脚在页面的底部。

1. 设置页眉

1）切换到"插入"功能区，单击"页眉和页脚"组中的"页眉"按钮。

2）在打开的下拉列表中选择一种页眉模板，或者选择"编辑页眉"。

3）此时在页面的上方会出现页眉编辑区，在此输入需要的内容，如图 3-73 所示。

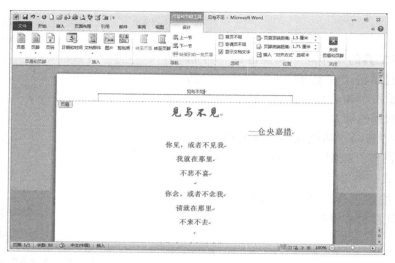

图 3 – 73　编辑页眉

2. 设置页脚

1）按键盘上的方向键〈↓〉或者单击"设计"功能区"导航"栏的"转至页脚"按钮，切换到页面底部的页脚区域，此时再输入页脚内容即可。

2）设置好页眉页脚后双击页面中间区域，或者单击"设计"功能区"关闭"栏的"关闭"按钮　即可退出页眉页脚的编辑状态。

学习链接

◆ 在编辑页眉页脚时，可在"设计"功能区的"插入"组中选择插入图片、日期、时间等信息。

◆ 在"设计"功能区的"选项"组中可根据需要选择页眉页脚"首页不同"或者"奇偶页不同"，这在编辑书目时会经常用到。

◆ 在"位置"组中可对页眉和页脚的位置和对齐方式进行设置。

◆ 很多时候需要在页脚或者页眉添加页码信息，可以单击"页眉和页脚"组中的"页码"按钮　，在弹出的下拉列表中选择页码的位置和格式，动态的页码即会出现在页面中。

◆ 可对页眉和页脚输入的内容可再次设置格式，其方法和文本格式的设置方法一致。

3.7.2　设置打印文档

学习要点

● 掌握在 Word 2010 中打印文档的设置。

学习指导

在实际工作中，用于打印的纸张类型很多，根据不同的工作要求用户可以在文档中设置打印纸张的大小、方向和页边距。

1. 设置纸张大小

常用的纸张大小有 A3、A4、B4、B5、16 开、32 开等类型。

设置方法如下：

1）切换到"页面布局"功能区。

2）单击"页面设置"组中的"纸张大小"按钮。

3）在弹出的纸张大小样式库中选择需要的纸张即可。

2．设置纸张方向

纸张方向有横向和纵向两种。

设置方法如下：

1）切换到"页面布局"功能区。

2）单击"页面设置"组中的"纸张方向"按钮。

3）根据需要在弹出的下拉列表中选择"横向"或"纵向"即可。

3．设置纸张页边距

页边距是指文本边界与整个页面边界之间的距离，包括上下左右四个方向的边距。设置方法如下：

1）切换到"页面布局"功能区。

2）单击"页面设置"组中的"页边距"按钮。

3）在弹出的下拉列表中选择需要的页边距样式。

也可以选择"自定义边距"选项手动设置页边距。

4．预览打印效果

在完成页面设置后，为确保在纸张上的打印效果，通常会使用 Word 2010 提供的预览功能查看打印出的效果。操作方法如下：

1）切换到"文件"功能区。

2）选择"打印"→"打印预览"项。

3）此时在窗口右侧会显示出预览打印效果以及打印的相关设置，如图 3－74 所示。

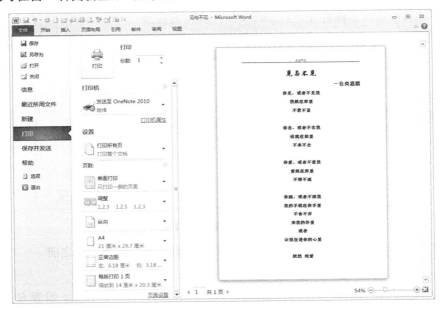

图 3－74　预览打印效果

4）确保打印机连接正确，单击"打印"按钮 🖨 即可打印出文档。

🎀学习链接

◆ 单击快速访问工具栏的"快速打印"按钮🖨可实现文档的快速打印。

3.7.3　Word 2010 的引用功能

🎀学习要点

● 掌握在 Word 2010 中的引用功能。

🎀学习指导

使用 Word 2010 的引用功能可以实现自动生成目录、添加脚注和尾注等功能。

1. 自动生成目录

在一些大型文档中，目录的作用显而易见。通过 Word 2010 自动生成目录功能可以很方便地为文档添加目录。操作方法如下：

1）将插入点移动到文档的起始位置。

2）切换到"引用"功能区，单击"目录"组中的"目录"按钮📄。

3）在弹出的下拉列表中选择一种目录样式，或者选择"插入目录"来手动设置目录样式，如图 3 - 75 所示。

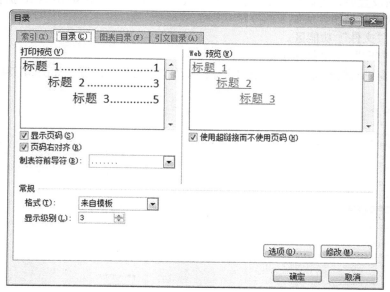

图 3 - 75　设置目录样式

4）设置完成后单击"确定"按钮，插入的目录会显示在文档插入点之前。

2. 添加脚注

当需要对文档中的内容进行注释说明时，可以在相应的位置添加脚注。设置方法如下：

1）将鼠标指针插入点移动到需要添加脚注的位置。

2）切换到"引用"功能区，单击"脚注"组中的"插入脚注"按钮ᴬᴮ。

3）此时插入点会自动移动到该页文档的底端，输入要添加的脚注内容，如图 3-76 所示。

图 3-76 添加脚注内容

输入脚注内容后，将鼠标指针移动到刚才插入脚注的位置时，会显示与下面脚注相同的内容，说明脚注添加成功。

3. 添加尾注

当需要对文档中引用的文献或关键字进行说明时，可以在相应的位置添加尾注。设置方法如下：

1）将鼠标指针插入点移动到需要添加尾注的位置。

2）切换到"引用"功能区，单击"脚注"组中的"插入尾注"按钮 插入尾注。

3）此时插入点会自动移动到文档的末尾位置，输入要添加的尾注内容，如图 3-77 所示。

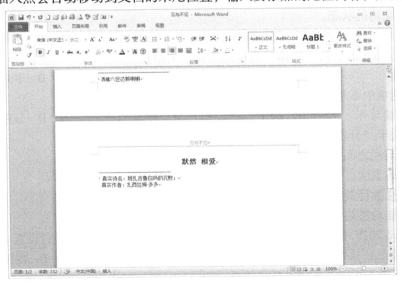

图 3-77 添加尾注内容

输入尾注内容后，将鼠标指针移动到刚才插入尾注的位置时，会显示与末尾尾注相同的内容，说明尾注添加成功。

习　题

一、选择题

1. 使用 Word 2010 制作的文档默认扩展名为_____。
    A. doc　　　　　　　　B. docx　　　　　　　　C. xls　　　　　　　　D. xlsx
2. 打开 Word 2010 后，默认的视图方式是_____。
    A. 页面视图　　　　　　　　　　　　　B. 阅读版式视图
    C. 大纲视图　　　　　　　　　　　　　D. Web 版式视图
3. 在 Word 2010 中，保存文档的快捷键是_____。
    A. Ctrl + C　　　　　　　　　　　　　B. Ctrl + V
    C. Ctrl + Z　　　　　　　　　　　　　D. Ctrl + S
4. 打开 Word 2010 后，默认的文档名称是_____。
    A. 文档 1　　　　　　　B. 文件 1　　　　　　　C. 新建文档　　　　　D. 新建文件
5. 在 Word 2010 中，选定一行文本后，直接在键盘上输入新文本，则_____。
    A. 新输入的文字显示在选定行之后　　　B. 新输入的文字显示在选定行之前
    C. 选定行的文字没有发生变化　　　　　D. 新输入的文字会替换选定的文字
6. 如果在 Word 页面左边空白处连续三次单击左键，则_____。
    A. 选中本行文本　　　B. 选中本段文本　　　C. 选中本页文本　　　D. 选中所有文本
7. 在 Word 页面中要选中矩形区域的文本，使用到的快捷键是_____。
    A. Ctrl　　　　　　　B. Shift　　　　　　　C. Alt　　　　　　　D. Backspace
8. 在 Word 页面中，将文档中的某段文字误删之后，可用快速工具栏上的_____按钮恢复到删除前的状态。
    A. 保存　　　　　　　B. 撤销键入　　　　　C. 重复键入　　　　　D. 恢复键入
9. "开始" 功能区中的 "字体" 组中的 "**B**" 表示_____。
    A. 字体　　　　　　　B. 加粗　　　　　　　C. 倾斜　　　　　　　D. 下划线
10. 下列选项中不是段落的对齐方式的是_____。
    A. 顶端对齐　　　　　B. 居中　　　　　　　C. 两端对齐　　　　　D. 分散对齐
11. 下列关于 "分栏" 的叙述中，正确的是_____。
    A. 栏与栏之间可以根据需要设置分割线
    B. 栏的宽度可以任意定义，但每栏的宽度必须相等
    C. 分栏数目最多为 3 栏
    D. 只能对整篇文章进行分栏，而不能对文章中某部分进行分栏
12. 在 Word 2010 中要给页面添加边框效果，应在_____功能区进行设置。
    A. 开始　　　　　　　B. 插入　　　　　　　C. 页面布局　　　　　D. 视图
13. 下列不属于页面背景填充效果的是_____。
    A. 纹理　　　　　　　B. 图案　　　　　　　C. 渐变　　　　　　　D. 水印

14. 在 Word 2010 中，把表格中行与列的交叉处称为_____。

    A. 表格　　　　　　B. 交叉点　　　　　　C. 单元格　　　　　　D. 公共表格

15. 在 Word 2010 中，在_____功能区可预览打印效果。

    A. 文件　　　　　　B. 开始　　　　　　C. 引用　　　　　　D. 审阅

二、简答题

1. Word 2010 的窗口由哪几部分组成，各部分的功能是什么？

2. Word 2010 有几种视图方式？区别是什么？

3. 如何将文本内容放入文本框？

4. 如何在文档中插入图片？插入图片后如何改变图片的位置？

5. 如何在文档中插入表格？

实训任务三　Word 2010 的应用

一、实训目的与要求

1. 熟悉 Word 2010 的启动和退出；熟悉 Word 2010 窗口界面的组成；熟悉文档的建立、打开及保存。

2. 掌握文档的基本编辑：文字录入、选定、复制、移动及删除；掌握文档编辑过程中的快速编辑操作：查找及替换。

3. 了解 Word 2010 文字处理系统中文档的五种视图方式。

4. 掌握字符的格式化和段落的格式化。

5. 掌握项目符号和编号的使用方法，掌握文档的分栏操作和文档的页面设置。

6. 掌握图片的插入和编辑方法，自绘图形及其格式化，文本框的使用方法。

7. 了解艺术字的使用和公式编辑器的使用方法。

8. 掌握表格的建立方法，表格的编辑要点，对表格进行格式化与对表格单元格进行计算和排序的方法，由表格生成图表的方法。

二、实训学时

6 学时。

三、实训内容

任务一　文档的录入与编辑

1. 实训内容

1）在 D 盘下新建一个文件夹，命名为"student"，然后再建一文档，并命名为"WD1.DOC"。

2）打开"WD1.DOC"文件，输入如下"样张 3-1"的内容，要求全部使用一种中文输入法、中文标点及中文半角。

3）在"WD1.DOC"文档内容最前面一行插入标题"中国国家馆"。

4）在"WD1.DOC"文档中，查找文字"未来城市发展之路"，从此句之后开始另起一段。

5）将现在的第四段"而在地区馆中……"与上一段合并为第三个段落。

6）将文档中最后一次出现的"国家馆"文字用"中国国家馆"文字替换。

7）将全文用"字数统计"功能统计该文总字符数（计空格）。

8）以不同显示模式显示文档。

9）将文档中所有的"国家馆"文字改变为红色并加着重号。

10）将文档中所有的阿拉伯数字修改为绿色、倾斜、加粗。

11）将操作结果进行保存，并关闭文档窗口。

样张 3 - 1

展馆建筑外观以"东方之冠，鼎盛中华，天下粮仓，富庶百姓"的构思主题，表达中国文化的精神与气质。展馆的展示以"寻觅"为主线，带领参观者行走在"东方足迹""寻觅之旅""低碳行动"三个展区，在"寻觅"中发现并感悟城市发展中的中华智慧。展馆从当代切入，回顾中国三十多年来城市化的进程，凸显三十多年来中国城市化的规模和成就，回溯、探寻中国城市的底蕴和传统。随后，一条绵延的"智慧之旅"引导参观者走向未来，感悟立足于中华价值观和发展观的未来城市发展之路。国家馆居中升起、层叠出挑，采用极富中国建筑文化元素的红色"斗冠"造型，建筑面积 46 457 平方米，高 69 米，由地下一层、地上六层组成；地区馆高 13 米，由地下一层、地上一层组成；外墙表面覆以"叠篆文字"，呈水平展开之势，形成建筑物稳定的基座，构造城市公共活动空间。

观众首先将乘电梯到达国家馆屋顶，即酷似九宫格的观景平台，将浦江两岸美景尽收眼底。然后，观众可以自上而下，通过环形步道参观 49 米、41 米、33 米三层展区。

而在地区馆中，观众在参观完地区馆内部 31 个省、市、自治区的展厅后，可以登上屋顶平台，欣赏屋顶花园。游览完地区馆以后，观众不需要再下楼，可以从与屋顶花园相连的高架步道离开中国国家馆。

2. 实训指导

1）双击打开"计算机"→"D 盘"，在 D 盘下新建一个文件夹，并命名为"student"。然后双击打开"student"文件夹，在"student"文件夹窗口内右击鼠标，在弹出的快捷菜单中选择"新建"→"Microsoft Word 文档"命令，并重命名为"WD1. DOC"。

2）双击打开"WD1. DOC"文档，用鼠标在任务栏中选择用户熟悉的中文输入法，然后输入"样张 3 - 1"的内容。

3）将光标移到"WD1. DOC"文档的起始位置处单击〈Enter〉键，在新插入的一行中输入标题"中国国家馆"。

4）选择"开始"→"编辑"→"查找"命令，弹出"查找和替换"对话框，如图 3 - 78 所示。在"查找"选项卡中将光标定位到"查找内容"文本框，输入文字"未来城市发展之路"，单击"查找下一处"按钮，关闭此对话框。将光标移动到"未来城市发展之路"后面，再按〈Enter〉键，完成另起一段的要求。

图 3 - 78 "查找和替换"对话框

5）将光标移到"三层展区。"的尾部，按〈Delete〉键后即可与下一段合并。

6）将光标定位到文档末尾（用组合键〈Ctrl + End〉），打开"查找和替换"对话框，选择"替换"选项卡，如图 3 - 79 所示。在"查找内容"和"替换为"文本框中分别输入"国家馆"和"中国国家馆"，在"更多"查找选项中设置"搜索"为"向上"，然后单击"查找下一处"按钮，单击"替换"按钮即可（注意仅替换一处，不可单击"全部替换"按钮）。

7）将光标移到文本任意处，选择"审阅"→"校对"→"字数统计"命令，弹出"字数统计"对话框，如图 3 - 80 所示，即可显示本文的总字数。

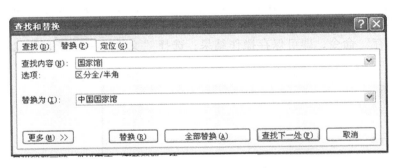

图 3 - 79 "替换"选项卡

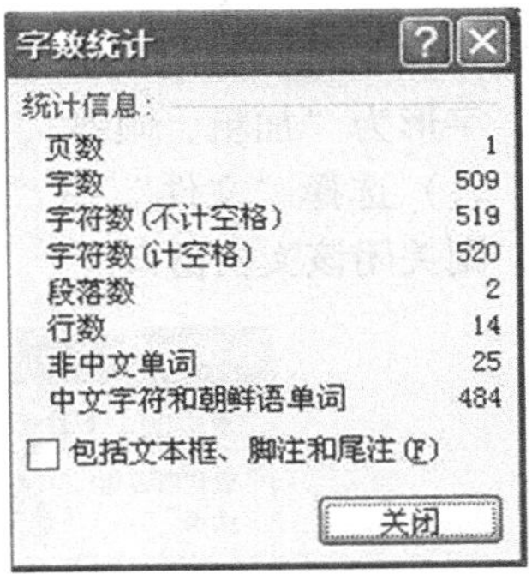

图 3 - 80 "字数统计"对话框

8）分别单击视图菜单上的不同文档视图方式，如图 3 - 81 所示，观察不同视图方式下的文档效果。

9）要将文档中所有的"国家馆"改为红色并加着重号，可在"查找和替换"对话框中，将光标定位在"查找内容"文本框中，输入"国家馆"，然后在"替换为"文本框中单击一次鼠标。再单击"更多"→"格式"按钮，选择"字体"选项，如图 3 - 82 所示，在"查找字体"对话框中选择字体颜色为红色并选择着重号。设置完成后单击"全部替换"按钮。

图 3 - 81 视图方式切换按钮

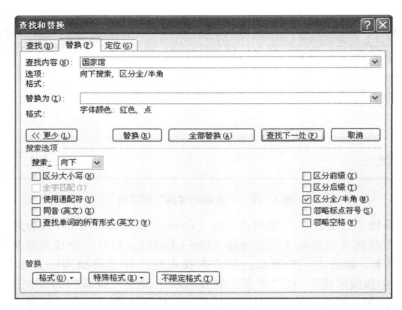

图 3 - 82　字体颜色设置

10）要将文档中所有的数字改为绿色，可在"查找和替换"对话框中，将鼠标指针定位在"查找内容"文本框中，单击"高级"→"特殊格式"按钮，选择"任意数字"选项，如图 3 - 83 所示，这时在"查找内容"文本框中显示"^#"符号，表示任意数字。然后将鼠标指针定位在"替换为"文本框中，单击"格式"按钮后选择"字体"选项，设置字体颜色为绿色，字形为"加粗、倾斜"，单击"确定"按钮。

11）选择"文件"→"保存"命令，即可保存操作结果；选择"文件"→"退出"命令，则关闭该文档窗口。

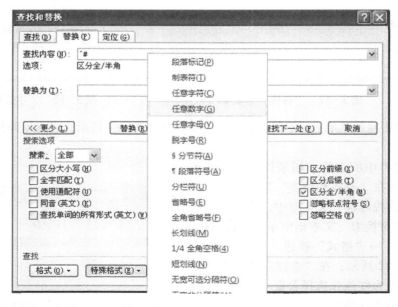

图 3 - 83　"任意数字"选项

样张 3－1 的操作效果如样张 3－2 所示。

样张 3－2

中国国家馆

展馆建筑外观以"东方之冠，鼎盛中华，天下粮仓，富庶百姓"的构思主题，表达中国文化的精神与气质。展馆的展示以"寻觅"为主线，带领参观者行走在"东方足迹""寻觅之旅""低碳行动"三个展区，在"寻觅"中发现并感悟城市发展中的中华智慧。展馆从当代切入，回顾中国三十多年来城市化的进程，凸显三十多年来中国城市化的规模和成就，回溯、探寻中国城市的底蕴和传统。随后，一条绵延的"智慧之旅"引导参观者走向未来，感悟立足于中华价值观和发展观的未来城市发展之路。

国家馆居中升起、层叠出挑，采用极富中国建筑文化元素的红色"斗冠"造型，建筑面积46 457 平方米，高69 米，由地下一层、地上六层组成；地区馆高13 米，由地下一层、地上一层组成；外墙表面覆以"叠篆文字"，呈水平展开之势，形成建筑物稳定的基座，构造城市公共活动空间。

观众首先将乘电梯到达国家馆屋顶，即酷似九宫格的观景平台，将浦江两岸美景尽收眼底。然后，观众可以自上而下，通过环形步道参观49 米、41 米、33 米三层展区。而在地区馆中，观众在参观完地区馆内部31 个省、市、自治区的展厅后，可以登上屋顶平台，欣赏屋顶花园。游览完地区馆以后，观众不需要再下楼，可以从与屋顶花园相连的高架步道离开中国国家馆。

任务二　文本的格式化

1．实训内容

1）打开前面已建立的"WD1. DOC"文档，另存为"WD1_BAK. DOC"。

2）将标题"中国国家馆"设置为"标题1"样式并居中；将标题中的汉字设置为三号、蓝色，文字字符间距为加宽3 磅，加上着重号；为标题添加25％的底纹及3 磅的边框，边框的颜色为红色。

3）将第一段的前两个字"展馆"加上如样张3－3 所示的拼音标注，拼音为10 磅大小。

4）将第一段正文中的第一个"展馆"两字设置为隶书、加粗，然后利用"格式刷"将本段中的第二个"展馆"字符设置成相同格式；将文字"东方足迹"添加单线字符边框；将文字"寻觅之旅"加单下划线；将文字"低碳行动"倾斜。

5）将第一段中的"感悟立足于中华价值观和发展观的未来城市发展之路"文字转换为繁体中文。

6）将第二段正文中的文字设置为楷体、小四号，段前及段后间距均设置为 0.5 行，首行缩进 2 个字符。

7）将第二段正文进行分栏，分为等宽两栏，中间加分隔线，并将第 3 段首字下沉，下沉行数为 2 个字符。

2．实训指导

1）双击"计算机"→"D 盘"→"student"文件夹→"WD1. DOC"文件，即可打开"WD1. DOC"文档窗口，选择"另存为"命令，弹出"另存为"对话框，在"文件名"文本框后填入"WD1_BAK. DOC"，单击"保存"即可。

2）选中标题，单击格式工具栏的"开始"→"样式"按钮，弹出"样式"下拉列表，如图 3-84 所示。在列表中选"标题 1"，在格式工具栏中单击"居中"按钮，标题则居中显示；单击"格式"菜单的"字体"按钮，在打开的"字体"对话框中按实验内容要求进行设置；单击"页面布局"→"页面背景"→"页面边框"按钮，弹出"边框和底纹"对话框，如图 3-85 所示。在"边框"选项卡中，线型设置为默认线型，线型宽度设置为 3 磅，颜色选择红色，在"应用于"下拉列表框中选择"文字"，然后设置其他选项。

图 3-84　"样式"下拉列表　　　　图 3-85　"边框和底纹"对话框

3）选中第一段的第一个"展馆"二字，单击"开始"→"字体"→"拼音指南"按钮 变，弹出"拼音指南"对话框，如图 3-86 所示，在此对话框中设置相关选项即可。

4）选中第一段中的第二个"展馆"二字，单击"字体"下拉列表，在下拉列表中选"楷体_GB2312"；并在"开始"→"剪贴板"中单击"格式刷"按钮 ，然后再将鼠标移到第三个"展馆"上，用格式刷完成设置（注意：单击"格式刷"每次只能刷一个对象，双击"格式刷"则可以连续刷）。

5）选中"感悟立足于中华价值观和发展观的未来城市发展之路"，单击"审阅"工具栏的"中文简繁转换"按钮进行相应的转换。

6）选中第三段，然后单击"开始"→"段落"按钮，弹出"段落"对话框，如图 3-87 所示。利用"段落"对话框的"缩进和间距"选项卡设置段前、段后间距，文字设置方法同前。

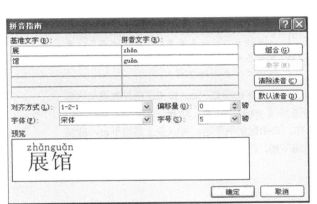

图 3 - 86 "拼音指南"对话框   图 3 - 87 "段落"对话框

7）选中第三段，单击"页面布局"→"页面设置"→"分栏"按钮，弹出"分栏"对话框，如图 3 - 88 所示。在"分栏"对话框中设置相关选项即可。单击"插入"→"文本"→"首字下沉"按钮，弹出"首字下沉"对话框，如图 3 - 89 所示，在此对话框中设置即可。

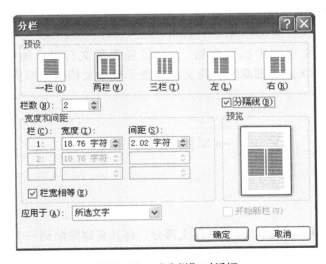

图 3 - 88 "分栏"对话框

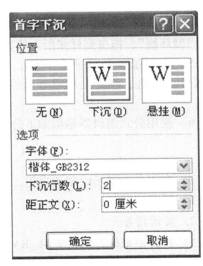

图 3 - 89 "首字下沉"对话框

样张 3 - 1 再次操作后的效果如样张 3 - 3 所示。

样张 3 - 3

中国国家馆

zhǎnguǎn 展　馆建筑外观以"东方之冠，鼎盛中华，天下粮仓，富庶百姓"的构思主题，表达中国文化的精神与气质。展馆的展示以"寻觅"为主线，带领参观者行走在东方足迹、"寻觅之旅"、"低碳行动"三个展区，在"寻觅"中发现并感悟城市发展中的中华智慧。展馆从当代切入，回顾中国三十多年来城市化的进程，凸显三十多年来中国城市化的规模和成就，回溯、探寻中国城市的底蕴和传统。随后，一条绵延的"智慧之旅"引导参观者走向未来，感悟立足于中华价值观和发展观的未来城市发展之路。

国　家馆居中升起、层叠出挑，采用极富中国建筑文化元素的红色"斗冠"造型，建筑面积46457平方米，高69米，由地下一层、地上六层组成，地区馆高13米，由地下一层、地上一层组成，外墙表面覆以"叠篆文字"，呈水平展开之势，形成建筑物稳定的基座，构造城市公共活动空间。

观众首先将乘电梯到达国家馆屋顶，即酷似九宫格的观景平台，将浦江两岸美景尽收眼底。然后，观众可以自上而下，通过环形步道参观49米、41米、33米三层展区。而在地区馆中，观众在参观完地区馆内部31个省、市、自治区的展厅后，可以登上屋顶平台，欣赏屋顶花园。游览完地区馆以后，观众不需要再下楼，可以从与屋顶花园相连的高架步道离开中国国家馆。

任务三　非文本对象的插入与编辑

1. 实训内容

1）打开前面已建立的"WD1 _ BAK. DOC"文档，将其正文部分复制到新建文档"WD2. DOC"中并保存。

2）插入艺术字标题"2010 年上海世博会"，式样取自第 2 行第 5 列，字体为隶书，字号为 36 磅，采用四周型环绕。

3）在正文前插入名称为"architecture"的剪贴画，高度、宽度均缩小至 30%。

4）在正文后面插入图片文件（文件可上网下载 2010 年上海世博会图片），环绕方式选"四周型环绕"，拖曳到样张所示位置。

5）按样张插入竖排文本框，输入文字"中国国家馆"，并设置为华文行楷、加粗、小四号、青色；设置文本框外框线为 3.5 磅粗细双线；将文本框置于整个文档中，四周环绕。

6）使用公式编辑器编辑如下公式

$$S_x = \sqrt{\frac{1}{n-1}\left\{ \sum\nolimits_{i=1}^{n} X_i^2 - n\,\overline{X^2} \right\}}$$

7）利用自选图形绘制流程图。

8）保存文档。

2. 实训指导

1）打开原来保存的"WD1_BAK. DOC"文档，选中其正文部分，将其复制粘贴到一个新建的文档"WD2. DOC"中。

2）单击"插入"→"艺术字"按钮，弹出艺术字库，如图 3 - 90 所示。选择第 2 行第 5 列的式样，在"编辑艺术字文字"对话框中输入内容，设置字体、字号；右击插入的艺术字，在弹出的快捷菜单中选择"设置艺术字格式"命令，设置填充颜色和环绕方式，将艺术字拖曳到样张 3 - 4 所示的位置。

3）将光标定位到文本开头，单击"插入"→"插图"→"剪贴画"按钮，双击插入的剪贴画，进入到"图片格式"工具栏，如图 3 - 91 所示。单击"大小"按钮 ▣，弹出"布局"对话框，改变"大小"中缩放高度、宽度（图片缩小至 30%，因为有准确数值，故此处不能用鼠标拖曳），如图 3 - 92 所示。

图 3 - 90　艺术字库

图 3 - 91　"图片格式"工具栏

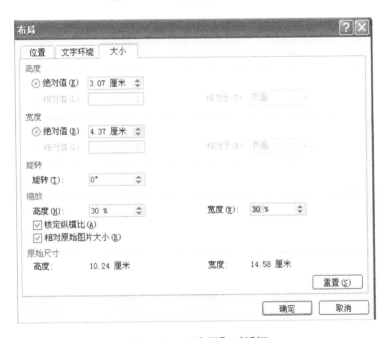

图 3 - 92　"布局"对话框

4）单击"插入"→"图片"按钮，在对话框中任意选择一图片文件进行设置。右击图片，在弹出的快捷菜单中选择"自动换行"命令，可设置环绕方式，如图 3 - 93 所示。

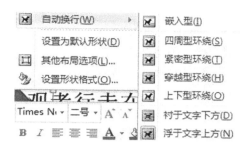

图 3 - 93 选择"自动换行"命令设置环绕方式

5）单击"插入"→"文本框"→"绘制文本框"按钮，在插入的文本框内输入文字"中国国家馆"，并对文字进行格式化；选定文本框，利用"设置文本框格式"设置其外框线和环绕方式。

6）单击"插入"→"对象"按钮，如图 3 - 94 所示。在"对象"对话框中选择"Microsoft 公式 3.0"，在显示的"公式"工具栏中进行设置。

7）单击"插入"→"形状"按钮，利用"形状绘图"工具栏绘制流程图，单击"形状"按钮，在子菜单中选择"流程图"。"自选图形"菜单如图 3 - 95 所示，从中选择合适的图形及箭头即可。

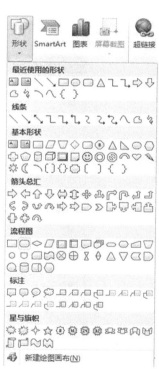

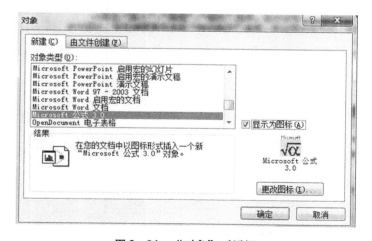

图 3 - 94 "对象"对话框　　　　图 3 - 95 "自选图形"菜单

8）选择"文件"→"保存"命令存盘。

样张 3 - 1 最后的操作效果如样张 3 - 4 所示。编辑公式效果图如图 3 - 96 所示。编辑流程图效果如图 3 - 97 所示。

样张 3 - 4

中国国家馆

展馆建筑外观以"东方之冠，鼎盛中华，天下粮仓，富庶百姓"的构思主题，表达中国文化的精神与气质。 展馆的展示以"寻觅"为主线，带领参观者行走在"东方足迹""寻觅之旅""低碳行动"三个展区，在"寻觅"中发现并感悟城市发展中的中华智慧。展馆从当代切入，回顾中国三十多年来城市化的进程，凸显三十多年来中国城市化的规模和成就，回溯、探寻中国城市的底蕴和传统。随后，一条绵延的"智慧之旅"引导参观者走向未来，感悟立足于中华价值观和发展观的未来城市发展之路。

国家起、层叠出富中国建筑的红色"斗冠"造型，建筑面积 46457 平方米，高 69 米，由地下一层、地上六层组成；地区馆高 13 米，由地下一层、地上一层组成，外墙表面覆以"叠篆文字"，呈水平展开之势，形成建筑物稳定的基座，构造城市公共活动空间。 馆居中升挑，采用极文化元素

观众首先将乘电梯到达国家馆屋顶，即酷似九宫格的观景平台，将浦江两岸美景尽收眼底。然  33 米三参观完的展厅顶花 后，观众可以自上而下，通过环形步道参观 49 米、41 米、层展区。而在地区馆地区馆内部 31 个省、后，可以登上层顶平园。游览完地区馆以后，观众不需要再下楼，可以从与屋 中，观众在市、自治区台，欣赏屋

顶花园相连的高架步道离开中国国家馆。

$$S_x = \sqrt{\frac{1}{n-1}\left\{\sum_{i=1}^{n} X_1^2 - n\overline{X^2}\right\}}$$

图 3-96   编辑公式效果图

图 3-97   编辑流程图效果图

任务四   表格的制作

1. 实训内容

1）建立 5（行）×4（列）的表格，见表 3-1。

2）在表格最右端插入一列，列标题为"总分"；表格下面增加一行，行标题为"平均分"。

3）将第一行第一列单元格设置斜线表头，行标题为"科目"，列标题为"姓名"。

4）将表格除第一行、第一列外的字符格式设置为加粗、倾斜。

5）将表格中所有单元格设置为"中部居中"；设置整个表格为"水平居中"。

6）设置表格外框线为 1.5 磅的双实线，内框线为 1 磅的细实线；表格第一行的下框线及第 1 列的右框线为 0.5 磅的双实线。

7）设置表格底纹，第一行的填充色为灰色 –15%，最后一行为青色。

8）在表格的第一行上增加一行，并合并单元格；输入标题"各科平均成绩表"，格式为隶书、二号、居中，将底纹设置成无填充，图案的颜色为青色。

9）将表格中的数据按排序依据先是政治成绩从高到低，然后是英语成绩从高到低进行排序。计算每位同学总分及各科平均分（分别保留一位小数和二位小数），并设置成加粗、倾斜。

10）最后以"WD2. DOC"为文件名保存在当前文件夹中。

2. 实训指导

1）在常用工具栏中，单击"插入"→"表格"按钮，在下拉表格框拖曳 5（行）×4

（列），如图 3－98 所示，并按表 3－1 输入数据。

表 3－1　5（行）×4（列）的表格

	语　文	政　治	英　语
李启明	80	90	85
王德亮	95	78	77
张成宏	76	79	69
刘卫国	86	90	82

2）将鼠标指针停留在表格最后一列，右击鼠标，在弹出的快捷菜单中选择"在右侧插入列"命令，如图 3－99 所示。在刚增加的列的第一行中填写列标题"总分"，将鼠标指针定位至表格最后一行外面的回车符前，按〈Enter〉键，即可追加一空白行，在刚增加的行的第一列中填写"平均分"。然后在已建表中的其他各行、列单元格中输入表 3－1 所给数据。

图 3－98　插入表格　　　　图 3－99　"在右侧插入列"命令

3）将鼠标指针定位在第一个单元格，单击"表格工具"→"设计"→"表格样式"→"边框"按钮，如图 3－100 所示，选择"斜下框线"，如图 3－101 所示。

图 3－100　"表格工具"的设置　　　　图 3－101　选择"斜下框线"

4）选定表格的第一行，在"格式"工具栏上分别单击"加粗""倾斜"按钮即可将字符格式设置为加粗、倾斜。

5）单击表格左上角的图标选定整张表，右击鼠标，在弹出的快捷菜单中选择"单元格对齐方式"→"中部居中" 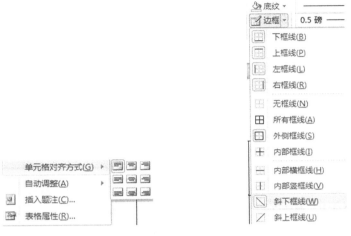（第二行、第二列按钮），如图 3－102 所示；再利用"表格属性"对话框的"表格"选项卡设置表格居中，就可以将表格中所有单元格设置为水平居中、垂直居中；设置整个表格为水平居中。

6）选定整张表，单击"表格工具"→"设计"→"表格样式"→"边框"按钮，选择所要求的线型、粗细，然后在边框列表中选择所需的框线，如图 3－103 所示；用同样的方法可设置第一行的下框线和第一列的右框线。

图 3－102　选择单元格对齐方式　　　　图 3－103　设置边框

7）选择要设置底纹的区域（第一行），单击"表格工具"→"设计"→"表格样式"→"边框"→"边框和底纹"按钮，选择"底纹"选项卡，首先在"填充"下面的颜色栏中选择"灰色 15%"；最后一行的图案填充颜色：在"图案"中选择"纯色"→"青色"选项。

8）选中第一行，单击"表格工具"→"布局"→"行和列"按钮，在下拉列表中选择"在上方插入"，即可在表格最上面增加一行；再选中新插入的行，单击鼠标右键，在弹出的快捷菜单中选择"合并单元格"命令，如图 3－104 所示。在合并的单元格里输入表格标题"各科平均成绩表"，并按题目要求设置字符为隶书、一号、居中；底纹设置为无填充；图案的颜色也为青色。

9）选中表格，单击"表格工具"→"布局"→"数据"→"排序"按钮，打开"排序"对话框，如图 3－105 所示。排序的第一依据是政治，第二依据是英语，均为递减，即"降序"。

图 3－104　选择"合并单元格"命令　　　　图 3－105　"排序"对话框

10）将光标移到存放总分的单元格（如第三行最后一列），单击"表格工具"→"布局"→"数据"→"公式"按钮，在"公式"文本框中粘贴求和函数（SUM），函数的参数为（B3: D3）或（LEFT），即 SUM(B3: D3) 或 SUM(LEFT)，在"编号格式"文本框里输入一位小数的格式"0.0"。同理可以计算其他单元格的数值。计算"平均分"时，在"公式"文本框中粘贴平均函数（AVERAGE），函数的参数为（B3: B6）或（ABOVE），即 AVERAGE(B3: B6）或 AVERAGE(ABOVE)，在"编号格式"文本框里输入一位小数的格式 0.0，如图 3 - 106 所示。

11）选择"文件"→"保存"命令保存文档。

表 3 - 1 的最后操作效果如图 3 - 107 所示。

图 3 - 106　"公式"对话框

各科平均成绩表

科目＼姓名	语文	政治	英语	总分
李启明	80	90	85	255.0
刘卫国	86	90	82	258.0
张成宏	76	79	69	224.0
王德亮	95	78	77	250.0
平均分	84.25	84.25	78.25	244.50

图 3 - 107　表 3 - 1 的最后操作效果

项目四　电子表格软件 Excel 2010

4.1　Excel 2010 概述

学习目标

1. 了解 Excel 2010 的基本功能。
2. 理解 Excel 2010 的基本概念。

Excel 是一款界面友好、功能强大、使用方便的电子表格制作软件，广泛应用于金融、财务、统计、工资管理、工程预算等领域。

4.1.1　Excel 2010 的基本功能

学习要点

- 了解 Excel 2010 的基本功能。

学习指导

利用 Excel 可以方便快速地创建和编辑数据表格，并快捷灵活地设置表格格式和样式。

（1）强大的计算功能　利用 Excel 不但可以自定义编辑公式，还可以便捷地使用系统自带的几百个函数，完成各种复杂的数据计算与处理。

（2）丰富的图表功能　Excel 使用便捷的图表向导，可以快速、轻松地建立与工作表对应的各种类型的统计图表。

（3）快捷的数据分析　Excel 提供的各种数据工具可以对工作表中的数据进行排序、筛选、分类汇总和建立数据透视表等分析操作。

4.1.2　Excel 2010 的基本概念

学习要点

- 熟悉 Excel 2010 工作界面的组成。
- 理解工作簿、工作表和单元格的含义。
- 了解输入栏、功能区、"公式"选项卡和"数据"选项卡的功能。

学习指导

1. Excel 2010 的工作界面

在 Windows 7 中，双击桌面图标"Microsoft Excel 2010"就进入 Excel 2010 的工作界面，如

图 4 - 1 所示，它与 Word 2010 工作界面的区别在于工作表编辑区、输入栏和部分功能菜单等的不同。

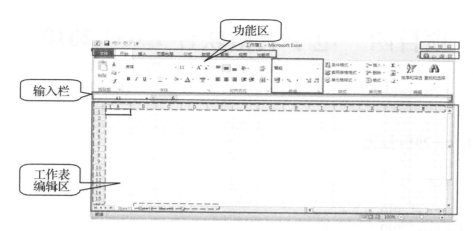

图 4 - 1　Excel 2010 的工作界面

2. 工作簿

工作簿是 Excel 文件的基本单位，Excel 文件的扩展名为 xlsx。工作簿就像一个工作夹（作业本），在这个工作夹（作业本）里面可装许多工作纸，一页工作纸（作业纸）就像是一个工作表。一个工作簿可包含多个工作表，其中有且仅有一个当前工作表（当前正在使用的工作表），其标签背景为白色，如图 4 - 1 所示 Sheet1 为当前工作表。一个新建的工作簿默认有 3 个工作表。

3. 工作表

工作表由若干行、列组成的表格（单元格区域集），表格的行、列分别以行号和列标来标识。工作表编辑区是在工作簿窗口中显示出来由多个行、列组成的单元格区域，是 Excel 2010 进行数据输入、加工、分析的主要工作区域。

行号：用数字表示，分别为 1，2，3，…，65 536，…

列标：用英文大写字母来表示，分别为 A，B，C，…，X，Y，Z，AA，AB，AC，…，AY，AZ，BA，BB，BC，…，AAA，…

4. 单元格

单元格是 Excel 表格的基本单位，是一行与一列交织形成的矩形格，用来存入数值、文本、公式、声音等数据。一个工作表中有若干个单元格，为了区分每个单元格，引入了单元格地址（也称作单元格名）。单元格地址（单元格名）由单元格所在的列标和行号来表示，如 B8 就代表 B 列与第 8 行交汇的单元格。当前单元格指当前正在使用的单元格，其框线为粗黑线，如图 4 - 1 所示 A1 为当前单元格。

5. 输入栏

输入栏位于功能区下方，工作表编辑区上的一整行，由名称框（地址框）、3 个按钮（输入、取消、插入函数）和编辑框三部分组成。名称框用于定位和显示当前单元格的地址，编辑框用于编辑和显示单元格的数据（常量、公式等）。

6. 功能区

功能区与 Word 2010 相比，增加了"公式""数据"两大选项卡，主要用于数据的计算与处理，这是 Excel 2010 的特有功能，后面会详细讲解。

学习链接

◆ 用鼠标指针指向功能区上自己不熟悉（或与 Word 不同）的图标，通过提示了解各图标的功能。

◆ 单击任意单元格，观察名称框中的数据与单元格所在行与列的关系。

4.2 Excel 2010 的基本操作

学习目标

1. 掌握新建、打开、关闭、保存工作簿的基本操作方法。
2. 掌握选择、插入、删除、重命名工作表的基本操作方法。
3. 掌握选定单元格、合并单元格的方法和设置行高与列宽的基本操作方法。

4.2.1 工作簿的基本操作

学习要点

● 掌握新建、打开、关闭、保存工作簿的方法。

学习指导

工作簿的基本操作与 Word 2010 文档的基本操作相似。本节主要学习最大化、最小化工作簿窗口、保护工作簿等基本操作。

1．新建工作簿

方法 1（工具栏法）：在快速访问工具栏中单击"新建"按钮 。如果快速访问工具栏中没有"新建"按钮，则可在快速访问工具栏中单击下三角，在出现的下拉列表中选择"新建"命令（图 4-2）后，"新建"按钮即可显示在快速访问工具栏中。

方法 2（功能区法）：通过功能区菜单新建工作簿。其有三个步骤：①在功能区中单击"文件"选项卡，出现"Backstage 视图"；②选择"新建"命令，出现"可用模板"列表界面（默认为空白工作簿选项）；③单击"创建"按钮即可创建新的空白工作簿，如图 4-3 所示。

图 4-2 快速访问工具栏中添加"新建"按钮

图 4-3 通过功能区菜单创建空白工作簿

方法 3（快捷键法）：按〈Ctrl + N〉组合键可快速创建空白工作簿。

2. 保存工作簿

方法 1：在快速访问工具栏中单击"保存"按钮 ■。首次保存会出现"另存为"对话框，选择保存位置和修改默认的工作簿名，单击"保存"按钮即可完成。

方法 2：通过功能区保存工作簿。首次保存工作簿有四个步骤：①在功能区中单击"文件"选项卡，出现"Backstage 视图"；②选择"保存"命令，出现"另存为"对话框；③选择保存位置和修改默认的工作簿名；④单击"保存"按钮完成工作簿保存工作。

方法 3：按〈Ctrl + S〉组合键可快速创建保存空白工作簿。

3. 关闭工作簿

方法 1：单击工作簿的"关闭"按钮 ⊠。注意：界面中有两个 ⊠ 按钮，最右上的一个是 Excel 2010 的"关闭"按钮。

方法 2：在功能区中单击"文件"选项卡，出现"Backstage 视图"，选择"关闭"命令即可完成。

4. 打开工作簿

方法 1：在快速访问工具栏中单击"打开"按钮 📂。如果快速访问工具栏中没有"打开"按钮，可在快速访问工具栏中单击下三角，在出现的下拉列表中选择"打开"命令后即可。

方法 2：在功能区中单击"文件"选项卡，弹出"Backstage 视图"，再选择"打开"命令，弹出"打开"对话框。选择保存位置和要打开的工作簿名，单击"创建"按钮就创建了新的空白工作簿。

方法 3：按〈Ctrl + O〉组合键可快速打开空白工作簿。

方法 4：在文件夹、桌面和磁盘中选择要打开的工作簿文件，双击即可打开。

5. 最大化/最小化工作簿窗口

在 Excel 2010 的工作界面中默认有两个窗口控制按钮 ⊟ ⊡ ⊠ 。在最右上角的一个是 Excel 2010 窗口的按钮，位置比较固定；另一个是工作簿窗口的按钮，位置比较灵活，随着选择还原、最大化、最小化按钮在 Excel 2010 窗口内变化位置，尤其是要注意工作簿窗口最小化时其在 Excel 2010 窗口的左下角。好多用户自以为没有打开或关闭工作簿而找不到最小化的工作簿。

6. 保护工作簿

保护工作簿最常用的方法是给工作簿加密，有五个步骤：①在功能区中单击"文件"选项卡，出现"Backstage 视图"；②选择"信息"命令；③选择"保护工作簿名"下拉菜单中"用密码进行加密"命令；④在弹出的"加密文档"对话框的"密码"文本框中输入密码，单击"确定"按钮，如图 4 - 4 所示；⑤在弹出的"确认密码"对话框的"重新输入密码"文本框中再次输入密码，单击"确定"按钮即可完成。

图 4 - 4　加密文档

打开加密的文档时会弹出"密码"对话框，如图 4 - 5 所示。输入密码即可打开，否则无法打开工作簿。

图 4 - 5　"密码"对话框

![学习链接]
学习链接

◆ 在快速访问工具栏中添加新建、打开、打印预览、电子邮件快捷图标，删除电子邮件快捷图标。

◆ 探索在 Excel 2010 工作界面中按钮 ▭ ▫ ✕ 的效果及作用。

4.2.2　工作表的基本操作

学习要点

● 掌握选择、插入、删除、重命名工作表的方法。

学习指导

1．选择工作表

1）选取单张工作表：单击所需的工作表标签即可。

2）选取多张相邻的工作表：单击选取第一张工作表，按住〈Shift〉键，再单击最后一张工作表的标签。

3）选取多张不相邻的工作表：单击选取第一张工作表，按住〈Ctrl〉键，单击其他需要选取的工作表的标签。

2．插入工作表

方法 1：在工作簿窗口中单击"工作表"标签旁的"插入工作表"按钮，工作表标签上就出现一张新的工作表，如图4-6所示。

方法 2：在"工作表"标签上右击，在弹出的快捷菜单中选择"插入"命令，如图4-7所示。

图 4-6　"插入工作表"按钮

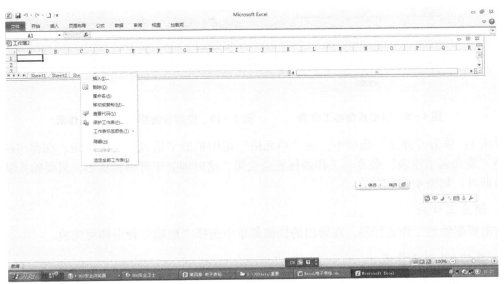

图 4-7　使用右键快捷菜单插入工作表

155

方法 3：单击"开始"选项卡，在"单元格"组中单击"插入"下拉按钮，在弹出的列表框中选择"插入工作表"命令，如图 4－8 所示。

图 4－8　使用"开始"功能区插入工作表

3．重命名工作表

方法 1：双击要重命名的工作表标签（如 Sheet2），标签会变黑，这时即处于可编辑状态，只要输入新的工作表名即可，如图 4－9 所示。

方法 2：右击要重命名的工作表标签，在弹出的快捷菜单中选择"重命名"命令，标签会变黑，这时即处于可编辑状态，只要输入新的工作表名即可，如图 4－10 所示。

图 4－9　双击重命名工作表　　　**图 4－10　使用右键菜单重命名工作表**

方法 3：单击"开始"选项卡，在"单元格"组中单击"格式"下拉按钮，在弹出的列表中选择"重命名工作表"命令，工作表标签会变黑，这时即处于可编辑状态，只要输入新的工作表名即可，如图 4－11 所示。

4．删除工作表

右击要删除的工作表标签，在弹出的快捷菜单中选择"删除"命令即可完成。

5．移动/复制工作表

方法 1：选中要移动的工作表标签拖动到其他工作表标签前或后。

方法 2：右击要移动的工作表标签，在弹出的快捷菜单中选择"移动"命令，在弹出的对话框中选择移动的位置即可。如勾选"建立副本"前的复选框，就可复制工作表。

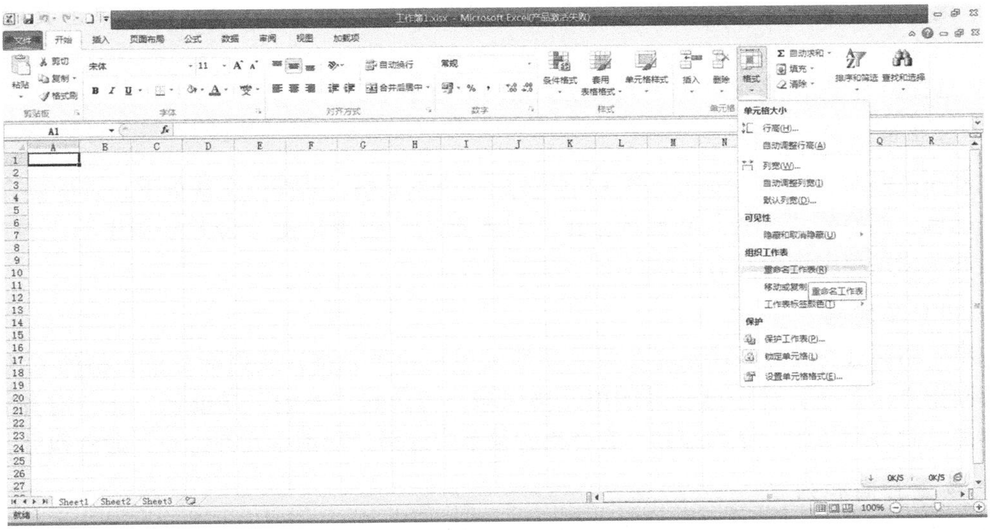

图 4 - 11　使用功能区重命名工作表

6. 隐藏工作表

右击要隐藏的工作表标签，在弹出的快捷菜单中选择"隐藏"命令。要取消隐藏的工作表需在其他工作表标签上右击，在弹出的快捷菜单中选择"取消隐藏"命令，在弹出的对话框中选择要取消隐藏的工作表名即可。

学习链接

◆ 插入一张新的工作表 Sheet4，重命名为"一班学生成绩"，移动到 Sheet1 前。

4.2.3　单元格的基本操作

学习要点

- 掌握选定单元格、合并单元格的方法。
- 掌握设置行高与列宽的方法。

学习指导

1. 选定单元格

输入数据前必须先选定单元格或区域，然后直接由键盘输入字符、数字或标点符号，输入时可以在编辑栏中看到输入的内容（与单元格中的内容一致）。

1）选定一个单元格：单击要选定的单元格。使用键盘上的方向键可上下左右移动当前单元格，按〈Enter〉键向下移，按〈Tab〉键向右移动。

2）选定一行：单击要选定的行号。

3）选定一列：单击要选定的列标。

4）选定单元格区域：用鼠标拖动要选定的单元格区域或单击第一个单元格，按住〈Shift〉

键再单击最后一个单元格。

5）选定不连续的多个单元格：单击第一个单元格，按下〈Ctrl〉键再单击其他单元格。

6）选择所有单元格：在 A1 单元格左上角的方格中单击。

2. 合并单元格

在制作表格时，通常会将几个单元格合并成一个单元格，其操作方法如下：选中要合并的单元格区域，切换到"开始"功能区，在"对齐方式"组中单击"合并后居中"下拉按钮，在弹出的快捷菜单中选择"合并后居中"命令即可。

3. 拆分单元格

把单元格区域合并后，如果需要将其还原成原来的单元格，就用拆分单元格的方法来完成，其操作方法如下：选中已合并的单元格区域，切换到"开始"功能区，在"对齐方式"组中单击"合并后居中"下拉按钮，在弹出的菜单中选择"取消单元格合并"命令即可。

4. 设置行高和列宽

（1）用鼠标拖动调整行高和列宽　用鼠标拖动调整行高和列宽分为两步：①将鼠标移动到相邻行号（列标）之间的分隔线上，②当鼠标指针变成上下双向箭头时，按住鼠标左键拖动到适当的位置，就可以重新定义行高（列宽）。

（2）用功能菜单手动指定行高和列宽　用功能菜单手动指定行高和列宽分为三步：①先选中需要改变行高（列宽）的单元格；②切换到"格式"功能区，在"单元格"组中的"格式"下拉菜单中选择"行"（列）命令；③在弹出的对话框中输入数值后单击"确认"按钮即可改变行高（列宽）。

（3）用功能菜单自动调整行高与列宽　用功能菜单自动调整行高与列宽分为两步：①先选中需要改变的行高（列宽）的单元格；②切换到"格式"功能区，在"单元格"组中的"格式"下拉菜单中选择"自动调整行高"（自动调整列宽）命令后，Excel 会根据单元格内容的多少而自动确定行高（列宽）。

4.3 Excel 2010 的数据输入

学习目标

1. 掌握单元格数据录入与填充的方法。
2. 掌握单元格数据移动和清除的方法。
3. 掌握单元格格式设置的方法和样式使用的方法。

4.3.1 数据的录入方式

学习要点

● 掌握 Excel 2010 中数据的类型和单元格数据的录入方法。

学习指导

1. 数据类型

在 Excel 2010 的工作表中，每个单元格都可以输入五种基本类型的数据：数值、文本、日期、时间和公式，用户根据具体工作选择需要的类型。

1）数值：数值是指可直接输入并具有计算特性的数（通常指实数）。在 Excel 2010 的单元格中输入的内容被识别为数值时，则程序默认采用右对齐方式，否则就不是数值类型。

2）文本：文本即采用 ASCII 编码的字符及字符组合（通常是汉字、英文等）。在 Excel 2010 的单元格中，只要不是与数值、日期、时间和公式相关的内容，就会被默认为文本，即为左对齐方式。一个单元格最多可输入 32 767 个字符。

3）日期和时间：时间和日期是经常用到的一种数据类型。通常日期和时间的形式（格式）有好多种，常有"2013-8-8""2013/8/8""2013 年 8 月 8 日""15：30：33""3：30：33 pm""15 时 30 分 33 秒"等、在具体输入时应按照设定的统一形式输入。

2. 文本输入

（1）输入普通文本

方法 1：选中准备输入文本的单元格，用键盘直接输入汉字文本后按〈Enter〉键（英文字符不需要再按〈Enter〉键）即可完成文本的输入。

方法 2：①选中准备输入文本的单元格；②单击编辑栏，在编辑栏中输入文本；③单击编辑栏旁的"输入"按钮 ✔ 完成文本输入。

（2）超长文本的显示设置　在 Excel 2010 中，一个单元格最多可以输入 3 276 个字符，如果单元格中输入的文本很长，则无法显示全部内容。下面介绍显示超长文本的方法：①选中准备调整显示样式的单元格；②切换到"开始"功能区，在"字体"组中单击右下角的"启动对话框"按钮 ；③在弹出的"设置单元格格式"对话框中单击"对齐"选项卡；④在"文本控制"选项组中勾选"缩小字体填充"和"自动换行"复选框后单击"确定"按钮即可。

（3）数字作为文本输入　默认情况下，向单元格中输入数字将被识别为数值类型，自动右对齐显示。如果输入的数字不进行运算，只是作为文本显示，如证件号码和电话号码等，可以将输入的数字手动设为文本。下面是数字作为文本输入的方法：①在输入数字（数值型、右对齐）的单元格上右击；②在弹出的快捷菜单中选择"设置单元格格式"命令；③在弹出的"设置单元格格式"对话框中选择"数字"选项卡中的"分类"组中的"文本"；④单击"确定"按钮即可。单元格的数字已经成为文本型，左对齐显示。

3. 数值输入

1）输入整数和小数：直接在单元格中输入整数和小数即可。

2）输入分数：①在准备输入分数的单元格上右击，在弹出的快捷菜单中选择"设置单元格格式"命令；②在弹出的"设置单元格格式"对话框中的"数字"选项卡中的"分类"组中选择"分数"；③在"类型"中选择"分母"；④单击"确定"按钮；⑤在该单元格中输入分数，如输入"1/3"。

3）输入百分数：①在准备输入百分数的单元格上右击；②在弹出的快捷菜单中选择"设置单元格格式"命令；③在弹出的"设置单元格格式"对话框中选择"数字"选项卡，在"分类"组中选择"百分比"；④在"小数位数"中输入自己需要精确的位数，如输入"3"；

⑤单击"确定"按钮；⑥在该单元格中输入百分数，如输入"12"，显示为"12.000％"，输入"13.34"，显示为"13.340％"。

4）输入货币小数：①在准备输入货币值的单元格上右击；②在弹出的快捷菜单中选择"设置单元格格式"命令；③在弹出的"设置单元格格式"对话框中的"数字"选项卡中，选择"分类"组中的"货币"；④在"小数位数"中输入自己需要精确的位数，如"2"，在"货币符号"中选择"￥"；⑤单击"确定"按钮；⑥在该单元格中输入货币值，如输入"12"，显示为"￥12.00"，输入"13.34"，显示为"￥13.34"。

4. 输入日期

操作方法如下：① 在准备输入日期的单元格上右击；②在弹出的快捷菜单中选择"设置单元格格式"命令；③在弹出的"设置单元格格式"对话框的"数字"选项卡中，选择"分类"组中的"日期"；④在"类型"中选择自己需要的类型，如"2001-03-14"；⑤单击"确定"按钮；⑥在该单元格中输入日期，如输入"2013-3-8"，显示为"2013-03-08"。

学习链接

◆ 探索输入科学计数法和输入时间的操作。

◆ 探索"设置单元格格式"中的字体、边框等的操作。

4.3.2 使用填充控点自动填充数据

学习要点

● 掌握单元格数据填充的方法。

学习指导

如果在一行或一列的若干连续单元格中输入相同或有变化规律（等差递增或递减）的数据，可以使用填充控点快速完成输入，以提高输入效率。

具体的操作方法有四个步骤：①在第一个单元格中输入一个数据；②在同行或同列的第二个单元格输入另一个数据；③选中这两个单元格；④鼠标移到黑粗框的右下角，指针变成"十"（实线十字形）时，按下左键向行或列拖动鼠标即可完成填充，如图 4-12 所示。

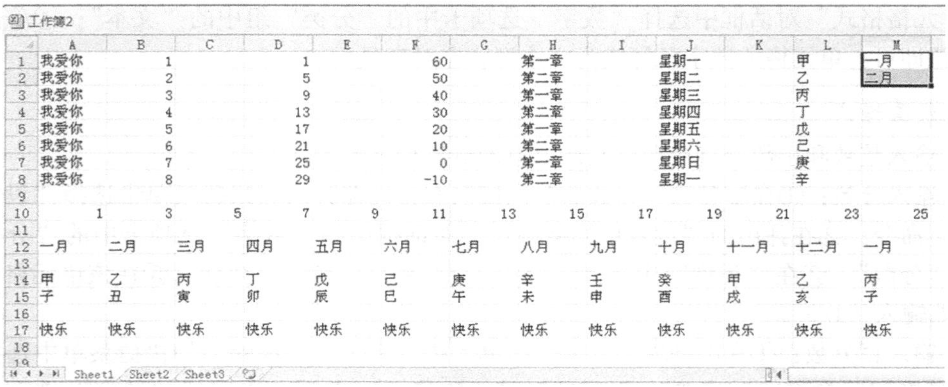

图 4-12 自动填充数据

4.3.3 编辑表格数据

学习要点

● 掌握单元格数据的修改、移动、清除的方法。

学习指导

1. 修改数据

方法 1（在单元格中修改）：选定要修改的单元格，使其成为活动单元格，然后在编辑栏中进行编辑即可。

方法 2（在编辑栏中修改）：双击要修改的单元格，然后直接在单元格中编辑即可。

如果想放弃修改，可以在编辑后按〈Esc〉键，单元格的内容会恢复到编辑前不变，也可以单击编辑栏左侧的按钮 ✖ 放弃修改。

2. 移动数据

方法 1（剪切粘贴法）：Excel 中的数据复制与其他 Windows 应用程序一样，选中要复制的单元格或区域，然后单击快速工具栏上的"剪切"按钮，或切换到"开始"功能区，选择"剪切板"组中的"剪切"命令或按〈Ctrl + X〉组合键，最后选择粘贴的目标区域，单击"粘贴"按钮或按〈Ctrl + V〉组合键即可实现。

方法 2（鼠标拖动法）：选定要移动数据的单元格区域，鼠标放在黑粗线边框上，当指针变为十字箭头时按住鼠标左键拖动到目的单元格。

3. 清除数据

方法 1（按键清除法）：选定要删除数据的单元格，按〈Delete〉键或〈Backspace〉键即可删除单元格的内容。

方法 2（菜单清除法）：右击要删除数据的单元格，在弹出的快捷菜单中选择"清除内容"命令即可。注意，不要选择"删除"命令。

4. 插入单元格/行/列

选择要插入单元格/行/列的单元格，切换到"开始"功能区，在"单元格"组中单击"插入"按钮，在弹出的下拉菜单中选择"插入单元格"/"插入工作表行"/"插入工作表列"命令即可。

5. 删除单元格/行/列

选择要删除单元格/行/列的单元格，切换到"开始"功能区，在"单元格"组中单击"删除"按钮，在弹出的下拉菜单中选择"删除单元格"/"删除工作表行"/"删除工作表列"命令即可。

6. 冻结窗口

冻结窗口是指工作表中的首行或首列单元格不随滚动条的变化而变化。其设置方法如下：在 Excel 2010 工作表中，切换到"视图"功能区，在"窗口"组中单击"冻结窗口"下拉按钮，在弹出的下拉列表中选择"冻结首行"/"冻结首列"命令即可。

4.3.4 设置格式与样式

学习要点

- 掌握设置单元格格式的方法。
- 掌握套用工作表样式的方法。

学习指导

若要对单元格内容进行输入、编辑，需要对单元格进行格式设置，使得单元格的数据内容更清晰、易理解。格式设置包括对数据格式、对齐方式、字符格式、边框和图案等进行设置。样式是预定义的一些格式或格式的组合。

1. 设置单元格格式

方法 1：①右击要设置格式的单元格（区域），在弹出的快捷菜单中选择"设置单元格格式"命令；②在弹出的"设置单元格格式"对话框（图 4–13）中的"数字"选项卡中设置数据类型，在"对齐"选项卡中设置对齐方式，在"字体"选项卡中设置字体、字形和字号等，在"边框"选项卡中设置边框，在"填充"选项卡中设置填充颜色，在"保护"选项卡中设置锁定单元格和隐藏公式；③单击"确定"按钮。

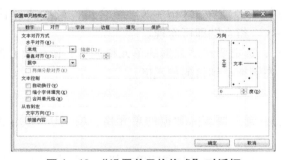

图 4–13 "设置单元格格式"对话框

方法 2：①选择要设置格式的单元格（区域）；②在"开始"功能区的"字体"组中设置字体，在"数字"组中设置数据类型，在"对齐"组中设置对齐方式。

2. 条件格式

条件格式是指单元格的格式根据单元格中的数值的条件来动态变化。其操作方式是：①在"开始"功能区"样式"组中单击"条件格式"下拉按钮；②可选择"突出显示单元格规则""项目选项规则""数据条"等命令设置单元格条件格式，如图 4–14 所示。

图 4–14 "条件格式"下拉列表

1) 选择 C 列，单击"条件格式"下拉按钮，选择"数据条"→"渐变填充"。

2) 选择 D 列，单击"条件格式"下拉按钮，选择"突出显示单元格规则"→"大于"，在弹出的对话框中输入数字"88"，单击"确定"按钮。

3) 选择 E 列，单击"条件格式"下拉按钮，选择"项目选项规则"→"值最大的 10 项"（注意共 13 项数据，含第 10 项的值有并列）。

4) 选择 F 列，单击"条件格式"下拉按钮，选择"图标集"→"等级"中的黑圆效果。

条件格式设置完成后的效果如图 4-15 所示。

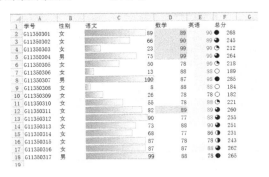

图 4-15　条件格式设置完成后的效果

3. 单元格样式

样式是格式选项的组合。Excel 提供了多种已经设置好的单元格样式，可以很方便地选择所需要的样式，套用到选定的单元格区域。

（1）套用单元格样式

1) 选中准备设置样式的单元格。

2) 切换到"开始"功能区，在"样式"组中选择"单元格样式"下拉列表中的样式即可，如图 4-16 所示。

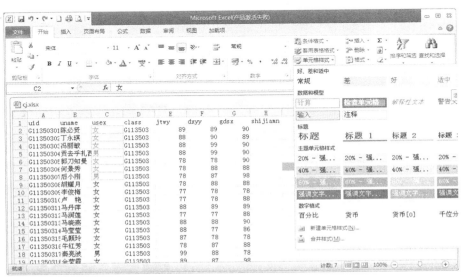

图 4-16　在"样式"组中选择样式

（2）创建单元格样式

1）切换到"开始"功能区，在"样式"组中选择"单元格样式"下拉列表中的"新建单元格样式"。

2）在弹出的"样式"对话框（图 4 - 17）中可以设置样式名，再单击"格式"按钮，在弹出的"设置单元格格式"对话框（图 4 - 18）中设置格式，单击"确定"即可。

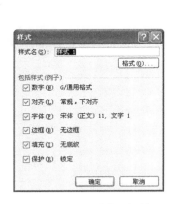 

图 4 - 17 "样式"对话框　　　　　　　图 4 - 18 "设置单元格格式"对话框

4. 套用表格样式

Excel 提供了多种已经设置好的工作表样式，可以很方便地选择所需要的样式，套用到工作表中。

（1）套用工作表样式

1）选中准备设置样式的单元格。

2）切换到"开始"功能区，在"样式"组中选择"套用表格格式"下拉列表中的"样式"即可，如图 4 - 19 和图 4 - 20 所示。

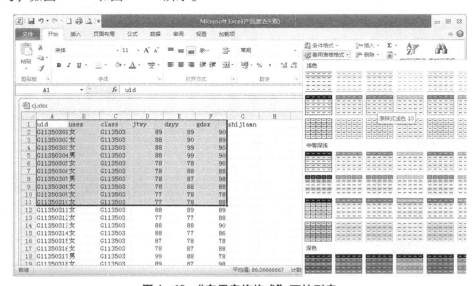

图 4 - 19 "套用表格格式"下拉列表

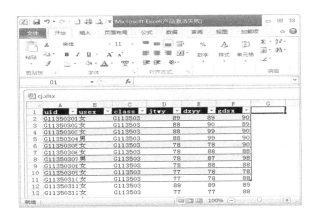

图 4-20 套用表格格式的效果

（2）创建工作表样式

1）切换到"开始"功能区，在"样式"组中选择"套用表格格式"下拉列表中的"新建表样式"。

2）在弹出的"新建表快速样式"对话框（图 4-21）中可以设置样式"名称"，再选择"表元素"中的元素，然后单击"格式"按钮，在弹出的"设置单元格格式"对话框中设置格式，最后单击"确定"即可。

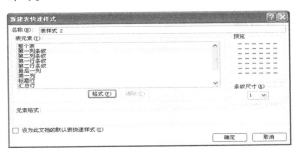

图 4-21 "新建表快速样式"对话框

4.3.5 设置数据有效性

学习要点

- 掌握设置数据有效性的方法和意义。

学习指导

1. 认识数据有效性

数据的有效性是对单元格或单元格区域输入的数据从类型和范围上的限制，即对于符合条件的数据，允许输入；对于不符合条件的数据，则禁止输入。这样就可以依靠系统检查数据的正确有效性，避免错误的数据录入。

2. 设置数据有效性

设置数据有效性的步骤如下：①选择要设置数据有效性的单元格区域；②切换到"数据"功能区，在"数据工具"组中的"数据有效性"下拉列表中选择"数据有效性"命令；③在弹出的对话框中的"设置"选项卡中选择"允许"的类型和"数据"的范围后，单击"确认"按钮即可完成。

数据有效性功能可以在尚未输入数据时预先设置，以保证输入数据的正确性。一般情况下不能检查已输入的数据，也可在"数据"功能区"数据工具"组中的"数据有效性"下拉菜单中选择"圈释无效数据"命令，查看已输入的无效数据。

4.4 Excel 2010 的数据处理

学习目标

1．掌握在公式中正确引用单元格地址的方法。

2．掌握利用公式计算工作表中数据的方法。

3．掌握利用函数计算工作表中数据的方法。

Excel 2010 除了能方便地编辑数据外，还提供了用来实现各种计算的公式和函数。使用公式和函数可以提高数据的处理速度，简化和方便数据的运算与处理。

每一个单元格都有一个唯一的名字（地址），如 A3、C6 等，单元格的名字就是公式中的变量名，单元格的内容则是公式中的变量的值。

4.4.1 创建公式自动处理数据

学习要点

- 掌握创建公式的方法。
- 掌握复制公式的方法及意义。

学习指导

1．公式的基本组成

公式就是对工作表中的数值进行计算的式子，以"="开头。它可以对工作表中的数据进行加、减、乘、除、链接等运算。

2．公式中的运算符

公式中的运算符决定了对公式中的元素进行特定类型的运算。Excel 2010 包含四种类型的运算符：算术运算符、比较运算符、文本运算符和引用运算符，见表 4-1。

表 4-1　Excel 2010 中的运算符

类　　型	运　算　符	举　　例	备　　注
算术运算符	加（+）、减（-）、乘（×）、除（÷）、百分数（%）、乘方（^）等		优先级顺序同数学运算一样
比较运算符	等于（=）、小于（<）、大于（>）、大于等于（>=)、小于等于（<=)、不等于（<>）		
文本运算符	"&"	"="浙江"&"杭州，结果为"浙江杭州"	链接、组合文本

（续）

类　　型	运　算　符	举　　例	备　　注
引用运算符	冒号（:）、区域运算符	B2: E2	B2、C2、D2、E2
	逗号（,）、联合运算符	B2: D2，F2	B2、C2、D2、F2
	空格（　）、交集运算符		
	三维引用（!）		

3. 创建公式

选择一个要创建公式的单元格，在该单元格或编辑栏中输入等号"＝"，然后依次输入需要计算的单元格名（也可选择需要计算的单元格自动输入单元格名）和运算符，最后按〈Enter〉键或单击编辑栏左边的按钮 ✔ 即可完成。此时单元格中显示的公式已经变成计算所得的结果了，只要选中该单元格，在编辑栏中看到的还是原始公式。

4. 复制公式

公式的复制与移动的方法与单元格数据的复制与移动的方法相同，同样也可以通过填充方式进行批量复制。所不同的是，如果公式中有单元格的相对引用和混合引用，则复制或移动后的公式会根据当前所在的位置而自动更新。例如，"C1"单元格中的公式为"＝(A1＋B1)/2"，将其复制到"C2"后，公式变成了"＝(A2＋B2)/2"。这正是 Excel 中数据处理的妙处，为实际应用带来了极大的便利。Excel 提供的公式复制功能大大的简化和方便了数据的运算与处理。

🚩 学习链接

◆ 在 D1 单元格中创建一个计算 A1、B1、C1 三个单元格之和的公式。并复制到 D2 单元格，以计算 A2、B2、C2 三个单元格之和。

4.4.2　单元格的引用类型

🚩 学习要点

● 掌握单元格引用的方法。

🚩 学习指导

在 Excel 中，通过单元格的引用，可以在一个公式中使用工作表上不同部分的数据，也可以引用同一个工作簿上其他工作表中的单元格，或者引用其他工作簿中的单元格。在 Excel 2010 中，对单元格的引用分为相对引用、绝对引用、混合引用和跨表引用四种。

1. 相对引用

相对引用是指当把一个含有单元格地址的公式复制（移动）到一个新的位置时，公式中引用的单元格地址（行号和列标）会随着公式位置的改变而改变。它是通过被引用单元格与公式单元格的相对位置来定位新移动的公式单元格与所引用的单元格位置。在默认状态下，Excel 2010 使用相对引用方式。下面用实例来介绍相对引用的操作方法和效果。

1）选择准备引用的单元格，如 F2 单元格，在 F2 单元格或编辑栏中输入公式"＝C2＋D2＋E2"，如图 4-22 所示。按〈Enter〉键或单击编辑栏左边的按钮 ✔，显示计算结果，如图 4-23 所示。

2）选择 F2 单元格，将鼠标移到黑粗框的右下角，当指针变成"➕"（实线十字形）时，按住左键向下拖动至 F9 单元格位置，如图 4 - 24 所示。可以看到从 F3 到 F9 单元格也有了不同的数据，这就说明 F2 单元格的公式已经复制（相对引用）到 F3 至 F9 单元格中并已计算出了新值。单击 F3 单元格，查看编辑栏中的公式已经自动变为 " = C3 + D3 + E3"，如图4 - 25所示，与 " = C2 + D2 + E2" 相比，相对的行号发生了变化，即从 2 变成了 3，同理再看看 F4 至 F9 的公式，相对的行号发生了相对变化。

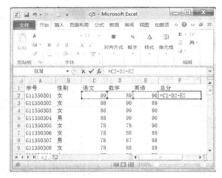

图 4 - 22　输入公式

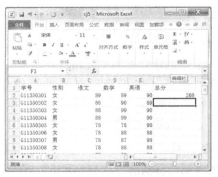

图 4 - 23　显示计算结果

图 4 - 24　相对引用

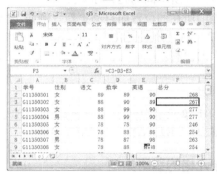

图 4 - 25　相对行号的自动转变

3）选择 F2 单元格，将鼠标移到黑粗框的右下角，当指针变成 "＋"（实线十字形）时，按住左键向右拖动至 H2 单元格位置，如图 4 - 26 所示。可以看到 G2、H2 单元格也有了不同的数据，这就说明 F2 单元格的公式已经复制（相对引用）到 G2 和 H2 单元格中并已计算出了新值。单击 G2 单元格，查看编辑栏中的公式已经自动变为 " = D2 + E2 + F2"，如图 4 - 27 所示，与 "C2 + D2 + E2" 相比，相对的列标发生了变化，即 F2 中的 C 变成了 G2 中的 D、F2 中的 D 变成了 G2 中的 E、F2 中的 E 变成了 G2 中的 F，同理再查看 H2 的公式，相对的列发生了相对变化。

图 4 - 26　向右引用

图 4 - 27　相对列标的自动变化

4）选择 F2 单元格，按〈Ctrl + C〉键，选择 G6 单元格，按〈Ctrl + V〉键或右击并在弹出的快捷菜单中选择"粘贴"命令粘贴公式，如图 4-28 所示。

从图 4-29 可以看到 G6 单元格也有了不同的数据，这就说明 F2 单元格的公式已经复制（相对引用）到 G6 单元格中并已计算出了新值。编辑栏中的公式已经自动变为"= D6 + E6 + F6"，与 F2 中的"C2 + D2 + E2"相比，相对的列标和行号都发生了变化，即 F2 中的 C2 变成了 G6 中的 D6、F2 中的 D2 变成了 G6 中的 E6、F2 中的 E2 变成了 G6 中的 F6。同理，可以复制到其他单元格再查看公式的变化。总之，公式"F2 = C2 + D2 + E2"是引用单元格所在行的前三列单元格的和。

图 4-28 粘贴公式

图 4-29 相对行号和列标的自动转变

凡是直接引用单元格名字的都是相对引用。如 C4 中的公式要引用 A1 单元格，公式中虽然写的是 A1，而实际引用的地址是 C4 左边第 2 列、上方第 3 行的位置。

总之，相对引用的单元格其行号和列标都随着公式单元格位置变化而相对变化。

2. 绝对引用

与相对引用不同，绝对引用是指向固定的引用位置。也就是说在公式中使用绝对引用，无论如何改变公式所在的单元格的位置，其引用的单元格名（地址）都不会改变。绝对引用是在单元格地址的行号或列标前面添加 $（英文状态下按〈Shift +4〉组合键）符号，即"$ A $1"。公式中要引用 A1 单元格，那么不论公式放在哪一个单元格中，被引用单元格的地址始终是"$ A $1"。

1）选择准备引用的单元格，如 F2 单元格。

2）在 F2 单元格或编辑栏中输入公式"= $ B $2 + $ C $2 + $ D $2"。

3）按〈Enter〉键，显示计算结果。不管怎么复制单元格中的值都不变，如图 4-30 所示。公式"= $ B $2 + $ C $2 + $ D $2"的含义是任意引用单元格绝对使用 $ B $2、$ C $2、$ D $2 的和。

总之，绝对引用的单元格其行号和列标都不随着公式单元格位置变化而变化。

3. 混合引用

有时，在复制公式时只需要保持行地址或只保持列地址不变，只在行号前加 $ 或只在列标前加 $ 即可，这就是混合引用，如图 4-31 所示。

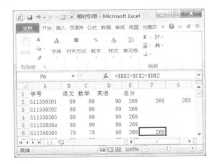

图 4-30 绝对引用

图 4-31 混合引用

如果创建了一个公式并希望将相对引用更改为绝对引用，那么先选定包含该公式的单元格，然后在编辑栏中选择要更改的引用并按〈F4〉键。每次按〈F4〉键时，Excel 2010 会在以下组合间切换：绝对列与绝对行（如 C1），相对列与绝对行（如 C$1），绝对列与相对行（如 $C1）以及相对列与相对行（如 C1）。

总之，混合引用的单元格其行号和列标只有一个随着公式单元格位置变化而相对变化。

4. 跨表引用

跨表引用是指不同表中数据的引用。前面讨论的单元格引用都是在同一张表中进行的，如果引用的单元格在另一张表中（图 4-32），则在引用时就需要加上表的名字和一个惊叹号，如"Sheet2！C4"，引用的是"Sheet2"表中的"C4"单元格。编辑公式时可以先单击被引用的工作表标签打开工作表，然后单击需要引用的单元格，最后按〈Enter〉键即可完成引用，如图 4-33 所示。

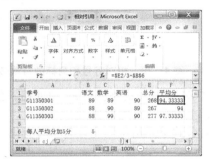

图 4-32　被引用的另外一张表

图 4-33　跨表引用

4.4.3　使用函数自动处理数据

学习要点

- 掌握利用函数计算工作表中数据的方法。

学习指导

Excel 中的函数其实就是一些预先定义好的公式，可以供用户通过简单的调用来实现某些运算，而无须再费心地去书写公式。Excel 函数一共有 11 类，分别是数据库函数、日期与时间函数、工程函数、财务函数、信息函数、逻辑函数、查询和引用函数、数学和三角函数、统计函数、文本函数以及用户自定义函数，具体有好几百个函数可供使用。本书介绍函数调用方法和几个常用函数，读者可以举一反三，学习掌握其他函数的使用。

1. 常用函数介绍

1）求和：SUM。

2）平均数：AVERAGE。

3）最大值：MAX。

4）最小值：MIN。

5）统计：COUNTIF。

6）日期：DATE。

2. 函数的组成形式

函数由函数名和参数两部分组成，格式为：函数名（参数 1，参数 2，……）。函数名指定了要执行的运算功能，参数指定了要使用的单元格名或数值。每个函数参数的使用都涉及参数个数、参数值及参数顺序。参数必须符合相应函数的要求才能产生有效的值。函数中还可以包含其他函数，即函数的嵌套使用。

3．利用向导插入函数

1）选定要使用函数的单元格，如 F2 单元格。

2）单击编辑栏上的"插入函数"按钮，或选择"公式"选项卡中的"插入函数"命令，弹出"插入函数"对话框，如图 4-34 所示。

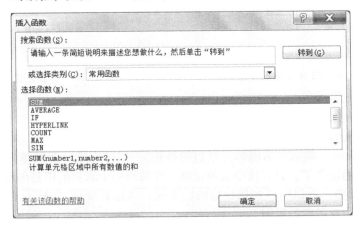

图 4-34 "插入函数"对话框

3）在"插入函数"对话框中的"或选择类别"下拉列表中选择"常用函数"，在"选择函数"列表中选择 SUM 函数（在下方有函数说明）。单击"确定"按钮，弹出"函数参数"对话框，如图 4-35 所示。

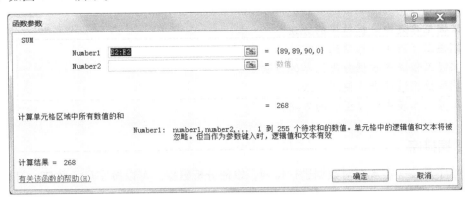

图 4-35 "函数参数"对话框

4）在"函数参数"对话框中的输入单元格引用区域；或单击按钮，折叠"函数参数"对话框后在工作表中直接选定数据区域，再单击按钮展开"函数参数"对话框中。单击"确定"按钮，计算结果出现在 F2 单元格中，如图 4-36 所示。

5）选定 F2 单元格，将鼠标移到黑粗框的右下角，当指针变成"＋"（实线十字形）时，按住左键向下拖动至 F6 单元格位置，如图 4-37 所示。可以看到 F3 至 F4 单元格也有了不同的数据，这就说明 F2 单元格的函数已经复制（相对引用）到 F3 至 F4 单元格中并已计算出了新值。单击 F4 单元格，查看编辑栏中的函数已经自动变为"＝SUM(B4:D4)"，如图4－37所示，与 F2 中的"＝SUM(B2:D2)"相比，只是相对的行号发生了变化。

图 4 - 36　F2 单元格出现结果　　　　图 4 - 37　复制公式

4. 直接输入使用函数

1）选择一个要使用函数的单元格。

2）在该单元格或编辑栏中输入等号"＝"，然后输入函数名和参数（单元格区域）。

3）最后按〈Enter〉键或单击编辑栏左边的按钮 即可完成。此时单元格中显示的函数已经变成计算所得的结果了，只要选中该单元格，在编辑栏中看到的还是函数。

4）选定该单元格，将鼠标移到黑粗框的右下角，当指针变成"＋"（实线十字形）时，按住左键向下拖动完成函数的复制。

4.5　Excel 2010 的数据分析

学习目标

1. 掌握工作表中数据排序的方法。
2. 掌握工作表中数据筛选的方法。
3. 掌握工作表中数据分类汇总的方法。
4. 掌握数据透视表的使用方法。
5. 掌握工作表中创建图表的方法。

4.5.1　数据排序

数据排序是按一定规则对数据进行排列，以便分析数据。可以按字母、数值、日期等将数据进行排序，排序方式通常有升序和降序两种。

学习要点

● 掌握工作表中常用的数据排序方法。

学习指导

1. 按行（按列）简单排序

1）选中准备按列（按行）排序的单元格区域，在"开始"功能区的"编辑"组中单击

"排序与筛选"下拉按钮,在下拉列表中选择"升序"或"降序"命令,如图 4-38 所示。或在"数据"功能区的"排序与筛选"组中单击"升序"或"降序"按钮。

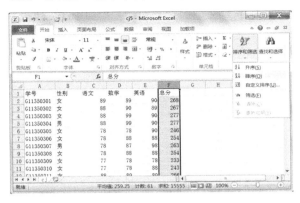

图 4-38 使用功能区按钮排序

2)在弹出的"排序提醒"对话框中,选择"以当前选定区域排序"单选按钮,单击"排序"按钮,如图 4-39 所示。

3)选定单元格区域的数据已经按升序或降序重新排列,如图 4-40 所示。

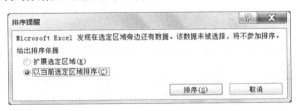

图 4-39 "排序提醒"对话框

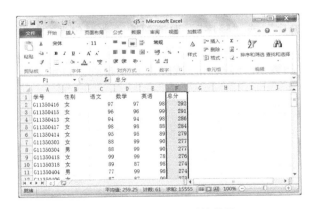

图 4-40 简单排序后的效果

2. 多关键词复杂排序

由于按行按列简单排序后,通常有并列的数据存在(如图 4-40 所示的第 10 行和第 11 行),在某些特殊要求下,为了对并列的数据再排序,就会涉及多关键字排序,也就是自定义排序。

1)选中工作表中任意单元格,在"开始"功能区的"编辑"组中单击"排序与筛选"下拉按钮,在下拉列表中选择"自定义排序"命令,如图 4-41 所示。或在"数据"功能区的

"排序与筛选"组中单击"排序"按钮。

2）在弹出的"排序"对话框中，在"主要关键词"下拉列表中选择准备排序的主要关键字，在"次序"下拉列表中选择"升序"或"降序"，单击"添加条件"按钮，如图 4-42 所示。

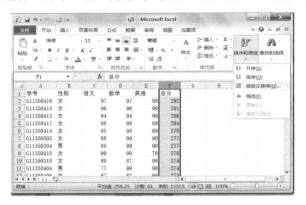

图 4-41 自定义排序

图 4-42 主要关键字设置

3）如图 4-43 所示，在"次要关键字"下拉列表中选择准备排序的次要关键字。在"次序"下拉列表中选择"升序"或"降序"；取消勾选"数据包含标题"复选框，单击"确定"按钮。

4）指定单元格区域的数据已经按升序或降序重新排列。自定义排序后的结果如图 4-44 所示。

图 4-43 次要关键字设置

图 4-44 自定义排序后的结果

4.5.2 数据筛选

数据筛选是按一定的条件，从工作表数据中找出并显示满足条件的记录，隐藏不满足条件的记录。

学习要点

● 掌握 Excel 2010 提供的筛选功能，能筛选出满足条件的数据。

学习指导

1. 自动筛选

1）选中工作表中任意单元格，在"开始"功能区"编辑"组中单击"排序与筛选"下拉按钮，在弹出的下拉列表中选择"筛选"命令，如图 4-45 所示，或在"数据"功能区"排序与筛选"组中单击"筛选"按钮。

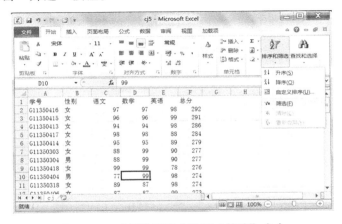

图 4-45 在下拉列表中选择"筛选"命令

2）单击"筛选"按钮后，在行标题的所有字段中系统自动添加了下拉箭头，单击"性别"（表中的字段，可变）字段下拉箭头，在"文本筛选"区域中勾选准备筛选的复选框，如图 4-46 所示。

3）单击"确定"按钮，完成自动筛选的操作结果，如图 4-47 所示。

图 4-46 勾选准备筛选的复选框

图 4-47 完成自动筛选的操作结果

4）如图 4 - 47 所示完成了"性别"＝"男"的单字段筛选，Excel 还可以进行多字段多条件的筛选。在上述基础上，单击"数学"（表中的字段，可变）字段下拉箭头，选择"数字筛选"→"大于"命令，如图 4 - 48 所示。在弹出的"自定义自动筛选方式"对话框中设置条件，如图 4 - 49 所示，单击"确定"按钮。如图 4 - 50 所示，按语文分数降序，显示性别为"男"而数学在 90～95 之间的记录。

图 4 - 48　选择"数字筛选"→"大于"命令

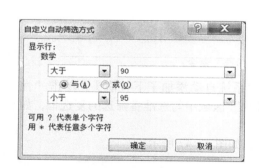

图 4 - 49　在"自定义自动筛选方式"对话框中设置条件

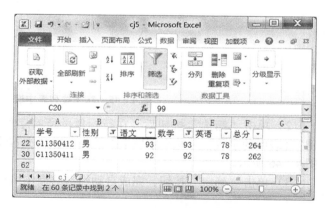

图 4 - 50　按语文分数降序显示性别为"男"而数学在 90～95 之间记录

2. 高级筛选

1）切换到"数据"功能区，在"排序与筛选"组中单击"高级"按钮。

2）在弹出的"高级筛选"对话框的"列表区域"文本框中输入准备高级筛选的列表区域；在"条件区域"文本框中输入高级筛选条件区域，取消勾选"选择不重复的记录"复选框，如图 4 - 51 所示。

3）单击"确定"按钮，完成高级筛选的操作结果如图 4 - 52 所示。

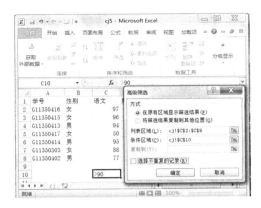

图4-51 "高级筛选"对话框的设置

图4-52 完成高级筛选的操作结果

4.5.3 数据分类汇总

数据的分类汇总是把工作表中的数据分门别类地统计处理。

学习要点

● 熟悉分类汇总的功能，能按需求对工作表数据进行分类汇总。

学习指导

1. 创建分类汇总

在 Excel 中，在进行分类汇总之前，先要对分类汇总的关键词所在列进行排序。下面以"性别"为关键词进行分类汇总并显示出"男生和女生的最高总分值"为例，讲解分类汇总的操作过程。

1）选中准备分类汇总的列，如"性别"。在"数据"功能区的"排序与筛选"组中单击"升序"或"降序"按钮。

2）在"分级显示"组中单击"分类汇总"按钮。

3）在弹出的"分类汇总"对话框（图4-53）中的"分类字段"下拉列表中选择已排序好的要分类汇总的字段，如"性别"。在"汇总方式"下拉列表中选择分类汇总方式，如"最大值"。在"选定汇总项"下拉列表中选择分类汇总的列标题，如"总分"。单击"确定"按钮，分类汇总的结果如图4-54所示。

图4-53 "分类汇总"对话框的设置

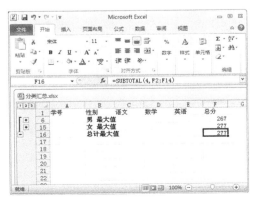

图4-54 分类汇总的结果

4）单击工作表左侧的"1""2""3"级别按钮或单击"＋""－"按钮，展开或折叠，观察分类汇总效果。

2．删除分类汇总

1）切换到"数据"功能区，在"分级显示"组中单击"分类汇总"按钮。

2）在弹出的"分类汇总"对话框中单击"全部删除"按钮即可完成删除操作。

4.5.4　数据透视表

数据透视表是一种可以对大量数据进行快速汇总和建立交叉表格的交互式工具，用于查看数据表格不同层面的汇总信息、分析结果以及摘要数据。

学习要点

- 掌握数据透视表的创建方法。

学习指导

1．创建数据透视表

创建数据透视表的过程非常简单，只需先选择创建数据透视表的单元格区域，再将需要的字段添加到数据透视表中即可。具体创建过程如下：

1）单击任意单元格或者选择整个数据区域。选择"插入"选项卡，单击"表格"组中的"数据透视表"按钮。

2）在弹出的"创建数据透视表"对话框（图4－55）中，"请选择要分析的数据"栏中已经自动选中了鼠标指针所处位置的整个连续数据区域，也可以在此对话框中重新选择想要分析的数据区域。利用"选择放置数据透视表位置"可以在新的工作表中创建数据透视表，也可以将数据透视表放置在当前的某个工作表中。单击"确定"按钮，Excel 自动创建了一个空的数据透视表，如图4－56所示。

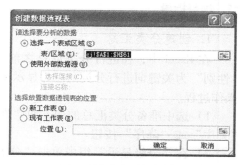

图4－55　"创建数据透视表"对话框

3）勾选"数据透视表字段列表"中的"选择要添加到报表的字段"下拉列表中的"字段"复选框，如图4－57所示。

图4－56　自动创建了一个空的数据透视表

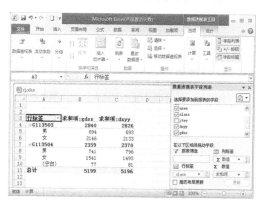

图4－57　选择"字段"复选框

图 4－57 所示左边为数据透视表的报表生成区域，会随着选择的字段不同而自动更新；右侧为数据透视表字段列表。创建数据透视表后，可以使用数据透视表字段列表来添加字段。默认情况下，数据透视表字段列表显示为两部分：上方的字段部分用于添加和删除字段，下方的布局部分用于重新排列和重新定位字段。

右下方为数据透视表的 4 个区域，其中"报表筛选""列标签""行标签"区域用于放置分类字段，"数值"区域放置数据汇总字段。当将字段拖动到数据透视表区域中时，左侧会自动生成数据透视表报表。

2．数据透视表字段的使用

创建数据透视表之后，有可能不太符合工作需要，这就需要对透视表格式进行修改，对数据字段进行设置，具体方法如下：

1）在当前 Excel 2010 工作表中，选择准备设置字段的单元格。切换到"选项"功能区，在"活动字段"组中单击"字段设置"按钮。

2）在弹出的"值字段设置"对话框（图 4－58）中切换到"值汇总方式"组；在"计算类型"下拉列表中选择准备计算的类型，如图 4－58 所示。

3）单击"确定"按钮，完成数据透视表字段的设置操作，如图 4－59 所示。

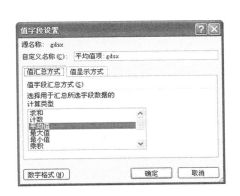

图 4－58　"值字段设置"对话框的设置

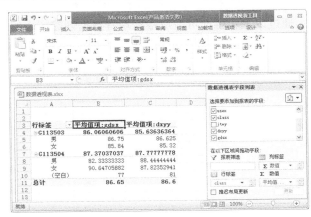

图 4－59　完成数据透视表字段设置的结果

4.5.5　创建图表

Excel 2010 图表是根据工作表中的数据创建出形象化的图示效果，可以更直观、清晰地显示各个数据之间的关系。Excel 2010 提供的图表有柱形图、条形图、折线图、饼图、面积图、雷达图、曲面图、气泡图、股价图等类型，而且每种图表还有若干子类型。

学习要点

● 掌握创建图表的方法。

学习指导

创建图表的具体操作过程如下：

1）打开要准备创建图表的工作表，选择创建图表的数据区域，切换到"插入"功能区，在"图表"组中选择要创建的图表类型，如"条形图"；在弹出的条形图样式库中选择"二维条形图"，如图 4 - 60 所示。

图 4 - 60　"条形图" 下拉列表

2）在工作表中显示创建的条形图图表。

通过以上步骤即可完成根据现有数据创建图表的操作，如图 4 - 61 所示。

图 4 - 61　根据现有数据创建图表

学习链接

◆ 根据工作表中的数据创建饼图。

4.6　Excel 2010 的数据输出

学习目标

掌握在工作表中设置打印区域的方法。

在 Word 2010 中介绍了打印纸大小、页边距、页眉页脚等的设置方法，在 Excel 2010 中这些设置与 word 2010 相似。本节主要介绍工作表中打印区域的设置方法。

学习要点

● 掌握在工作表中设置打印区域的方法。

学习指导

在工作表中设置打印区域有两大步骤：

1）选择要打印工作表的单元格区域。

2）切换到"页面布局"功能区，在"页面设置"组中选择"打印区域"下拉列表的"设置打印区域"即可，如图 4–62 所示。

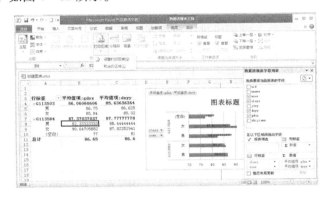

图 4–62　设置打印区域

习　题

一、填空题

1. 在 Excel 2010 中，最小的单位是_____。

    A. 工作簿　　　　　B. 文件　　　　　C. 工作表　　　　　D. 单元格

2. 在 Excel 2010 中，给当前单元格输入数值型数据时，默认为_____。

    A. 居中　　　　　B. 左对齐　　　　　C. 右对齐　　　　　D. 随机

3. 在 Excel 2010 工作表中可以进行智能填充时，鼠标指针的形状为_____。

    A. 空心粗十字　　　B. 向左上方箭头　　C. 实心细十字　　　D. 向右上方箭头

4. 当向 Excel 2010 工作表单元格输入公式时，使用单元格地址 D $5 引用 D 列 5 行单元格，该单元格的引用称为_____。

    A. 交叉地址引用　　B. 混合地址引用　　C. 相对地址引用　　D. 绝对地址引用

5. 在 Excel 2010 工作表中，单元格 D5　中有公式"= $ B $2 + C4"，删除第 A 列后 C5 单元格中的公式为_____。

    A. = $ A $2 + B4　　B. = $ B $2 + B4　　C. = SA $2 + C4　　D. = $ B $2 + C4

6. 在 Excel 2010 工作表中，单元格区域 D2:E4 所包含的单元格个数是_____。

    A. 5　　　　　B. 6　　　　　C. 7　　　　　D. 8

7. 若在数值单元格中出现一连串的"###"符号，希望正常显示则需要_____。

　　A. 重新输入数据　　　B. 调整单元格的宽度　C. 删除这些符号　　　D. 删除该单元格

8. 在 Excel 2010 的操作中，将单元格指针移到 AB220 单元格的最简单的方法是_____。

　　A. 拖动滚动条

　　B. 按〈Ctrl + AB220〉组合键

　　C. 在名称框输入"AB220"后按〈Enter〉键

　　D. 先用〈Ctrl + →〉组合键移到 A、B 列，然后用〈Ctrl + ↓〉键移到 220 行

9. Excel 2010 中数据删除有两个概念：数据清除和数据删除；数据清除和数据删除针对的对象分别是_____。

　　A. 数据和单元格　　　B. 单元格和数据　　　C. 两者都是单元格　D. 两者都是数据

10. Excel 2010 中，下面关于分类汇总的叙述，错误的是_____。

　　A. 分类汇总前必须按关键词段排序数据库

　　B. 汇总方式只能是求和

　　C. 分类汇总的关键词段只能是一个字段

　　D. 分类汇总可以被删除，但删除汇总后排序操作不能撤销

11. 在 Excel 2010 中，要显示表格中符合某个条件要求的记录，采用_____命令。

　　A. 排序　　　　　　　B. 数据有效性　　　C. 筛选　　　　　　D. 条件格式

12. 输入公式时，由于键入错误，使系统不能识别键入的公式，此时会出现一个错误信息"#REF!"表示_____。

　　A. 没有可用的数值　　　　　　　　　B. 在不相交的区域中指定一个交集

　　C. 公式中某个数字有问题　　　　　　D. 引用了无效的单元格

13. 用 Excel 2010 可创建的图表有_____。

　　A. 二维图表　　　B. 三维图表　　　　C. 饼图　　　　　　D. 雷达图

14. 有关表格排序的说法不正确是_____。

　　A. 只有数字类型可以作为排序的依据　　B. 只有日期类型可以作为排序的依据

　　C. 笔画和拼音不能作为排序的依据　　　D. 排序规则有升序和降序

15. 如果要对 B2、B3、B4 三个单元格中的数求平均值，公式应该是_____。

　　A. = AVERAGE(B2: B4)　　　　　　　B. = SUM(B2: B4)

　　C. = AVERAGE(B2, B3, B4)　　　　　　D. = (B2 + B3 + B4)/3

二、简答题

1. 简述工作簿、工作表、单元格之间的关系。

2. 简述相对引用、绝对引用、混合引用的区别。

3. 如何使用函数？

4. 如何进行分类汇总？

5. 如何创建图表？

实训任务四　Excel 2010 的应用

一、实训目的与要求

1. 掌握 Excel 2010 启动与退出的方法及工作情况。

2. 掌握数据的输入、编辑方法和填充柄的使用方法。
3. 掌握工作表的格式化方法及格式化数据的方法。
4. 掌握字形、字体和框线、图案、颜色等多种对工作表的修饰操作。
5. 掌握公式和常用函数的输入与使用方法。
6. 掌握图表的创建、编辑和格式化方法。
7. 掌握对数据进行常规排序、筛选和分类汇总的操作方法。
8. 掌握数据透视表的应用。

二、实训学时

6 学时。

三、实训内容

任务一　Excel 2010 基本操作

1. 创建和编辑工作表

从 A1 单元格开始，在 Sheet1 工作表中输入如图 4－63 所示的期末成绩统计表数据。

1）单击单元格 A1，输入“期末成绩统计表”并按〈Enter〉键。

2）在单元格 A3、A4 中分别输入“10401”和“10402”；选择单元格区域 A3: A4，移动鼠标至区域右下角，待指针由空心十字变成实心十字时（通常称这种状态为“填充控点”状态），按住左键向下拖曳鼠标至 A12 单元格。

3）在单元格 A13、A14 中分别输入“最高分”和“平均分”。

4）在 A15 中输入“分数段人数”，然后输入其余部分数据。

	A	B	C	D	E	F	G	H	I
1	期末成绩统计表								
2	学号	姓名	数学	英语	计算机	总分	平均分	名次	总评等级
3	10401	李小明	90	85	91				
4	10402	张大为	85	87	92				
5	10403	汪平卫	76	81	70				
6	10404	郭晓华	87	80	81				
7	10405	陈月华	69	75	80				
8	10406	刘洋	72	50	88				
9	10407	胡俊	64	82	96				
10	10408	李佳	68	60	89				
11	10409	田奇	79	100	99				
12	10410	姚明	77	66	100				
13	最高分								
14	平均分								
15	分数段人数	0-59							
16		60-69							
17		70-79							
18		80-89							
19		90-100							
20									

Sheet1　Sheet2　Sheet3

图 4－63　期末成绩统计表

2. 选取单元格区域操作

（1）单个单元格的选取　单击“Sheet2”工作表卷标，单击 B2 单元格即可选取该单元格。

（2）连续单元格的选取　单击 B3 单元格，按住鼠标左键并向右下方拖动到 F4 单元格，则选取了 B3: F4 单元格区域；单击行号“4”，则第 4 行单元格区域全部被选取；若按住鼠标左键向下拖动至行号“6”，则第 4～6 行单元格区域全部被选取；单击列表“D”，则 D 列单元格区域全部被选取。使用同样方法，可以选取其他单元格区域。

（3）非连续单元格区域的选取　先选取 B3: F4 单元区域，然后按住〈Ctrl〉键不放，再选取 D9、D13、E11 单元格，单击行号"7"，单击列号"H"，如图 4-64 所示。

图 4-64　非连续单元格区域的选取

3. 单元格数据的复制和移动

（1）单元格数据的复制　在 Sheet1 工作表中选取 B2：E4 单元格区域，单击"开始"功能区中的"复制"按钮或者单击鼠标右键选择"复制"命令，单击 Sheet2 工作表标签后单击 A1 单元格，单击"开始"功能区中的"粘贴"按钮或者单击鼠标右键选择"粘贴"命令，就可完成复制工作。

（2）单元格数据的移动　选取 Sheet2 工作表中的 A1：D3 单元格区域，将鼠标移到区域边框上，当指针变为十字方向箭头时，按住鼠标左键拖动至 B5 单元格开始的区域，即可完成移动操作。若拖动的同时，按住〈Ctrl〉键不放，则执行复制操作。

4. 单元格区域的插入与删除

（1）插入或删除单元格

1）在 Sheet1 工作表中，右键单击 B2 单元格，在弹出的快捷菜单中选择"插入"命令，打开如图 4-65 所示的"插入"对话框，单击"活动单元格下移"单选按钮，观察姓名一栏的变化。

2）选取 B2 和 B3 单元格，右键单击对应的单元格，在弹出的快捷菜单中选择"删除"命令，打开如图 4-66 所示的"删除"对话框，单击"下方单元格上移"单选按钮，观察工作表的变化。最后双击"撤销"按钮，恢复原样。

图 4-65　"插入"对话框　　图 4-66　"删除"对话框

（2）插入或删除行　选取第 3 行，单击"开始"→"单元格"→"插入"按钮，即可在所选行的上方插入一行。选取已插入的空行，单击"开始"→"单元格"→"删除"按钮，即可删除刚才插入的空行。

选取第 1 行，插入两行空行，在 A1 单元格中输入"学生成绩表"，选取 A1：E1 区域，再单击"开始"→"对齐方式"→"合并后居中"按钮。

（3）插入或删除列 选取第 B 列，单击"开始"→"单元格"→"插入"按钮，即可在所选列的左边插入一列。选取已插入的空列，单击"开始"→"单元格"→"删除"按钮，即可删除刚才插入的空列。

5．工作表的命名

启动 Excel 2010，在出现的 Book1 工作簿中双击 Sheet1 工作表标签，更名为"销售资料"，最后以"上半年销售统计"为名将工作簿保存在硬盘上。

任务二 数据格式化

1．建立数据表格

在"销售数据"工作表中按照图 4 – 67 所示样式建立未格式化的数据表格。其中，在 A3 单元格中输入"一月"后，可用填充控点拖动到 A8，自动填充"二月"~"六月"。

2．调整表格的行高与列宽

按〈Ctrl + A〉组合键选中整张工作表，单击"开始"→"单元格"→"格式"按钮，选择"行高"命令，在"行高"对话框的文本框中输入 18，单击"确定"按钮，用类似的方法设置列宽为 14。

3．标题格式设置

1）选取 A1: H1，然后单击"开始"→"对齐方式"→"合并后居中"按钮，使之成为居中标题。双击标题所在单元格，将鼠标指针定位在"公司"文字后面，按〈Alt + Enter〉组合键，则标题文字占据两行。

2）选择"格式"与"单元格"命令，将弹出如图 4 – 68 所示的"设置单元格格式"对话框，选择"字体"选项卡，将字号设为 16，颜色设为红色。

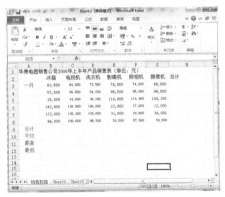

图 4 – 67 建立未格式化的数据表格

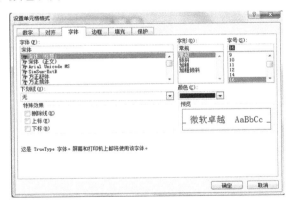

图 4 – 68 "设置单元格格式"对话框

4．设置单元格文本对齐方向

选中 A3 单元格，单击"开始"→"单元格"→"格式"按钮，选择"设置单元格格式"命令，在"单元格格式"对话框中选择"对齐"选项卡，在"水平对齐"和"垂直对齐"下拉列表框中选择"居中"。用同样的方法将其余单元格中文字的水平方向和垂直方向设置为居中。

5．数字格式设置

因为数字区域是销售额数据，所以应该将它们设置为"货币"格式。选取 B3: H12 区域，单击格式工具栏上的"货币样式"按钮，如图 4 – 69 所示。

图 4-69　数字格式设置

6. 设置边框和底纹

选取表格区域所有单元格，单击"开始"→"单元格"→"格式"按钮，选择"设置单元格格式"命令，在"单元格格式"对话框中选择"边框"选项卡，设置"内部"为细线，"外边框"为粗线。

为了使表格的标题与数据以及源数据与计算数据之间区分明显，可以为它们设置不同的底纹颜色。选取需要设置颜色的区域，在"单元格格式"对话框中选择"图案"选项卡，设置颜色。以上设置全部完成后，表格效果如图 4-70 所示。

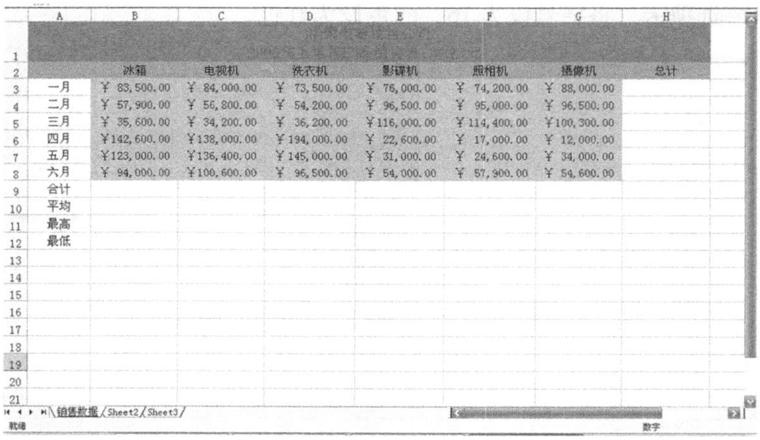

图 4-70　格式设置完成后的数据表格

任务三　公式和函数

1. 使用"自动求和"按钮

在"销售数据"工作表中，H3 单元格需要计算一月份各种产品销售额的总计数值，可用"自动求和"按钮来完成。操作步骤如下：

1）单击 H3 单元格。

2）单击常用工具栏上的"开始"→"编辑"→"自动求和"按钮 Σ ▾，屏幕上出现求和函数 SUM 以及求和数据区域，如图 4－71 所示。

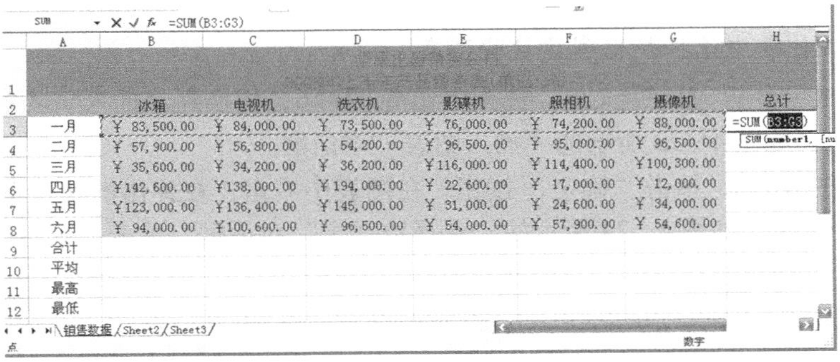

	A	B	C	D	E	F	G	H
2		冰箱	电视机	洗衣机	影碟机	照相机	摄像机	总计
3	一月	¥ 83,500.00	¥ 84,000.00	¥ 73,500.00	¥ 76,000.00	¥ 74,200.00	¥ 88,000.00	=SUM(B3:G3)
4	二月	¥ 57,900.00	¥ 56,800.00	¥ 54,200.00	¥ 96,500.00	¥ 95,000.00	¥ 96,500.00	
5	三月	¥ 35,600.00	¥ 34,200.00	¥ 36,200.00	¥116,000.00	¥114,400.00	¥100,300.00	
6	四月	¥142,600.00	¥138,000.00	¥194,000.00	¥ 22,600.00	¥ 17,000.00	¥ 12,000.00	
7	五月	¥123,000.00	¥136,400.00	¥145,000.00	¥ 31,000.00	¥ 24,600.00	¥ 34,000.00	
8	六月	¥ 94,000.00	¥100,600.00	¥ 96,500.00	¥ 54,000.00	¥ 57,900.00	¥ 54,600.00	
9	合计							
10	平均							
11	最高							
12	最低							

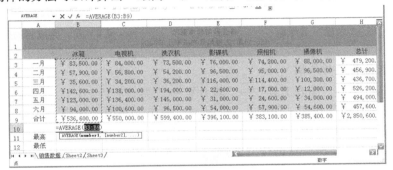

图 4－71　单击“自动求和”按钮后出现的函数样式

3）观察数据区域是否正确，若不正确请重新输入数据区域或者修改公式中的数据区域。

4）单击编辑栏上的“√”按钮，H3 单元格显示对应结果。

5）H3 单元格结果出来之后，利用“填充控点”拖动鼠标一直到 H8，可以将 H3 中的公式快速复制到 H4: H8 区域。

6）采用同样的方法，可以计算出“合计”一列对应各个单元格的计算结果。

2. 常用函数的使用

在“销售数据”工作表中，B10 单元格需要计算上半年冰箱的平均销售额，可用 AVERAGE 函数来完成。操作步骤如下：

1）单击 B10 单元格。

2）单击常用工具栏上的“开始”→“编辑”→“自动求和”按钮 Σ 旁的黑色三角，在下拉列表中选择“平均值”，屏幕上出现求平均值函数 AVERAGE 以及求平均值数据区域，如图 4－72 所示。

3）观察数据区域是否正确。

4）单击编辑栏上的“√”按钮，B10 单元格显示对应结果。

5）B10 单元格结果出来之后，利用“填充控点”拖动鼠标一直到 G10，可以将 B10 中的公式快速复制到 C10: G10 区域。

6）单击 H10 单元格，在编辑栏中输入公式“ =AVERAGE(H3: H8)”，单击编辑栏上的“√”按钮，可以计算“合计”中的平均值。

7）采用同样的方法可以计算出“最高”和“最低”这两行对应的各个单元格的计算结果。

	A	B	C	D	E	F	G	H
2		冰箱	电视机	洗衣机	影碟机	照相机	摄像机	总计
3	一月	¥ 83,500.00	¥ 84,000.00	¥ 73,500.00	¥ 76,000.00	¥ 74,200.00	¥ 88,000.00	¥ 479,200.
4	二月	¥ 57,900.00	¥ 56,800.00	¥ 54,200.00	¥ 96,500.00	¥ 95,000.00	¥ 96,500.00	¥ 456,900.
5	三月	¥ 35,600.00	¥ 34,200.00	¥ 36,200.00	¥116,000.00	¥114,400.00	¥100,300.00	¥ 436,700.
6	四月	¥142,600.00	¥138,000.00	¥194,000.00	¥ 22,600.00	¥ 17,000.00	¥ 12,000.00	¥ 526,200.
7	五月	¥123,000.00	¥136,400.00	¥145,000.00	¥ 31,000.00	¥ 24,600.00	¥ 34,000.00	¥ 494,000.
8	六月	¥ 94,000.00	¥100,600.00	¥ 96,500.00	¥ 54,000.00	¥ 57,900.00	¥ 54,600.00	¥ 457,600.
9	合计	¥536,600.00	¥550,000.00	¥599,400.00	¥396,100.00	¥383,100.00	¥385,400.00	¥2,850,600.
10		=AVERAGE(B3:B9)						
11	最高							
12	最低							

图 4－72　单击“平均值”按钮后出现的函数样式

任务四 图表应用

1. 在当前工作表中选择数据创建柱状图表

1）打开"成绩分析.xlsx"文件，选择单元格 B2：E6，切换到"插入"功能区，单击"图表"按钮，打开如图 4-73 所示的"插入图表"对话框。

2）选择"柱形图"，单击"确定"按钮，在图表中右击，在弹出的快捷菜单中选择"选择数据源"命令，打开如图 4-74 所示的"选择数据源"对话框，单击"确定"按钮。

图 4-73 "插入图表"对话框

图 4-74 "选择数据源"对话框

3）在"图表工具"栏中单击"布局"，弹出如图 4-75 所示的"布局"命令框。选择"图表标题"，填入"成绩对比分析"字样，选择"坐标轴标题"，在"主要横坐标轴标题"栏中填入"姓名"，在"主要纵坐标轴标题"栏中填入"成绩"。

4）单击图表空白处，即选定了图表。此时，图表边框上有 8 个小方块，拖曳鼠标移动图表至适当位置；或将鼠标移至方块上，拖曳鼠标改变图表大小，其完成后的效果如图 4-76 所示。选择"文件"→"另存为"命令，输入文件名为"成绩分析 new1"，将结果存盘。

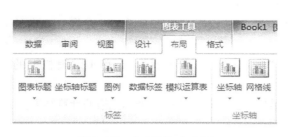

图 4-75 "布局"命令框

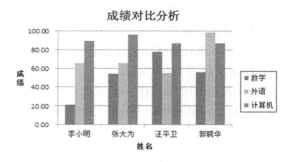

图 4-76 完成后的效果

2. 修改图表类型为折线图

再次激活图表，单击"图表工具"→"设计"→"类型"→"更改图表类型"按钮，如图 4-77 所示，弹出"更改图表类型"对话框，如图 4-78 所示。选择"折线图"的第一个图，完成后的折线图效果如图 4-79 所示。选择"文件"→"另存为"命令，输入文件名为"成绩分析 new2"，将结果存盘。

图 4-77 更改图表类型

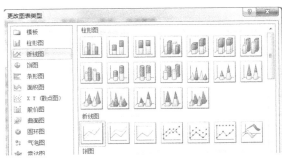

图 4 - 78 "更改图表类型"对话框

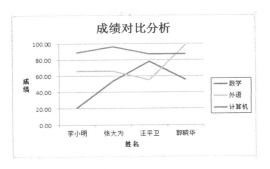

图 4 - 79 完成后的折线图

3. 创建饼图

1）打开"成绩分析.xlsx"文件，选择单元格 B15：C19，单击"插入"→"图表"→"饼图"按钮，选择第一个，如图 4 - 80 所示。单击饼图，选择"图表工具"→"设计"→"图表布局"，选择布局 6，如图 4 - 81 所示。

2）在饼图中修改图表标题为"数学成绩分析表"，最终完成的饼图效果如图 4 - 82 所示。

3）用相同的方法制作出英语和计算机两门课程成绩的饼状分析图。选择"文件"→"另存为"命令，输入文件名为"成绩分析 new3"，将结果存盘。

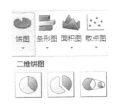

图 4 - 80 "饼图"菜单

图 4 - 81 "图表布局"菜单

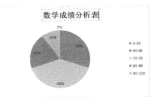

图 4 - 82 最终完成后的饼图效果

任务五 数据管理

1. 输入"员工薪水表"，对部门（升序）和薪水（降序）排列

1）启动 Excel，系统建立"Book1.xlsx"空白工作簿，在当前工作表中输入表 4 - 2 所示数据。

表 4 - 2 员工薪水表

序　号	姓　名	部　门	分公司	工作时间	工作时数	小时报酬	薪　水
1	杜永宁	软件部	南京	86-12-24	160	36	5760
2	王传华	销售部	西京	85-7-5	140	28	3920
3	殷　泳	培训部	西京	90-7-26	140	21	2940
4	杨柳青	软件部	南京	88-6-7	160	34	5440
5	段　楠	软件部	北京	83-7-12	140	31	4340
6	刘朝阳	销售部	西京	87-6-5	140	23	3220
7	王　雷	培训部	南京	89-2-26	140	28	3920
8	褚彤彤	软件部	南京	83-4-15	160	42	6720
9	陈勇强	销售部	北京	90-2-1	140	28	3920
10	朱小梅	培训部	西京	90-12-30	140	21	2940

（续）

序　号	姓　名	部　门	分公司	工作时间	工作时数	小时报酬	薪　水
11	于　洋	销售部	西京	84-8-8	140	23	3220
12	赵玲玲	软件部	西京	90-4-5	160	25	4000
13	冯　刚	软件部	南京	85-1-25	160	45	7200
14	郑　丽	软件部	北京	88-5-12	160	30	4800
15	孟晓姗	软件部	西京	87-6-10	160	28	4480
16	杨子健	销售部	南京	86-10-11	140	41	5740
17	廖　东	培训部	东京	85-5-7	140	21	2940
18	臧天歆	销售部	东京	87-12-19	140	20	2800
19	施　敏	软件部	南京	87-6-23	160	39	6240
20	明章静	软件部	北京	86-7-21	160	33	5280

2）选择 A1：H21 单元格，单击"数据"→"排序和筛选"→"排序"按钮，在如图 4-83 所示的"排序"对话框中设置按部门升序和按薪水降序，排序后的效果如图 4-84 所示。选择"文件"→"另存为"命令，输入文件名为"员工薪水"，将结果存盘。

图 4-83 "排序"对话框

2. 筛选出在北京分公司软件部工作薪水高于 5 000 元的员工

1）选择 A1：H21 单元格，单击"数据"→"排序和筛选"→"筛选"按钮。

2）单击"部门"下拉列表，勾选"软件部"，单击"分公司"下拉列表，勾选"北京"，单击"薪水"下拉列表，选择"数字筛选"→"自定义筛选"，在如图 4-85 所示的"自定义自动筛选方式"对话框中输入"大于或等于"和"5000"。

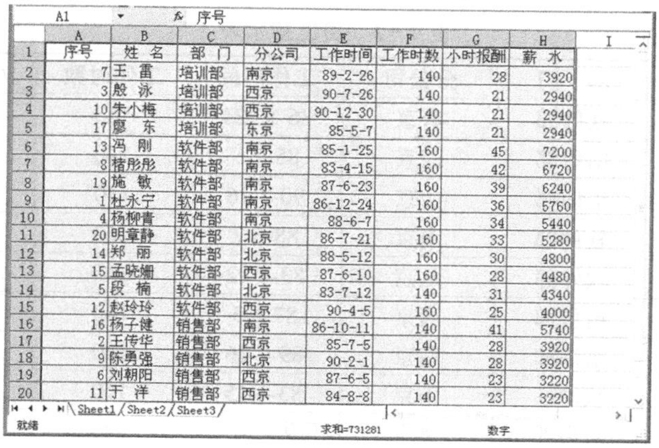

图 4-84 排序后的效果

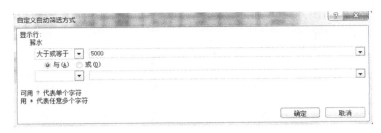

图4-85 在"自定义自动筛选方式"对话框中输入

3）筛选出在北京分公司软件部工作薪水高于5 000元的员工，筛选后的效果如图4-86所示。选择"文件"→"另存为"命令，输入文件名为"员工薪水 new1"，将结果存盘。

图4-86 筛选后的效果

3．按照部门分类汇总

1）打开"员工薪水.xlsx"文件，选择 A1：H21 单元格，单击"数据"→"排序和筛选"→"排序"按钮，设置部门按照升序排序。

2）选择 A1：H21 单元格，单击"数据"→"分级显示"→"分类汇总"按钮，弹出如图4-87 所示的"分类汇总"对话框。在该对话框中设置"分类字段"为"部门"，"汇总方式"为"平均值"，"选定汇总项"为"工作时数"和"薪水"；再选定"替换当前分类汇总"和"汇总结果显示在数据下方"。

图4-87 "分类汇总"对话框

3）选定后单击"确定"按钮，系统自动按照部门分类汇总，计算工作时数和薪水的平均值。分类汇总后的效果如图 4 - 88 所示。选择"文件"→"另存为"命令，输入文件名为"员工薪水 new2"，将结果存盘。

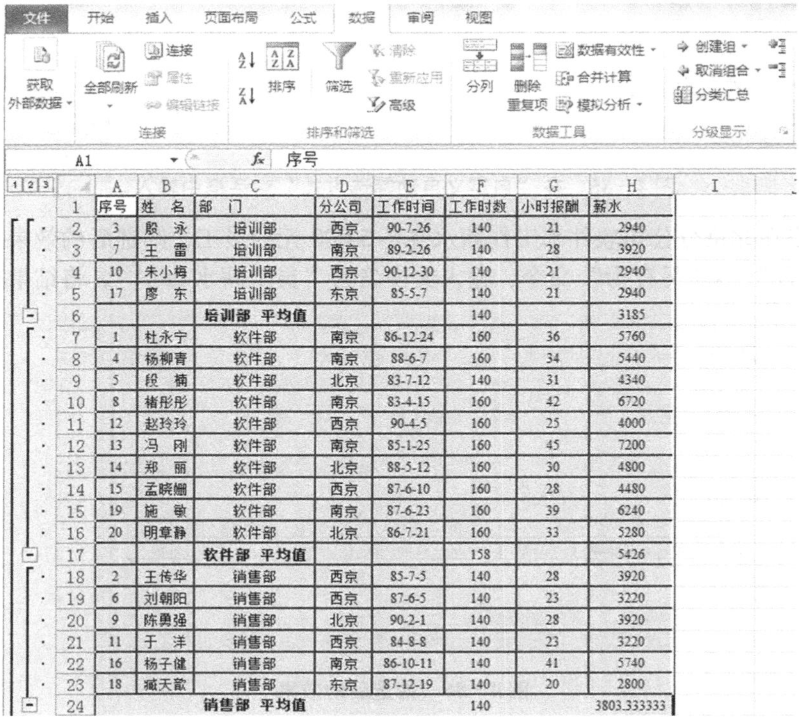

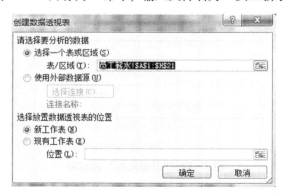

图 4 - 88　分类汇总后的效果

4. 利用数据透视表功能，计算各部门各分公司的员工薪水总额

1）打开"员工薪水 . xlsx"文件，选择 A1: H21 单元格，单击"插入"→"表格"→"数据透视表"下拉按钮，选择"数据透视表"，弹出如图 4 - 89 所示的"创建数据透视表"对话框。单击"确定"按钮，弹出如图 4 - 90 所示的"数据透视表字段列表"对话框。

2）将"部门"拖到"行字段"处，将"分公司"拖到"列字段"处，将"薪水"拖到"数据项"处。计算各部门各分公司的员工薪水总额，计算结果如图 4 - 91 所示。

3）计算选择"文件"→"另存为"命令，输入文件名为"员工薪水 new3"，将结果存盘。

图 4 - 89　"创建数据透视表"对话框

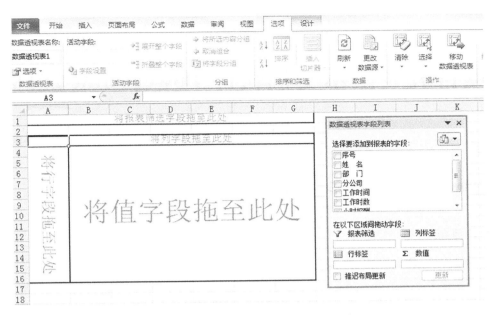

图 4 - 90　"数据透视表字段列表"对话框

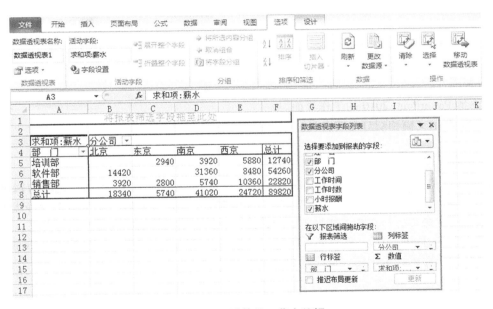

图 4 - 91　计算员工薪水总额

项目五 演示文稿软件 PowerPoint 2010

5.1 PowerPoint 2010 的基本操作

📎 学习目标

1. 熟悉 PowerPoint 2010 的工作界面。
2. 掌握演示文稿的基本操作。
3. 掌握幻灯片的选择、添加、删除和移动的基本操作。
4. 理解占位符的含义。
5. 掌握文本格式设置的方法。

5.1.1 认识 PowerPoint 2010

学习要点

- 熟悉 PowerPoint 2010 的工作界面。
- 理解演示文稿和幻灯片的含义。

学习指导

  PowerPoint 应用十分普及，由于其能集文字、图形、图像、声音、动画、视频剪辑等多媒体元素于一体，且具有功能强大、简单易学、操作方便、开发周期短、花费精力少等优势，因而具有极强的生命力，一直在工作报告、产品推介、教育培训等领域深受人们的青睐。

  要使用 PowerPoint 2010，就要先了解其工作界面，如图 5-1 所示。与 Word、Excel 相比，主要区别在于功能区、工作区、备注区和视图模式。

图 5-1　PowerPoint 2010 的工作界面

194

1. 功能区

PowerPoint 2010 的功能区与 Word 2010 和 Excel 2010 相比，主要区别在于"设计""切换""动画"和"幻灯片放映"选项卡，将在后面的章节详细介绍。

2. 工作区

工作区即 PowerPoint 2010 的演示文稿编辑区。在此区域中可以向幻灯片中输入内容、编辑内容、设置动画效果等，是 PowerPoint 2010 主要的操作区域。

3. 备注区

用于为当前幻灯片添加备注信息。

4. 视图模式

视图是 PowerPoint 在不同制作阶段提供的工作环境。在 PowerPoint 2010 中提供了普通视图（大纲窗口）、幻灯片浏览视图、阅读视图、放映视图、备注页视图等视图模式。

普通视图主要用于编辑演示文稿，如图 5-2 所示；幻灯片浏览视图主要用于重新排列、插入、删除和移动幻灯片，如图 5-3 所示。

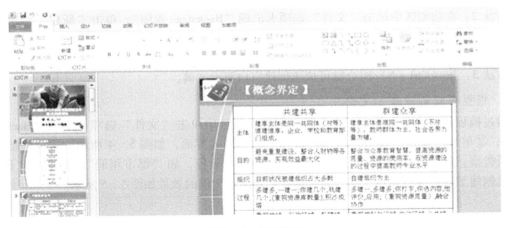

图 5-2　普通视图

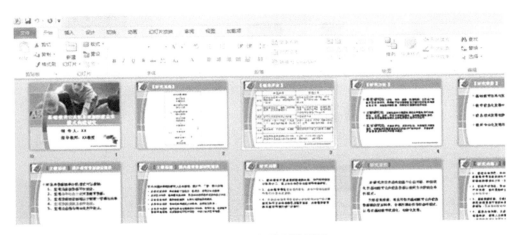

图 5-3　幻灯片浏览视图

5. 演示文稿

由 PowerPoint 2010 创建的文档称为演示文稿，其文件扩展名为 pptx。

6. 幻灯片

演示文稿中的每一单页称为一张幻灯片。

5.1.2 演示文稿的基本操作

学习要点

- 掌握创建演示文稿的方法。

学习指导

1. 创建空白演示文稿

方法 1：在快速访问工具栏中单击"新建"按钮 。如果快速访问工具栏中没有"新建"按钮，可在快速访问工具栏中单击下三角，在出现的下拉列表中选择"新建"命令即可。

方法 2：在功能区中单击"文件"选项卡出现"Backstage 视图"；单击"新建"弹出"可用模板和主题"列表界面，选择"空白演示文稿"（默认为空白演示文稿选项）；单击"创建"按钮就创建了新的空白演示文稿。

方法 3：按〈Ctrl + N〉组合键可快速创建空白演示文稿。

2. 根据模板创建演示文稿

通过模板创建演示文稿有三个步骤：①在功能区中单击"文件"选项卡出现"Backstage 视图"；②单击"新建"弹出"可用模板和主题"列表界面，如图 5 - 4 所示，选择准备应用的模板类型，如"样本模板"；选择准备使用的样本模板，如"都市相册"；③单击"创建"按钮就创建了新的模板演示文稿。通过模板创建演示文稿的效果如图 5 - 5 所示。

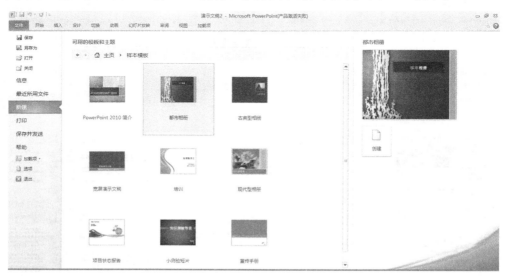

图 5 - 4 通过模板创建演示文稿过程

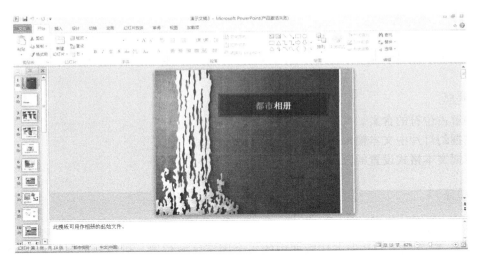

图 5-5 通过模板创建演示文稿的效果

5.1.3 幻灯片的基本操作

学习要点

- 掌握幻灯片的选择、添加、删除和移动的方法。

学习指导

1. 选择幻灯片

在工作界面左侧的"普通视图"的"幻灯片"选项卡或"大纲"选项卡中，单击要选择的幻灯片即可，在工作界面右侧的工作区中也将自动显示已经选择的幻灯片。

2. 新建幻灯片

方法 1（快捷键法）：按〈Ctrl + M〉组合键。

方法 2（回车键法）：将鼠标指针定在工作界面左侧的"普通视图"中，然后按〈Enter〉键。

方法 3（菜单法）：在工作界面左侧的"普通视图"中右击，在弹出的快捷菜单中选择"新建幻灯片"命令，也可以新增一张幻灯片。

3. 删除幻灯片

在工作界面左侧的"普通视图"中，选择要删除的幻灯片并右击，在弹出的快捷菜单中选择"删除幻灯片"命令即可。

4. 移动幻灯片

相邻幻灯片的移动一般是在工作界面左侧的"普通视图"中，选中要移动的幻灯片拖动到其他幻灯片前或后。

较远距离的移动通常在"幻灯片浏览视图"下，选中要移动的幻灯片并拖动到其他幻灯片前或后即可。

5. 复制幻灯片

在工作界面左侧的"普通视图"中，右击要复制的幻灯片，并在弹出的快捷菜单中选择

"复制幻灯片"命令即可。

5.1.4 演示文稿的简单编辑

学习要点

- 理解占位符的含义。
- 掌握幻灯片中文本输入的方法。
- 掌握文本格式设置的方法。

学习指导

1. 认识占位符

占位符，顾名思义就是先占住版面中的一个固定区域位置，供用户向其中添加内容。在 PowerPoint 2010 中占位符显示为一个带有虚线的方框。占位符中往往有"单击此处添加标题"之类的提示语，如图 5 - 6 所示。一旦单击之后，提示语自动消失。在这些方框中可以输入标题和正文，可以插入图形图表、视频音频等。

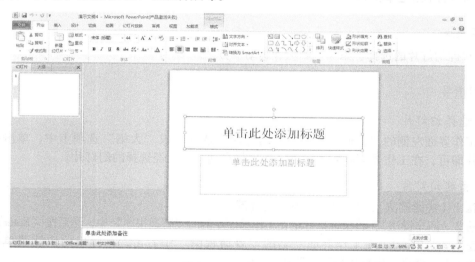

图 5 - 6　文本占位符

2. 输入文本

在新建的默认空白幻灯片中有两个虚线框，里面写着"单击此处添加文本"的提示语，这个就是文本框。单击文本框，在文本框就可输入需要的文字。有时根据需要要插入新的文本框，其操作步骤如下：

1）在工作区中选择要插入的幻灯片文本。

2）切换到"插入"功能区，在"文本"组中单击"文本框"按钮。

3）在弹出的下拉列表中选择"垂直文本框"命令，如图 5 - 7 所示。此时鼠标指针变成十字状。

图5-7 添加文本框

4）在幻灯片中按住鼠标左键拖动，绘制文本框，再输入文本。

3. 设置文本格式

1）在工作区中选择要设置格式的幻灯片文本。

2）切换到"开始"功能区，在"字体"组中单击"字体启动器"按钮。

3）在"字体"对话框中设置文本格式。

4. 设置段落格式

1）在工作区中选择要设置格式的幻灯片文本。

2）切换到"开始"功能区，在"段落"组中单击"段落启动器"按钮。

3）在"段落"对话框中设置段落格式。

5. 设置文字方向

1）在工作区中选择要设置格式的幻灯片文本。

2）切换到"开始"功能区，在"段落"组中单击"文字方向"按钮。

3）在弹出的下拉列表中选择"竖排"命令。

6. 设置分栏显示

1）在工作区中选择要设置格式的幻灯片文本。

2）切换到"开始"功能区，在"段落"组中单击"分栏"按钮。

3）在弹出的下拉列表中选择"两列"命令。

5.2　演示文稿的美化与修饰

学习目标

1. 掌握主题设置的方法。
2. 掌握背景设置的方法。
3. 掌握母版设置的方法。
4. 掌握插入图片、艺术字、音频、视频、页眉页脚的方法。

5.2.1　主题设置

学习要点

- 掌握主题设置的方法。

学习指导

选中准备设置主题的演示文稿幻灯片，切换到"设计"功能区，在"主题"组中单击"主题"按钮，在弹出的"所有主题"列表中选择准备应用的主题，如图 5-8 所示。

图 5-8　在"所有主题"列表中选择准备应用的主题

5.2.2　背景设置

学习要点

- 掌握背景设置的方法。

学习指导

　　选中准备设置主题的演示文稿幻灯片，切换到"设计"功能区，在"背景"组中单击"背景样式"按钮，在弹出的"背景样式"库中选择准备应用的背景，如图5-9所示。如果要设置更多背景效果可以单击"背景"组右边的下三角 ，打开"设置背景格式"对话框（图5-10）设置背景格式。单击"重置背景"按钮则仅改变当前选中的幻灯片背景，单击"全部应用"按钮则改变演示文稿中所有幻灯片的背景。

图5-9　背景设置

图5-10　"设置背景格式"对话框

5.2.3　母版设置

学习要点

　　● 掌握母版设置的方法。

学习指导

母版是定义演示文稿所有幻灯片页面格式（字体、字形、字号、颜色、位置、大小等）的模板。使用母版可以使整个演示文稿统一背景、统一版式和统一风格。

1. 打开母版视图

打开演示文稿，切换到"视图"功能区，在"母版视图"组中单击"幻灯片母版"按钮，可以看到演示文稿中打开的母版，如图 5-11 所示。

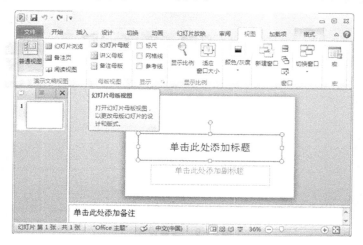

图 5-11 打开幻灯片母版

2. 编辑母版内容

1）插入占位符。选中准备编辑内容的母版，切换到"幻灯片母版"功能区，在"母版版式"组中单击"插入占位符"按钮，在弹出的下拉列表中选择准备添加的占位符类型。在选中的幻灯片中拖动鼠标绘制占位符。以同样的方法可以任意添加占位符，在占位符中插入文本或图片，如图 5-12 所示。

图 5-12 插入占位符

2）格式设置。选中文本占位符，切换到"格式"功能区，在"艺术字样式"组中单击"快速样式"按钮，在弹出的艺术字样式库中选择准备使用的样式，如图5-13所示。

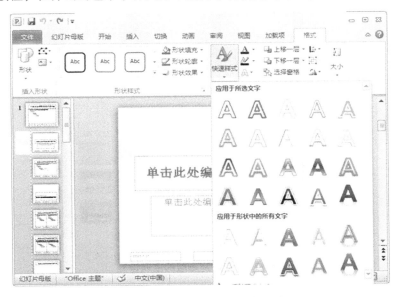

图5-13　艺术字格式样式设置

3）背景设计。选中准备编辑内容的母版，切换到"幻灯片母版"功能区，在"背景"组中单击"背景"按钮，在弹出的下拉列表中选择"背景样式"命令，在弹出的背景库中选择准备应用的背景，如图5-14所示。

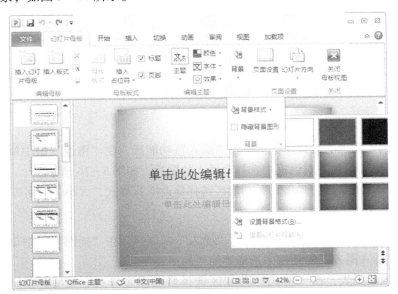

图5-14　幻灯片母版的背景设置

4）主题设计。选中准备编辑内容的母版，切换到"幻灯片母版"功能区，在"编辑主题"组中单击"编辑主题"按钮，在弹出的下拉列表中单击"主题"按钮，在弹出的主题库中选择准备应用的主题，如图5-15所示。

图 5 - 15　幻灯片母版的主题设置

3. 关闭母版视图

打开演示文稿，切换到"视图"功能区，在"关闭"组中单击"关闭"按钮，可以关闭演示文稿中的母版设计。

5.2.4　插入多媒体

学习要点

● 掌握插入图片、图表、艺术字、音频、视频、页眉页脚的方法。

学习指导

1. 插入图片

1）选择要插入图片的幻灯片，切换到"插入"功能区，在"图像"组中单击"图片"按钮，在弹出的"插入图片"对话框中选择要插入的图片，如图 5 - 16 所示。

2）双击插入的图片，在"格式"功能区选择修改图片样式、大小、排列等。

2. 插入图表

1）选择要插入图表的幻灯片，切换到"插入"功能区，在"插图"组中单击"图表"按钮，在弹出的"插入图表"对话框中选择要插入的图表类型。

2）双击插入的图表，在"格式"功能区选择修改图表样式、类型、布局和数据，如图 5 - 17 所示。

3. 插入艺术字

1）选择要插入艺术字的幻灯片，切换到"插入"功能区，在"文本"组中单击"艺术字"按钮，在弹出的艺术字样式库中选择要插入的艺术字类型。在"请在此放置您的文字"

文本框中输入文字即可。

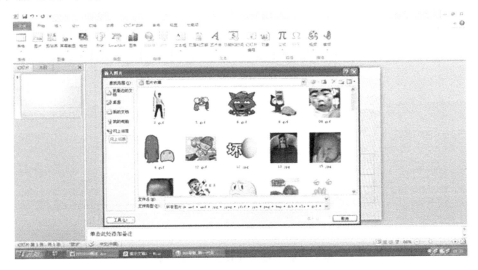

图 5 - 16　"插入图片"对话框

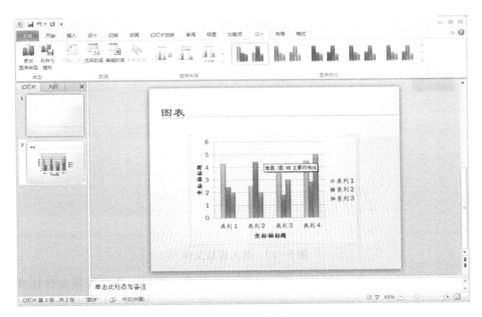

图 5 - 17　插入的图表

2）双击插入的艺术字文本框，在"格式"功能区选择修改艺术字样式、大小、排列等。

4．插入影片

1）选择要插入视频的幻灯片，切换到"插入"功能区，在"媒体"组中单击"视频"按钮，在弹出的下拉列表中选择"文件中的视频"命令，在弹出的"插入视频文件"对话框中选择要插入的视频文件，如图 5 - 18 所示。单击"确定"按钮，插入视频文件如图 5 - 19所示。

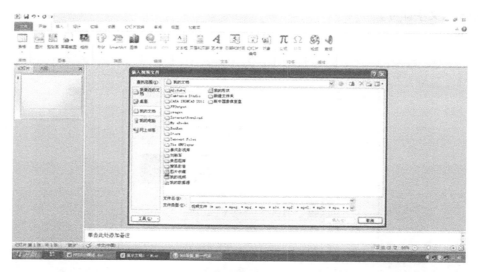

图 5-18　"插入视频文件"对话框

图 5-19　插入视频文件

2）双击插入的视频文件，在"格式"功能区中预览、调整、修改视频文件样式、大小、排列等。

5．插入声音

1）选择要插入音频的幻灯片，切换到"插入"功能区，在"媒体"组中单击"音频"按钮，在弹出的下拉列表中选择"文件中的音频"命令。

2）在弹出的"插入音频文件"对话框中选择要插入的音频文件，单击"确定"按钮，显示插入音频文件效果，如图 5-20 所示。

6．插入页眉和页脚

打开演示文稿，切换到"插入"功能区，单击"文本"组中的"页眉和页脚"按钮，打开"页眉和页脚"对话框，如图 5-21 所示。勾选"日期和时间"复选框、"幻灯片编号"复选框和"页脚"复选框，并在"页脚"文本框中输入文字，单击"全部应用"按钮。页眉和页脚设置效果如图 5 – 22 所示。

图 5 – 20　插入音频文件效果

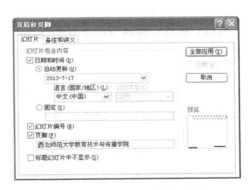

图 5 – 21　"页眉和页脚"对话框

图 5 – 22　页眉和页脚设置效果

5.3 演示文稿的特效制作

1. 掌握幻灯片的切换效果设置。
2. 掌握幻灯片的动画效果设置。
3. 掌握幻灯片对象的超链接设置。

5.3.1 设置幻灯片间的切换效果

学习要点

● 掌握幻灯片的切换效果设置。

学习指导

幻灯片的切换效果是指在放映幻灯片时，连续的两张幻灯片之间的过渡效果，即上一张幻灯片如何消失和下一张幻灯片如何出现的效果。在 PowerPoint 2010 中有细微型、华丽型和动态型三类切换效果，包括切入、淡出、推进、擦除等几十种切换方式。在切换幻灯片的过程中，还可添加切换音效，修改切换的速度，设置切换方法等。

1. 添加切换效果

1）选择切换方案。选择要添加切换效果的幻灯片，切换到"切换"功能区，在"切换到此幻灯片"组中单击"切换方案"按钮，在切换效果库中选择要添加的切换方案，如"推进"。单击"效果选项"按钮，选择切换方向，如"自左侧"，如图 5-23 所示。

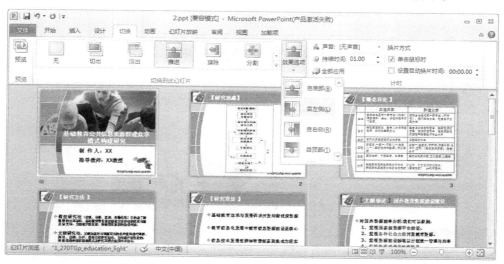

图 5-23 切换方案的选择

2）添加切换音效。在"切换"功能区的"计时"组中单击"声音"按钮，在弹出的声音效果列表中选择要添加的声音效果，如"风声"。切换音效如图 5-24 所示。

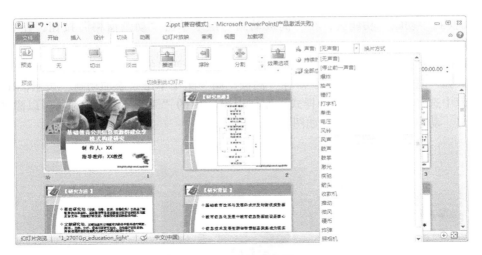

图 5 - 24　切换音效

3）设置切换速度。在"切换"功能区的"计时"组中调整"持续时间"微调框的数值，数值越大切换速度越慢。

4）设置换片方法。在"切换"功能区的"计时"组中取消勾选"单击鼠标时"复选框（如不取消则单击鼠标时也换片），勾选"设置自动换片时间"复选框，调整其微调框的数值，数值越大等待换片的时间越长。

5）预览切换效果。单击"切换"功能区的"预览"组中的"预览"按钮，预览切换效果。

注意：如单击"切换"功能区中的"计时"组中"全部应用"按钮，则切换效果应用于所有幻灯片，否则只应用于当前选中的幻灯片。

2．取消切换效果

1）选择要取消切换效果的幻灯片，切换到"切换"功能区，在"切换到此幻灯片"组中单击"切换方案"按钮，在切换效果库中选择"无"。

2）在"切换"功能区的"计时"组中单击"声音"下拉按钮，在弹出的声音效果列表中选择"无声音"。

3）如要取消所有幻灯片的切换效果，再单击"切换"功能区中的"计时"组中"全部应用"按钮。

5.3.2　设置幻灯片内的动画方案

学习要点

● 掌握幻灯片的动画效果设置。

学习指导

PowerPoint 2010 可以给幻灯片中的文本、图片等对象设置动画效果，即每个对象的出现和消失的方式和音效等。

1．添加自定义动画

1）选中准备设置自定义动画的对象。

2）切换到"动画"功能区，在"高级动画"组中单击"动画窗格"按钮，在右边显示"动画窗格"窗口。

3）在"高级动画"组中单击"添加动画"按钮，在弹出的动画样式库中选择准备使用的动画样式，如"进入"中的"飞入"。在"高级动画"组中单击"添加动画"按钮，在弹出的动画样式库中选择准备使用的动画样式，如"退出"中的"飞出"。一个对象可以添加进入、强调、退出、动作路径四种动画，如图 5 - 25 所示。

图 5 - 25　添加动画

4）在"动画窗格"窗口中单击"播放"按钮，预览动画效果。

2. 修改动画效果

方法 1：

1）在"动画窗格"窗口中选中设置的自定义动画对象，单击其右侧的下拉按钮，在弹出的菜单中选择"上一动画之后"。

2）在"动画窗格"区域中选中设置的自定义动画对象，单击其右侧的下拉按钮，在弹出的菜单中选择"效果选项"，在弹出的"飞入"对话框中的"效果"选项卡中设置"方向"和增强"声音"等，如图 5 - 26 所示；在"计时"选项卡中设置"开始"动作和时间等，如图 5 - 27 所示。

图 5 - 26　"飞入"对话框的"效果"选项卡

图 5 - 27　"飞入"对话框的"计时"选项卡

方法 2：

1）在"动画窗格"窗口中选中设置的自定义动画对象，选择"动画"功能区中的"高级动画"组中"开始"后面的显示"单击时"的列表框中的"上一动画之后"。

2）调整"持续时间"和"延迟"微调框中的数据，数据越大时间越长。

3）在"动画"组中单击"效果选项"按钮，选择切换方向，如"自左侧"。

3．调整动画顺序

方法 1（移动法）：

1）在"动画窗格"窗口中，单击准备调整顺序的对象。

2）单击在"动画窗格"窗口下方的"重新排序"旁边的向上按钮和向下按钮调整顺序，如图 5‑28 所示。

图 5‑28　调整顺序

方法 2（拖动法）：在"动画窗格"窗口中，拖动准备调整顺序的对象到其他对象前后即可。

5.3.3　设置演示文稿的超链接

学习要点

● 掌握幻灯片对象的超链接设置。

学习指导

在 PowerPoint 2010 中，使用超级链接可以链接到其他幻灯片或打开指定文件。

1．链接到同一演示文稿的其他幻灯片

1）选中需要设置超链接的对象。切换到"插入"功能区，在"链接"组中单击"超链接"按钮，或者右击要设置超链接的对象，在弹出的快捷菜单中选择"超链接"命令。

2）在弹出的"插入超链接"对话框中，切换到"本文档中的位置"选项界面。在"请选择文档中的位置"列表框中选择准备链接到的位置，单击"确定"按钮。链接到同一演示文稿的其他幻灯片如图 5‑29 所示。

图 5 - 29　链接到同一演示文稿的其他幻灯片

3）在当前幻灯片中，可以看到超链接，单击"幻灯片播放"按钮，鼠标移动到超链接选项处，当指针变成手形时，单击该超链接项即可打开。

2. 链接到其他演示文稿的幻灯片

1）选中需要设置超链接的对象，切换到"插入"功能区，在"链接"组中单击"超链接"按钮，或者右击要设置超链接的对象，在弹出的快捷菜单中选择"超链接"命令，如图 5 - 30 所示。

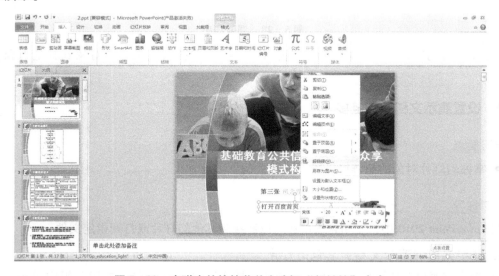

图 5 - 30　在弹出的快捷菜单中选择"超链接"命令

2）在弹出的"插入超链接"对话框中，切换到"现有文件或网页"选项界面。选择"浏览过的网页"选项，选择超链接的文件，单击"确定"按钮。链接到其他演示文稿的幻灯片如图 5 - 31 所示。

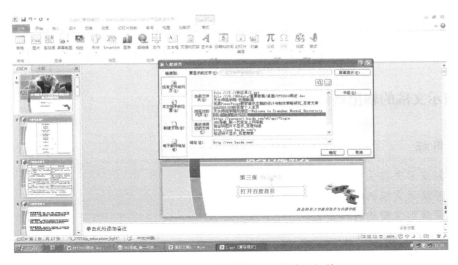

图5－31　链接到其他演示文稿的幻灯片

3）在当前幻灯片中，可以看到超链接，单击"幻灯片播放"按钮，鼠标移动到超链接选项处，当指针变成手形时，单击该超链接选项即可打开，其效果如图5－32和图5－33所示。

图5－32　超链接打开百度首页片

图5－33　播放幻灯片、单击超链接

3．删除超链接

右击需要删除超链接的对象，在弹出的快捷菜单中选择"取消超链接"命令即可完成。

5.4 演示文稿的输出操作

学习目标

1．掌握演示文稿的放映方法。
2．掌握演示文稿的打包方法。
3．掌握演示文稿的打印设置。

5.4.1 放映演示文稿

学习要点

● 掌握演示文稿的放映方法。

学习指导

演示文稿放映操作如下：

1）打开演示文稿，切换到"幻灯片放映"功能区，在"开始放映幻灯片"组中单击"从当前幻灯片开始"按钮，或单击窗口右下角的"幻灯片放映"按钮 ☐ 。

2）幻灯片从当前幻灯片开始播放，通常单击鼠标进入下一张。右击放映的幻灯片页面，在弹出的快捷菜单中选择"指针选项"命令，在弹出的子菜单中选择要使用墨迹注释的笔形，如"笔"，如图 5-34 所示。在幻灯片页面绘制标注和文字说明，幻灯片标记完成后，右击放映的幻灯片页面，在弹出的快捷菜单中选择"指针选项"→"箭头"命令，可继续放映幻灯片，结束时会弹出"是否保留墨迹注释"提示框，单击"保留"按钮，如图 5-35 所示。

图 5-34 设置鼠标指针为"笔"

图 5 - 35　"是否保留墨迹注释"提示框

3）在放映幻灯片时，如果要中途退出幻灯片的放映，右击放映的幻灯片页面，在弹出的快捷菜单中选择"结束放映"命令即可退出放映。

5.4.2　打包演示文稿

学习要点

- 掌握演示文稿的打包方法。

学习指导

将演示文稿打包后，可以在没有安装 PowerPoint 2010 的计算机运行演示文稿。

1）打开演示文稿，切换到"文件"功能区，选择"保存并发送"→"将演示文稿打包成 CD"命令，单击"打包成 CD"按钮，如图 5 - 36 所示。

图 5 - 36　打包操作

2）在弹出的"打包成 CD"对话框中，在"将 CD 命名为"文本框中输入打包文件的名称，在"要复制的文件"列表框中选择要打包的演示文稿，单击"复制到文件夹"按钮，如图 5 - 37 所示。

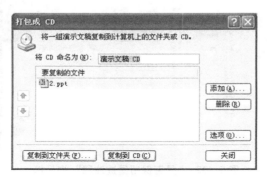

图 5 - 37 "打包成 CD"对话框

3）在弹出的"复制到文件夹"对话框中的"文件夹名称"文本框中输入打包文件夹名称，单击"确定"按钮，如图 5 - 38 所示。

图 5 - 38 "复制到文件夹"对话框

4）在弹出的"是否要在包中包含链接文件"提示框中单击"是"按钮，返回到"打包成 CD"对话框，单击"关闭"按钮即可完成，如图 5 - 39 所示。

图 5 - 39 "是否要在包中包含链接文件"提示框

5.4.3 打印演示文稿

学习要点

● 掌握演示文稿的打印设置。

学习指导

1. 设置打印演示文稿的范围

打开准备打印的演示文稿，切换到"文件"功能区，选择"打印"命令，在"设置"下拉列表框中单击"打印全部幻灯片"，选择"自定义范围"，输入要打印的幻灯片编号，如"2，5，6-8，10，12，15"，如图 5 - 40 所示。

图 5-40 设置打印演示文稿的范围

2. 设置单纸打印幻灯片页数

打开准备打印的演示文稿，切换到"文件"功能区，选择"打印"命令，在"设置"下拉列表框中单击"整页幻灯片"，选择"9 张垂直放置的幻灯片"，如图 5-41 所示。

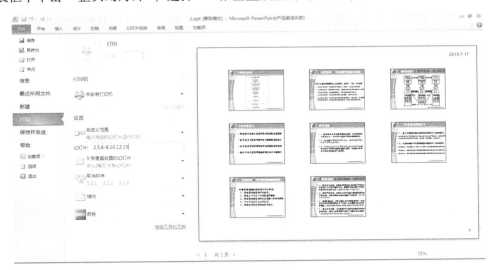

图 5-41 设置单纸打印幻灯片页数

习 题

一、选择题

1. PowerPoint 2010 演示文稿的默认文件扩展名是_____。

    A. pptx   B. exe   C. bat   D. bmp

2. 在下列 PowerPoint 2010 的各种视图中，可编辑、修改幻灯片内容的视图是_____。

    A. 普通视图   B. 幻灯片浏览视图

    C. 幻灯片放映视图   D. 都可以

3. 在 PowerPoint 2010 中，如果要播放演示文稿，可以使用_____。

    A. 幻灯片视图   B. 大纲视图

    C. 幻灯片浏览视图   D. 幻灯片放映视图

4. 幻灯片中占位符的作用是_____。

    A. 表示文本长度   B. 限制插入对象的数量

    C. 表示图形的大小   D. 为文本图形预留位置

5. PowerPoint 2010 中的"超级链接"命令可实现_____。

    A. 幻灯片之间的跳转   B. 演示文稿幻灯片的移动

    C. 中断幻灯片的放映   D. 在演示文稿中插入幻灯片

6. 在 PowerPoint 2010 的幻灯片浏览视图下，不能完成的操作是_____。

    A. 调整个别幻灯片位置   B. 删除个别幻灯片

    C. 编辑个别幻灯片内容   D. 复制个别幻灯片

7. 在 PowerPoint 2010 中，可以为一种元素设置_____动画效果。

    A. 一种   B. 多种   C. 不多于两种   D. 以上都不对

8. 在 PowerPoint 2010 中，_____元素可以添加动画效果。

    A. 文字   B. 图片   C. 文本框   D. 以上都可以

9. 在 PowerPoint 2010 中，要插入一个在各张幻灯片中都在相同位置显示的小图片，应进行的设置是_____。

    A. 幻灯片母版   B. 背景   C. 主题   D. 插入图片

10. 设置幻灯片切换时，可以进行的操作是_____。

    A. 切换效果   B. 切换速度

    C. 换片方式   D. 切换时是否有声音

二、简答题

1. 幻灯片的母版有何作用，如何设置？

2. 如何在幻灯片中插入声音和影片？

3. 如何设置幻灯片中对象的动画？

4. 如何设置幻灯片的切换效果？

5. 如何打包演示文稿，打包有什么好处？

实训任务五　PowerPoint 2010 的应用

一、实训目的与要求

1. 熟悉制作演示文稿的过程。

2. 掌握应用设计模板的方法与技巧。

3. 熟悉在幻灯片中插入多媒体对象的方法。

4. 熟悉对幻灯片页面内容的基本编辑技巧。

5. 熟悉演示文稿的动画及放映设置。

6. 掌握幻灯片中图表的插入方法。

二、实训学时

4 学时。

三、实训内容

任务一　演示文稿的基本操作

创建新的演示文稿，选择"文件"→"新建"命令，打开"新建"对话框，如图 5 - 42 所示。最常用的创建新演示文稿的方法有以下三种：

图 5 - 42　"新建"对话框

（1）使用"样本模板"或"Office. com 模板"创建演示文稿

1）单击"样本模板"按钮，它提供了多种不同主题及结构的演示文稿示范，如都市相册、古典型相册、宽屏演示文稿、培训、现代型相册、项目状态报告、小测验短片、宣传手册。可以直接使用这些演示文稿类型进行创建所需的演示文稿。"样本模板"窗口如图 5 - 43 所示。

图 5 - 43　样本模板

2）单击"Office.com 模板"，它提供了多种不同类型演示文稿示范，如报表、表单表格、贺卡、库存控制、证书、奖状、信件及信函等，如图 5 - 44 所示。可以直接单击这些演示文稿类型，计算机将从 Office.com 上下载模板，即可创建所需的演示文稿。

（2）使用"主题"功能创建演示文稿　应用设计模板，可以提供完整、专业的外观，内容灵活自主定义的演示文稿。可用的模板和主题如图 5 - 45 所示。操作步骤如下：

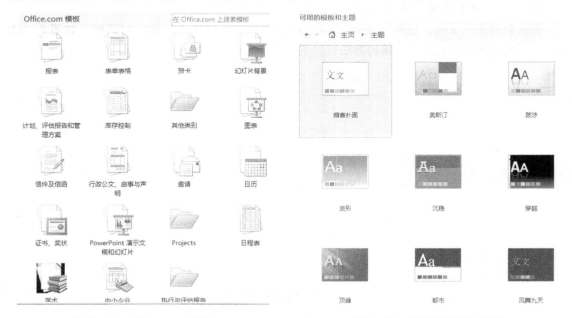

图 5 - 44　Office.com 模板　　　　　图 5 - 45　可用的模板和主题

1）在"Office 主题"对话框中，单击任意一个类型，即可进入对应主题的演示文稿的编辑。

2）选择"开始"→"幻灯片"→"版式"命令，从多种版式中为新幻灯片选择需要的版式。

3）在幻灯片中输入文本，插入各种对象。然后建立新的幻灯片，再选择新的版式。

（3）建立空白演示文稿　使用不含任何建议内容和设计模板的空白幻灯片制作演示文稿。操作步骤如下：

1）在"新建演示文稿"窗口中，单击"空演示文稿"选项，新建一个默认版式的演示文稿。

2）选择"开始"→"幻灯片"→"版式"命令，从多种版式中为新幻灯片选择需要的版式。

3）在幻灯片中输入文本，插入各种对象。然后建立新的幻灯片，再选择新的版式。

任务二　前期简单的编辑操作

1）启动 PowerPoint 2010 新建一个"演示文稿 1"。

2）选择"文件"→"新建"命令，选择新建演示文稿类型。

3）单击"开始"→"幻灯片"→"新建幻灯片"按钮，选择幻灯片版式插入演示文稿中，如图 5 - 46 所示。或者单击"开始"→"幻灯片"→"版式"按钮，选择幻灯片版式。

图 5 – 46 插入"新建幻灯片"

4）若在"幻灯片版式"中没有合适的版式，可以在"设计"功能区的"主题"组中打开幻灯片设计模板，进行模板设计，如图 5 – 47 所示。

图 5 – 47 幻灯片版式设计

5）选中幻灯片进行编辑操作，添加标题栏和文本。完成后的效果如图 5 – 48 所示。

6）保存"演示文稿 1"并退出演示文稿。

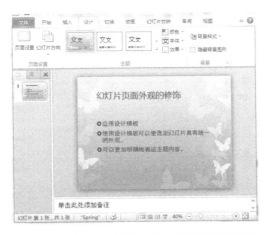

图 5 – 48 对幻灯片进行编辑操作完成后的效果

任务三　后期插入图表操作

1. 在图表中插入数据

1）打开演示文稿1，选择"开始"→"幻灯片"→"版式"命令，选择其中含有图表的版式样式，单击"确定"按钮，版式样式的应用如图5-49所示。

2）移动鼠标至添加标题文本框，单击并输入"家电商场本年度销售统计表（万元）"。选中这些文字将字体设置成"新魏"，字体颜色设置成"棕红色"，并为标题添加"浅绿色"背景。

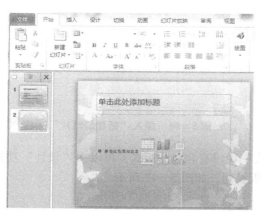

图5-49　版式样式应用

3）双击添加图表框，弹出图表样式和数据表编辑区。在数据表中按图5-50给出的数据修改原数据表的模拟数据。

2. 修改图表样式

1）在图表区域任意位置右击，在弹出的快捷菜单中选择"三维旋转"命令，弹出"设置图表区格式"对话框，选中"三维旋转"项，如图5-51所示。

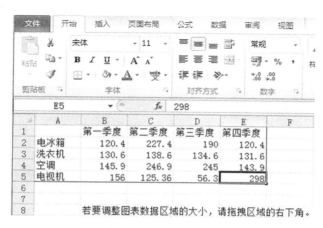

图5-50　样式数据表格

图5-51　"设置图表区格式"对话框

2）将"X"和"Y"文本框都改为25，单击"关闭"按钮。

3）双击图标区域中的某个柱体（注意此时四个季度均被选中），弹出"数据系列格式"对话框。选择"填充"项，选中一种颜色，单击"确定"按钮。"数据系列格式"对话框的设置如图5－52所示。

4）按以上方法依次将电冰箱、洗衣机、空调、电视机设置成红、蓝、黄、绿四种颜色。

5）右击背景墙，在弹出的快捷菜单中选择"设置背景墙格式"命令，弹出"设置背景墙格式"对话框，选择"填充"中的"纯色填充"，此处设置为"浅黄色"。

6）查看修改图表的最后效果，如图5－53所示。

图5－52   "数据系列格式"对话框

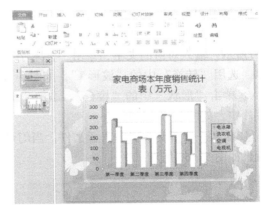

图5－53   修改图表的最后效果

任务四   综合应用实验：自我介绍演示文稿

1）新建空白演示文稿。

2）选择"设计"→"主题"中的"都市相册"主题进行添加，如图5－54所示。要求如下：

① 采用"标题幻灯片"版式。

② 标题为"自我介绍"，文字分散对齐，字体为"华文琥珀"、60磅、加粗；副标题为本人姓名，文字居中对齐，字体为"黑体"、32磅、加粗。

3）添加演示文稿第2页的内容，如图5－55所示。要求如下：

① 采用"标题和内容"的版式。

② 标题为"基本情况"；文本处是一些个人信息；剪贴画选择所喜欢的图片或照片。

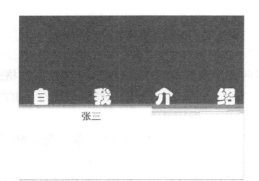

图 5 - 54　演示文稿第 1 页　　　　　　图 5 - 55　演示文稿第 2 页

4）添加演示文稿第 3 页的内容，如图 5 - 56 所示。要求如下：

① 采用"标题和内容"的版式。

② 标题为"学习经历"；表格是一个 4 行 3 列的表格，表格内容是学习时间、地点与阶段，并将第一行文字加粗、所有内容居中对齐。

5）在演示文稿第 2 页前插入一张幻灯片。要求如下：

① 采用"空白"版式。

② 插入艺术字"初次见面，请多关照"，采用"艺术字"库中第 5 行第 3 列样式，如图 5 - 57 所示。输入对应的文字，单击"艺术字"，在"格式"中选择"艺术字样式"，找到文字效果，选用"转换"中的"波形 1"，如图 5 - 58 所示。

③ 单击"形状"中的"棱台"，添加"基本情况"和"学习经历"，分别超链接到相应的幻灯片中，如图 5 - 59 所示。

④ 插入一个节奏欢快的声音文件，当幻灯片放映时自动播放音乐。插入"声音文件"后的效果如图 5 - 60 所示。

图 5 - 56　演示文稿第 3 页　　图 5 - 57　"艺术字样式"　图 5 - 58　"转换"中的"波形 1"

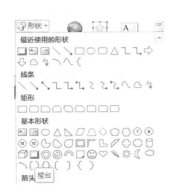 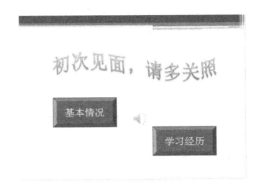

图 5 - 59 "形状"中的"棱台" **图 5 - 60 插入"声音文件"后的效果**

6）为每一页演示文稿添加日期、页脚和幻灯片编号。其中日期设置为"可以自动更新"，页脚为"张三自我介绍"，三者的字号大小均为 24 磅。调整日期、页脚和幻灯片编号的位置，添加后第 1 张幻灯片效果如图 5 - 61 所示。

7）为演示文稿的最后一页设置背景为"白色大理石"的纹理填充效果，如图 5 - 62 所示。

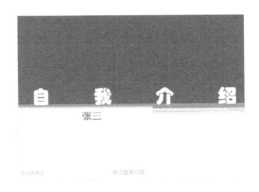

图 5 - 61 添加日期、页脚和幻灯片编号后的第 1 张幻灯片效果

图 5 - 62 为最后一页演示文稿设置背景为"白色大理石"

8）选中演示文稿第 3 张幻灯片中的标题，单击"动画"→"高级动画"→"添加动画"按钮，在下拉列表中选择"更多进入效果"中的"挥鞭式"。单击"动画窗格"，设置"效果选项"中声音为"硬币"，选择"单击鼠标"时发生；图片采用"玩具风车"动画，在前一事件之后发生；文本内容采用"展开"的动画效果逐项显示，在"从上一项之后开始"2 秒后发生。

9）将全部幻灯片的切换效果设置为"形状"，声音为"风铃"，换片方式为每隔 5 秒自动换片。

10）根据自己的喜好继续美化和完善演示文稿。

在"设置幻灯片放映"中，将演示文稿放映方式分别设置为"演讲者放映""观众自行浏览""在展台浏览"及"循环放映"，按〈Esc〉键终止，观察放映效果。最后将演示文稿以文件名"P1. ppt"保存在 D 盘中。

项目六　计算机网络基础知识

计算机网络是计算机技术与通信技术相互渗透、密切结合而形成的一门交叉学科。目前，计算机网络已广泛应用于政治、经济、军事、科学以及社会生活的方方面面，已是现代人生活的一部分。

学习目标

1. 计算机网络的基本概念。
2. 计算机网络的基本组成。
3. 计算机网络的基本功能及应用。
4. 计算机网络的产生与发展。
5. 计算机网络的拓扑结构。
6. 计算机网络的分类。
7. 计算机网络的传输介质。

6.1.1　计算机网络的基本概念

学习要点

- 掌握计算机网络的定义。
- 了解计算机网络的组成。

学习指导

计算机网络，是指将地理位置不同的具有独立功能的多台计算机及其外部设备，通过通信线路连接起来，在网络操作系统、网络管理软件及网络通信协议的管理和协调下，实现资源共享和信息传递的计算机系统。

计算机网络主要包含连接对象、连接介质、连接的控制机制（如约定、协议、软件）和连接的方式与结构四个方面。

学习链接

两台计算机通过通信线路（包括有线和无线通信线路）连接起来就组成了一个最简单的计

算机网络。全世界成千上万台计算机相互间通过双绞线、电缆、光缆和卫星等连接起来就构成了世界上最大的网络——Internet。网络中的计算机可以是在一间办公室内，也可能分布在地球的不同区域。这些计算机相互独立，即所谓的自治的计算机系统，脱离了网络它们也能作为单机正常工作。在网络中，需要有相应的软件或网络协议对自治的计算机系统进行管理。组成计算机网络的目的是资源共享和互相通信。

6.1.2 数据通信

学习要点

- 掌握数据通信的基本概念。
- 了解数据通信的传输介质。

学习指导

计算机网络是计算机技术和数据通信技术相结合的产物，数据通信技术是网络发展的基础。

数据通信是指在两个计算机或终端之间以二进制数码的形式进行信息交换、传输数据的过程。为了保证信号传输的实现，通信必须具备三个基本要素，即通信的三要素：信源、信道和信宿。下面介绍几个关于数据通信的常用概念。

1. 信道

信道是传输信息的媒介或渠道，其作用是把携带有信息的信号从它的输入端传递到输出端。根据传输媒介的不同，信道可分为有线信道和无线信道两类。

（1）有线信道　有线信道分为三种：双绞线、同轴电缆、光纤。

1）双绞线。双绞线是网络中最常用的一种传输媒介。它是由若干对按规则螺旋结构排列的有绝缘保护的铜导线组成的。局域网中使用的双绞线分为屏蔽双绞线和非屏蔽双绞线。根据传输的特性，双绞线还可分为六类，局域网中常用的是五类线（图 6 - 1），其带宽为 100MHz，适用于 100Mbit/s 的数据传输。局域网中双绞线的最大传输距离是 100m。

图 6 - 1　局域网中常用的五类双绞线

2）同轴电缆。同轴电缆也是目前局域网中常用的传输媒介之一。它由内外两个导体组成，内导体是一根实心铜线，用于传输信号；外导体被织成网状，主要用于屏蔽电磁干扰和辐射。网络中使用的是 50 Ω 同轴电缆，它又分为粗缆和细缆。粗缆的传输距离远，一般为 500m；细缆的传输距离近，一般为 185m。

3）光纤。光纤的全称是光导纤维，是当前网络传输媒介中性能最好、应用前途最广的一种。光纤是一种直径为 50～100 μm（微米）的柔软而能传导光波的介质。很多种玻璃和塑料都可以用来制造光纤。光纤的特点是：频带极宽，传输速率高，误码率小，抗干扰能力强，数据保密性好，传输距离远。

光纤有单模和多模两种。所谓单模光纤，是指光纤的光信号仅与光纤轴成单个可分辨角度的单光线传输；多模光纤是指光纤的光信号与光纤轴成多个可分辨角度的多光线传输。

单模光纤的性能优于多模光纤。

（2）无线信道　无线信道可分为三种：微波信道、红外线和激光信道、卫星信道。

1）微波信道。微波通信是比较成熟的技术，其特点是：只能进行视距传播，传输质量比较稳定，可以用很小的发射功率就能进行远距离通信。

2）红外线和激光信道。红外线和激光信道与微波信道一样有很强的方向性，都是沿着直线传播的，所不同的是红外线和激光通信把传输的信号转换为红外光信号和激光信号，直接在空间传播。

3）卫星信道。卫星信道是以人造地球卫星为微波中继站，属于散射式通信，是微波信道的特殊形式。卫星通信的特点是：通信信道具有带宽、容量大、传输距离远、不受地理条件限制、可进行多址通信和移动通信等优点，但使用卫星通信一次性投资大，传播延时时间长。

2. 数字信号和模拟信号

信号可分为数字信号和模拟信号两类。

1）数字信号是一种离散的脉冲序列，计算机产生的电信号用两种不同的电平表示 0 和 1。

对于数字通信，由于数字信号的幅值为有限个离散值（通常取两个幅值），在传输过程中虽然也受到噪声的干扰，但当信噪比恶化到一定程度时，即在适当的距离采用判决再生的方法，再生成没有噪声干扰的和原发送端一样的数字信号，所以可实现长距离高质量的传输。

2）模拟信号是一种连续变化的信号，如电话线上传输的按照声音强弱幅度连续变化产生的电信号，就是一种典型的模拟信号，可以用连续的电波表示。

模拟信号和数字信号之间可以相互转换：模拟信号一般通过脉冲编码调制（Pulse Code Modulation，PCM）方法量化为数字信号，即让模拟信号的不同幅度分别对应不同的二进制值，例如采用 8 位编码可将模拟信号量化为 2^8=256 个量级，实用中常采取 24 位或 30 位编码；数字信号一般通过对载波进行移相（Phase Shift）的方法转换为模拟信号。计算机、计算机局域网与城域网中均使用二进制数字信号。目前在计算机广域网中实际传送的既有二进制数字信号，也有由数字信号转换而得到的模拟信号，但是更具应用发展前景的是数字信号。

3. 调制与解调

普通电话线是针对语音通话而设计的模拟信道，适用于传输模拟信号。但是由计算机产生的离散脉冲表示的数字信号，如果要用电话交换网实现计算机的数字脉冲信号的传输，就必须首先将数字脉冲信号转换成模拟信号。将发送端数字脉冲信号转换成模拟信号的过程称为调制；将接收端模拟信号还原成数字脉冲信号的过程称为解调。将调制和解调两种功能结合在一起的设备称为调制解调器。

4. 带宽与传输速率

带宽又叫频宽，是以信号的最高频率和最低频率之差表示，即频率的范围。在数字设备中，带宽通常以 bit/s 表示，即每秒钟可传输二进制数码位数。在模拟设备中，带宽通常以每秒传送周期或赫兹（Hz）来表示。在某一特定带宽的信道中，同一时间内，数据不仅能以某一种频率传送，而且还可以用其他不同的频率传送。因此，信道的带宽越宽，其可用的频率就越多，其传输的数据量就越大。

在数字通信中，用数据传输速率（比特率）表示信道的传输能力，即每秒传输的二进制位数，单位为 bit/s、kbit/s、Mbit/s、Gbit/s、Tbit/s 等。其中：

$1 kbit/s =1 \times 10^3 bit/s$

$1 Mbit/s =1 \times 10^6 bit/s$

$1 Gbit/s =1 \times 10^9 bit/s$

$1 Tbit/s =1 \times 10^{12} bit/s$

5. 误码率

误码率是指二进制比特在数据传输过程中被传错的概率，是通信系统的可靠性指标。

数据在通信信道传输中一定会因某种原因出现错误，传输中出现错误是正常的，但是一定要控制在某个允许的范围内。在计算机网络数据传输过程中，一般要求误码率低于 10^{-6}。

6.1.3 计算机网络的分类和拓扑结构

学习要点

- 了解计算机网络的分类。
- 理解计算机网络的拓扑结构。

学习指导

1. 计算机网络的分类

计算机网络的分类标准有很多种，主要的分类标准有根据网络所使用的传输技术分类、根据网络的协议分类等，但最常用的是按照网络覆盖地理范围的不同进行分类。

依据网络覆盖地理范围的不同，可将计算机网络分为三种：局域网、城域网和广域网。

（1）局域网　局域网的作用范围小，分布在一个房间、一个建筑物或一个单位。地理范围在几米到几千米。目前常见局域网的传输速率有 10Mbit/s、100Mbit/s 和 1000Mbit/s。局域网技术成熟、发展快，具有高数据传输速率、低误率、低成本、容易组网、易管理、易维护、使用灵活方便等特点，是计算机网络中最活跃的领域之一。

（2）城域网　城域网的作用范围为一个城市，是把不在同一小区范围内的计算机互联，它主要应用在政府机构和商业网络中，地理范围为 10～100km。

（3）广域网　广域网的作用范围很大，可以是一个地区、一个省、一个国家及世界范围。Internet 属于广域网，只不过它是覆盖全球最大的广域网。

2. 计算机网络的拓扑结构

计算机网络的布线有不同的结构形式，利用拓扑学的研究方法，计算机网络可看成是由一系列的点和线路组成的结构。常见的网络拓扑结构有星形、环形、总线型、树形和网状。

（1）星形拓扑结构　星形拓扑结构是用一个节点作为中心节点，其他节点直接与中心节点相连构成的网络。中心节点可以是文件服务器，也可以是连接设备，常见的中心节点为交换机，如图 6-2 所示。

星形拓扑结构的网络属于集中控制型网络，整个网络由中心节点执行集中式通行控制管理，各节点间的通信都要通过中心节点。每一个要发送数据的节点都将要发送的数据发送到中心节点，再由中心节点负责将数据送到目地节点。星形拓扑结构简单，易于实现和管理，但是由于它是集中控制方式的结构，一旦中心节点出现故障，就会造成全网的瘫痪，可靠性差。

（2）环形拓扑结构　环形拓扑结构由网络中若干节点通过点到点的链路首尾相连形成一个闭合的环，这种结构使公共传输电缆组成环形连接，数据在环路中沿着一个方向在各个节点间传输，信息从一个节点传到另一个节点，如图 6-3 所示。

环形拓扑结构具有如下特点：信息流在网中是沿着固定方向流动的，两个节点仅有一条道路，故简化了路径选择的控制；环路上各节点都是自主控制，故控制软件简单；由于信息源在环路中是串行地穿过各个节点，当环路中节点过多时，势必影响信息传输速率，使网络的响应时间延长；环路是封闭的，不便于扩充；可靠性低，一个节点出现故障，将会造成全网瘫痪；维护难，对分支节点故障定位较难。

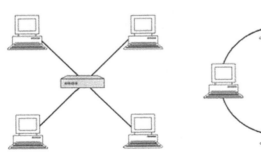

图 6-2 星形拓扑结构图 　　　　图 6-3 环形拓扑结构图

（3）总线型拓扑结构　总线型拓扑结构是指各工作站和服务器均挂在一条总线上，各工作站地位平等，无中心节点控制。公用总线上的信息多以基带形式串行传递，其传递方向总是从发送信息的节点开始向两端扩散，如同广播电台发射的信息一样，因此又称广播式计算机网络。各节点在接收信息时都进行地址检查，看是否与自己的工作站地址相符，相符则接收网上的信息，如图 6-4 所示。

总线型拓扑结构的网络特点如下：结构简单，可扩充性好；当需要增加节点时，只需要在总线上增加一个分支接口便可与分支节点相连，当总线负载不允许时还可以扩充总线；使用的电缆少，且安装容易；使用的设备相对简单，可靠性高；维护难，分支节点故障查找难。

图 6-4 总线型拓扑结构图

（4）树形拓扑结构　树形拓扑结构节点按层次进行连接，像树一样，有分支、根节点、叶子节点等。信息交换主要在上、下节点之间进行。树形拓扑结构可以看作是星形拓扑结构的一种扩展，主要适用于汇集信息的应用要求，如图 6-5 所示。

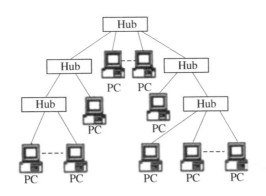

图 6-5 树形拓扑结构图

（5）网状拓扑结构　网状拓扑结构主要指各节点通过传输线相互连接起来，并且每一个节点至少与其他两个节点相连，如图 6-6 所示。网状网络可靠性高，一般通信子网中任意两个节点交换机之间，存在着两条或两条以上的通信路径，这样，当一条路径发生故障时，还可以通过另一条路径把信息送至节点交换机。其缺点是控制复杂，软件复杂，线路费用高，不易扩充。网状拓扑结构一般用于 Internet 骨干网上，使用路由算法来计算发送数据的最佳路径。

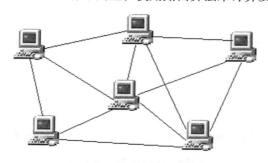

图 6-6　网状拓扑结构图

6.1.4　网络硬件设备

学习要点

- 了解计算机网络的常用硬件。

学习指导

与计算机系统相似，一个能够正常运行的网络系统也由网络软件和硬件设备两部分组成。下面主要介绍常见的网络硬件设备。

1. 传输介质

网络传输介质是指在网络中传输信息的载体，常用的网络传输介质分为有线传输介质和无线传输介质两大类。

（1）有线传输介质　是指在两个通信设备之间实现的物理连接部分，它能将信号从一方传输到另一方。有线传输介质主要有双绞线（图 6-7）、同轴电缆（图 6-8）和光纤（图 6-9）。双绞线和同轴电缆传输电信号，光纤传输光信号。

图 6-7　双绞线

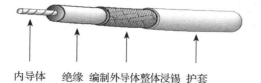

内导体　绝缘　编制外导体整体浸锡　护套

图 6-8　同轴电缆

图 6-9　光纤

（2）无线传输介质　利用无线电波在自由空间的传播可以实现多种无线通信。在自由空间传输的电磁波根据频谱可将其分为无线电波、红外线、激光等，信息被加载在电磁波上进行传输。

2. 网络接口卡

网络接口卡（NIC，简称网卡）是构成网络的必需的基本设备。网卡插在计算机主板插槽中，负责将用户要传递的数据转换为网络上其他设备能够识别的格式，以便经电缆在计算机之间进行高速数据传输，如图6-10所示。

图6-10　网络接口卡（网卡）

3. 交换机

交换机（Switch）是交换式局域网的核心设备，如图6-11所示。目前，使用最广泛的是以太网交换机，它可以通过局域网交换机支持交换机端口节点之间的多个并发连接，实现多节点之间数据的并发传输。

图6-11　普通常用交换机

交换机常用作局域网的核心节点，直接影响着整个局域网的整体性能。图6-12所示为交换机在局域网中的应用。

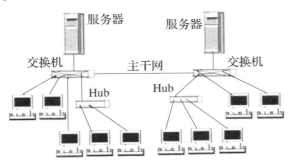

图6-12　交换机在局域网中的应用

4. 无线AP

无线接入点即无线AP（Access Point），它是一个无线网络的接入点，主要由路由交换接入一体设备和纯接入点设备。图6-13所示为无线路由器，一体设备执行接入和路由工作。纯接入设备只负责无线客户端的接入，通常用于无线网络的扩展，与其他AP或者主AP连接，以扩大无线覆盖范围，而一体设备则一般是无线网络的核心。

图6-13　无线路由器

5. 路由器

路由器（Router）是连接因特网中各局域网、广域网的设备，如图6-14所示。它连接不同的网络并在不同网络之间存储转发数据分组，并会根据信道的情况自动选择和设定路由，以最佳路径按前后顺序发送信号。路由器是互联网的枢纽和"交通警察"。目前路由器已经广泛应用于各行各业，各种不同档次的产品已成为实现各种骨干网内部连接、骨干网间互联以及骨干网与互联网互联互通业务的主力军。

图 6 - 14　路由器用于连接互联网与局域网

6.1.5　网络软件

学习要点

● 了解计算机网络软件的概念及应用。

学习指导

　　网络软件是在计算机网络环境中，用于支持数据通信和各种网络活动的软件。连入计算机网络的系统，通常根据系统本身的特点、能力和服务对象，配置不同的网络应用系统。其目的是为了本机用户共享网络中其他系统的资源，或是为了把本机系统的功能和资源提供给网络中其他用户使用。为此，每个计算机网络都制定一套全网共同遵守的网络协议，并要求网中每个主机系统配置相应的协议软件，以确保网中不同系统之间能够可靠、有效地相互通信和合作。

　　通信协议就是通信双方都必须遵守的通信规则，是一种约定。网络中的通信协议是非常复杂的，因此网络协议通常都按照结构化层次方式来进行组织。TCP/IP 是当前最流行的商业化网络协议，被公认为是当前工业标准或事实标准。

　　TCP/IP 是一组用于实现网络互联的通信协议。Internet 网络体系结构以 TCP/IP 为核心。基于 TCP/IP 的参考模型将协议分成 4 个层次，分别是应用层、传输层、互联层、网络层（主机到主机）。

　　（1）应用层　应用层对应于 OSI 参考模型的高层，为用户提供所需要的各种服务，如 FTP、Telnet、DNS、SMTP 等。

　　（2）传输层　传输层对应于 OSI 参考模型的传输层，为应用层实体提供端到端的通信功能，保证了数据包的顺序传送及数据的完整性。该层定义了两个主要的协议：传输控制协议（TCP）和用户数据报协议（UDP）。TCP 提供的是一种可靠的、面向连接的数据传输服务；而 UDP 提供的则是不可靠的、无连接的数据传输服务。

　　（3）互联层　（网际）互联层对应于 OSI 参考模型的网络层，主要解决主机到主机的通信问题。它所包含的协议设计数据包在整个网络上逻辑传输，注重重新赋予主机一个 IP 地址来完成对主机的寻址，此外还负责数据包在多种网络中的路由。该层有四个主要协议：网际协议（IP）、地址解析协议（ARP）、互联网组管理协议（IGMP）和互联网控制报文协议（ICMP）。其中，IP 是网际互联层最重要的协议，它提供的是一个不可靠、无连接的数据包传递服务。

（4）网络层　网络层也称为网络接入层，与 OSI 参考模型中的物理层和数据链路层相对应。它负责监视数据在主机和网络之间的交换。事实上，TCP/IP 本身并未定义该层的协议，而由参与互联的各网络使用自己的物理层和数据链路层协议，然后与 TCP/IP 的网络接入层进行连接。

6.1.6　无线局域网

🚩 **学习要点**

● 了解无线局域网的概念及使用。

🚩 **学习指导**

无线局域网络（Wireless Local Area Networks，WLAN）是相当便利的数据传输系统，它利用射频（Radio Frequency，RF）技术，取代旧式碍手碍脚的双绞铜线（Coaxial）所构成的局域网络，使得无线局域网络能利用简单的存取架构让用户通过它达到"信息随身化、便利走天下"的理想境界，如图 6－15 所示。

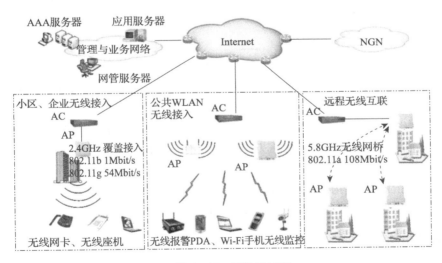

图 6－15　无线局域网

在无线局域网的发展中，Wi-Fi（Wireless Fidelity）由于其较高的传输速度、较大的覆盖范围等优点，发挥了重要的作用。Wi-Fi 是当今使用最广的一种无线网络传输技术，实际上就是把有线网络信号转换成无线信号，就如在开头介绍的一样，使用无线路由器供支持其技术的相关计算机、手机、平板电脑等接收。手机如果有 Wi-Fi 功能的话，在有 Wi-Fi 无线信号的时候就可以不通过移动运营商提供的网络上网，从而节省流量费。

6.1.7 Internet 基础

学习要点

- 了解 Internet 的概念及使用。
- 熟悉 Internet 的基本功能。

学习指导

1. Internet 的基本概念

Internet（因特网）是各种广域网、城域网、局域网以及单机按照一定的通信协议组成的国际计算机网络。Internet 通过路由器将世界不同地区、规模大小不一、类型不一的网络互联起来，是一个全球性的计算机互联网络，因此也称为"国际互联网"，是一个信息资源极其丰富的世界上最大的计算机网络。

我国于 1994 年 4 月正式接入 Internet，从此中国的网络建设进入了大规模发展阶段。

2. TCP/IP

TCP/IP 全称为传输控制协议/网络互联协议，是 Internet 最基本的协议，也是 Internet 的基础，由网络层的 IP 和传输层的 TCP 组成。TCP/IP 定义了电子设备如何连入因特网，以及数据如何在它们之间传输的标准。IP 的主要作用是将不同类型的物理网互联在一起，TCP 用于确保网上所发送的数据可以完整地接收。

3. 客户机/服务器体系结构

客户机/服务器（Client/Server，C/S）结构在较大规模的网络中已广泛应用。客户机/服务器结构将网络中的计算机分为两类：提供服务的一方称为服务器，获

图 6-16　C/S 结构的进程通信示意图

得服务的一方称为客户机。为了能够提供服务，服务器一方必须具有一定的硬件和相应的程序软件（服务器端软件），同样，客户机一方也必须具有一定的硬件和相应的客户机程序软件（客户机软件），如图 6-16 所示。

Internet 中常见的 C/S 结构的应用有远程登录（Telnet）、文件传输服务（FTP）、超文本传输服务（HTTP）、电子邮件服务、域名解析服务（DNS）等。

6.1.8 IP 地址和域名

学习要点

- 了解 IP 地址的概念。
- 理解域名的概念及应用。

学习指导

1. IP 地址

就像每一部电话有一个全球唯一的号码一样，每一台连入 Internet 的计算机也有一个全球

唯一的号码作为标识，这个号码称为地址。因为这个地址的格式是由 IP 规定的，所以又称为 IP 地址。

IP 经过近 30 年的发展，主要有两个版本：IPv4 和 IPv6，它们最大的区别就是地址表示方式不同。目前 Internet 上广泛使用的 IP 地址为 IPv4（IPv6 也正在逐步使用中），它由 32 位（bit）二进制表示。为了方便记忆和理解，通常也采用十进制法表示 IP 地址，每 8 位为一组，共分为四组，每一组用 0～255 间的十进制数表示，例如 192.168.0.1 和 10.10.10.1 都是合法的 IP 地址。一台主机的 IP 地址由网络号和主机号两部分组成，网络号用来表示一台主机所属的网络，主机号用来识别处于该网络中的一台主机。

IP 地址划分为 A、B、C、D、E 五类，其中分配给网络服务提供商和网络用户的是前三类地址。D 类地址是组播地址，也称为多播地址；E 类为实验地址，保留不分配。各类 IP 地址的结构如图 6-17 所示。

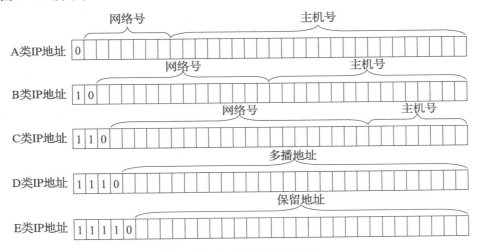

图 6-17　各类 IP 地址的结构

其中，A、B、C 类地址的变化范围如下。

A 类：1.0.0.0～127.255.255.255。

B 类：128.0.0.0～191.255.255.255。

C 类：192.0.0.0～223.255.255.255。

随着网络的发展，IPv4 面临不够用的境地。为了解决 IPv4 面临的各种问题，新的协议和标准 IPv6 诞生了。在 IPv6 中包括新的协议格式、有效的分级寻址和路由结构、内置安全机制、扶持地址自动配置等特征，其最重要的就是 128 位地址长度。IPv6 地址空间是 IPv4 的 2^{96} 倍，能提供超过 3.4×10^{38} 个地址。可以说，有了 IPv6，在今后的网络发展中，几乎可以不用担心地址短缺的问题。

2. 域名

域名（Domain Name）是由一串用隔点分隔的名字组成的 Internet 上某一台计算机或计算机组的名称，用于在数据传输时标识计算机的电子方位（有时也指地理位置）。域名的目的是便于记忆和沟通的一组服务器的地址（网站，电子邮件，FTP 等）。

6.1.9 接入 Internet

学习要点

- 掌握几种常用的接入 Internet 的方法。

学习指导

下面介绍几种常见的接入 Internet 的方式。

1. ADSL

ADSL（Asymmetric Digital Subscriber Line，非对称数字用户环路）是一种常见的数据传输方式。之所以如此命名，是因为上行和下行带宽不对称。它采用频分复用技术把普通的电话线分成了电话、上行和下行三个相对独立的信道，从而避免了相互之间的干扰，即使边打电话边上网，也不会发生上网速率和通话质量下降的情况。通常 ADSL 在不影响正常电话通信的情况下可以提供最高 3.5Mbit/s 的上行速率和最高 24Mbit/s 的下行速率。ADSL 接入示意如图 6-18 所示。

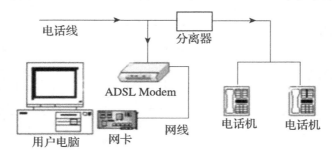

图 6-18　ADSL 接入示意图

2. 局域网接入

如果用户所在的单位或者社区已经架构了局域网并与 Internet 相连接，则可以通过该局域网接入 Internet，如图 6-19 所示。

使用局域网方式接入 Internet，由于全部利用数字线路传输，不再受传统电话网带宽的限制，可以提供高达 100Mbit/s 的桌面接入速度。

3. 无线接入

通过无线接入 Internet 可以省去铺设有线网络的麻烦，而且用户可以随时随地上网，不再受到有线的束缚，特别适合出差在外使用，因此受到商务人员的青睐。

目前个人无线接入方案主要有两大类：一类是使用无线局域网（WLAN）的方式，用户端使用计算机和无线网卡，服务端则使用无线信号发射装置（AP）提供连接信号，如图 6-20 所示；另一类是直接使用手机卡，通过移动通信来上网。GPRS/CDMA 接入如图 6-21 所示。

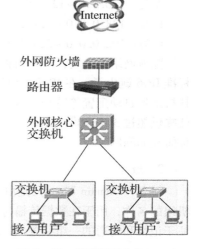

图 6-19　局域网接入 Internet

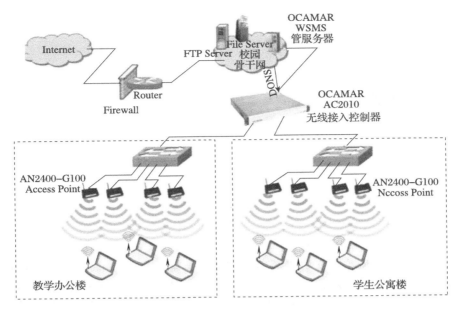

图 6 - 20 WLAN 接入示意图

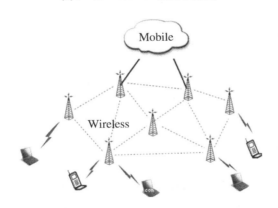

图 6 - 21 GPRS/CDMA 接入

6.2 Internet 的基本应用

Internet 已经是人们生活的一部分，是人们获取信息的主要渠道。本节将介绍常见的一些简单的 Internet 应用和使用技巧。

学习目标

1. Internet 的相关概念。
2. 浏览器的使用。
3. Web 页面的保存。
4. IE 主页的设置。
5. 收藏夹的使用。

6. 搜索引擎的使用。

7. FTP 的使用。

8. 电子邮件的使用。

6.2.1 Internet 的相关概念

学习要点

- 了解 Internet 的相关概念。

学习指导

1. 万维网

万维网（World Wide Web，WWW）是 Internet 上集文本、声音、图像、视频等多媒体信息于一身的全球信息资源网络，这些资源通过超文本传输协议（Hyper Text Transfer Protocol，HTTP）传送给使用者，而后者则通过点击链接来获得资源。从另一个观点来看，万维网是一个透过网络存取的互联超文件（Interlinked Hypertext Document）系统。万维网联盟（World Wide Web Consortium，W3C）又称 W3C 理事会。

2. 超级链接

所谓的超级链接（也叫超链接）是指从一个网页指向一个目标的连接关系，这个目标可以是另一个网页，也可以是相同网页上的不同位置，还可以是一个图片、一个电子邮件地址、一个文件甚至是一个应用程序。而在一个网页中用来超链接的对象，可以是一段文本或者是一个图片。当浏览者单击已经链接的文字或图片后，链接目标将显示在浏览器上，并且根据目标的类型来打开或运行。

3. 统一资源定位器

统一资源定位器又称为统一资源定位符（Uniform Resource Locator，URL），包含如何访问 Internet 上资源的明确指令，是用于完整地描述 Internet 上网页和其他资源的地址的一种标识方法。

URL 是统一的，因为它们采用相同的基本语法，其基本格式为

协议：//IP 地址或域名/路径/文件名

其中，协议就是服务方式或获取数据的方法，常见的有 HTTP、FTP 等；协议后的冒号加双斜杠表示接下来是存放资源的主机的 IP 地址或域名；路径和文件名是用路径的形式表示 Web 页在主机中的具体位置（如文件夹、文件名等），如 http://www.gsjdxy.com/index.html 就是一个 Web 页的 URL。

4. 浏览器

浏览器是用来浏览 WWW 的工具，安装在用户的机器上，是一种客户机软件，是可以显示网页服务器或者文件系统 HTML 文件内容，并让用户与这些文件交互的一种软件。网页浏览器主要通过 HTTP 与网页服务器交互并获取网页，这些网页由 URL 指定，文件格式通常为 HTML。浏览器有很多种，目前最常用的有微软公司的 IE，Google 公司的 Chrome，还有 Opera、Firefox、Safari、360 等。

5. 文件传输协议

文件传输协议（File Transfer Protocol，FTP）顾名思义就是专门用来传输文件的协议。FTP

的主要作用，就是让用户连接上一个远程计算机（这些计算机上运行着 FTP 服务器程序）查看该计算机有哪些文件，然后把文件从远程计算机上复制到本地计算机，或把本地计算机的文件传送到远程计算机去。如 FTP://www. gsjdxy. com 就是一个 FTP 的 URL。

6. HTML 和 HTTP

WWW 服务的核心技术是超文本标记语言（HyperText Mark-up Language，HTML）和超文本传输协议（HyperText Transfer Protocol，HTTP）。

1) 超文本标记语言：WWW 服务器中所存储的页面是一种结构化的文档，采用 HTML 写成。HTML 利用不同的标签定义格式、引入链接和多媒体等内容。

2) 超文本传输协议：WWW 中客户机与服务器之间的应用层传输协议，称为 HTTP。

6.2.2 浏览网页

学习要点

● 掌握浏览器的基本操作。

学习指导

浏览网页必须要用到浏览器。下面以 Windows 7 中的 Internet Explorer 9（简称 IE9）为例，介绍浏览器的常用功能及操作方法。本书后续章节中如对浏览器没有特别说明，均指 IE9。

（1）IE 的启动

1) 使用"开始菜单"启动 IE。单击"开始"→"所有程序"→"Internet Explorer"，就可以打开 IE 浏览器。

2) 通过桌面 IE 图标启动 IE。双击桌面上 Internet Explorer 图标，也可以打开 IE 浏览器。

（2）IE9 窗口　IE9 启动之后，出现如图 6-22 所示的窗口。

图 6-22　IE9 窗口示意图

1) "前进" / "后退" 按钮：可以在浏览记录中前进与后退，能使用户方便地返回以前访问过的页面。

2) 地址栏：用于输入要访问的网址或直接在地址栏中输入要搜索的关键词实现搜索。

3) 选项卡：显示打开网页页面的标题，当打开一个新网页时，在当前选项卡的右侧出现一个新的选项卡用于打开网页。

　　4）命令栏：IE 窗口最右侧有三个功能按钮，第一个是"主页"按钮，当单击该按钮时返回到 IE 默认要打开的网页；第二个是"收藏夹"按钮，单击时将在右侧打开一个下拉框，其中包含了"收藏夹""源""历史记录"等功能；第三个是"工具"按钮，当单击之后会出现一个下拉菜单，此下拉菜单中包含了可对网页进行打印、下载、缩放等功能的选项，也包含了一些可对 IE 进行设置的基本功能选项，如图 6－23 所示。

　　其中"Internet 选项"对话框是 IE 中一个非常重要的功能选项，通过该对话框可对 IE 进行"主页""安全""内容""连接""字体"等全方位的设置，如图 6－24 所示。

图 6－23　IE9"工具"下拉菜单

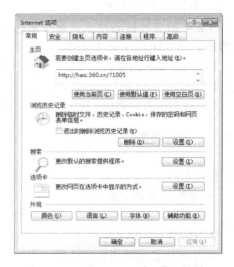

图 6－24　"Internet 选项"对话框

　　（3）浏览网页　通过 IE，可以浏览 Internet 上任何的网页信息。IE9 在浏览网页方面有了很多的改进，采用了目前流行的选项卡浏览模式为基础。在 IE 中浏览网页很简单，只需要启动 IE，在地址栏中输入想要打开的网址，然后按〈Enter〉键，即可打开网页，如图 6－25 所示。

在 IE 地址栏中输入网址

打开网易的主页

图 6－25　通过输入网址打开网页

6.2.3 Web 页面的保存

学习要点

- 掌握网页的保存方法。
- 熟悉网页图片的下载。

学习指导

1. 保存网页

1）打开要保存的网页，按〈Alt〉键显示菜单栏，选择"文件"→"另存为"命令，打开"保存网页"对话框，如图 6-26 所示。

2）选择要保存的路径，在文件名框内输入文件名，然后单击"保存"按钮，即可保存当前打开的网页。

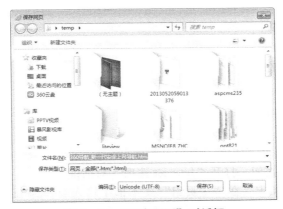

图 6-26 "保存网页"对话框

2. 保存网页中的图片

在浏览网页的过程中，经常会碰到喜欢的图片，或者需要将特意搜索到的图片下载并保存到本地计算机中，操作步骤如下：

1）右击网页中的图片，在弹出的快捷菜单中选择"图片另存为"命令，弹出"保存图片"对话框，如图 6-27 所示。

图 6-27 "保存图片"对话框

2）选择要保存的路径并输入文件名，单击"保存"按钮即可将网页中的图片保存到本地计算机中。

3．保存网页的文字内容

有时需要将网页的部分文字内容保存下来，操作步骤如下：

1）选定想要保存的页面文字。

2）按〈Ctrl + C〉组合键或选择"编辑"→"复制"命令。

3）在本地计算机中打开一个 Word 文档或记事本，按〈Ctrl + V〉组合键或在文档空白处单击右键，在弹出的快捷菜单中选择"复制"命令，即可将网页中的文字内容复制到本地计算机文档中。

6.2.4　IE 的基本操作

学习要点

- 掌握 IE 主页的设置。
- 熟悉历史记录的查看。
- 了解收藏夹的使用。

学习指导

1．设置 IE 的主页

IE 主页是指每次打开 IE 窗口后自动打开的网页。

1）单击 IE"工具"按钮，打开"Internet 选项"对话框。

2）单击"常规"选项卡，在"主页组"文本框中输入要作为 IE 主页的网址，然后单击"确定"或"应用"按钮，即可完 IE 主页的设置。以后每次打开 IE，首先就会自动打开 IE 主页。

2．"历史记录"的使用

IE 会自动将浏览过的网页地址按日期先后保留在"历史记录"中，灵活利用历史记录也可以提高浏览效率。下面简单介绍一下历史记录的使用和设置。

（1）查看"历史记录"　在 IE 窗口右上角单击"五角星"按钮，或直接按〈Alt + C〉组合键，IE 窗口右侧会打开一个"查看收藏夹、源和历史记录"窗口，选择"历史记录"选项卡，可以通过按日期、按站点、按访问次数查看历史记录。

（2）历史记录的设置和删除　可以对 IE 的"历史记录"设置保存天数，或者为了隐私而删除 IE 历史记录。

单击 IE"工具"按钮或按〈Alt + X〉组合键，打开"Internet 选项"对话框。单击"常规"选项卡，然后单击"浏览历史记录"组中的"设置"按钮，在弹出对话框的最下方的"历史记录"组中，可以设置历史记录的保存天数，系统默认为 20 天，可以输入想保存的天数。同时可以在"Internet 选项"对话框的"常规"选项卡的"浏览历史记录"组中，单击"删除"按钮，在弹出的确认窗口中选择要删除的内容，如果勾选了"历史记录"，就可以清除所有的历史记录，通常如果你浏览了网页不想留下痕迹，则可能通过删除历史记录来完成。

3．收藏夹的使用

浏览网页时，经常会碰到喜欢的网站或者经常要浏览的网页，可以通收藏夹把这些网页收藏起来，以达到以后方便浏览的目的。

（1）将网站添加到收藏夹　在 IE 中打开要收藏的网站，单击 IE 右上角的"五角星"按钮或按〈Alt + C〉组合键，在打开的窗口中选择"添加到收藏夹"按钮，如图 6 - 28 所示。

之后在弹出的"添加收藏"对话框中（图 6 - 29）输入要保存网站的"名称"，在"创建位置"框中选择要将当前网站保存在哪个文件夹中，然后单击"添加"按钮，即可将当前网站添加到收藏夹中。

图 6 - 28　选择"添加到收藏夹"按钮　　　　**图 6 - 29　"添加收藏"对话框**

（2）在收藏夹中创建文件夹　当收藏的网站比较多时，可以在收藏夹下面创建文件夹，以用于将不同类型的网站进行分门别类地存放，便于管理。

单击"添加收藏"对话框中的"新建文件夹"按钮，打开如图 6 - 30 所示的"创建文件夹"对话框。

图 6 - 30　"创建文件夹"对话框

在"文件夹名"文本框中输入要创建的文件夹名称，然后单击"创建"按钮，即可在收藏夹下创建一个文件夹。此后在收藏网站时，即可将网站收藏在此文件夹下。

（3）使用收藏夹中的网址　收藏网址是为了方便使用，在浏览网页时，如果这个网站已经收藏了，则可以打开 IE"收藏夹"选项卡，单击要打开的网址，就可以方便地打开网站。

6.2.5　搜索引擎的使用

🎀 **学习要点**

● 掌握搜索引擎的使用方法。

🎀 **学习指导**

Internet 是一个信息的海洋，如何从海量信息中搜索到自己想要的内容，就显得尤为重要，也是每位访问者都要面临的问题。搜索引擎的出现解决了这个问题，用户可以利用搜索引擎方便快捷地在 Internet 上找到自己所需要的信息。常用的搜索引擎网站有百度（www. baidu. com）、搜狗（www. sogou. com）等。

下面以最大的中文搜索引擎百度为例，介绍如何利用搜索引擎找到自己感兴趣的信息。

1）在 IE 地址栏中输入百度的网址，打开百度网站首页，如图 6 - 31 所示。

2）在搜索栏中输入想要了解信息的关键词。关键词的提取非常重要，也是能否很快找到信息的关键。例如，想要了解关于世界杯的信息，则可以在搜索栏中输入"世界杯"，如图 6 - 32所示。

图 6 - 31　百度网站首页

图 6 - 32　搜索"世界杯"信息

然后单击"百度一下"按钮，就可以搜索出有关"世界杯"的所有信息。图 6 - 33 所示为搜索出的有关世界杯的所有信息。

图 6 - 33　有关世界杯的所有信息

然后再单击搜索出的结果中的某一项，就打开了其详细内容进行查阅。

百度是全球最大的中文搜索平台，通过百度几乎可以方便快捷地找到想要的任何信息，为此学好利用搜索引擎进行检索，是学习、获取信息最重要的途径之一，也是探求互联网信息必不可少的工具。

6.2.6　FTP 的应用

 学习要点

- 掌握 FTP 的使用方法。

学习指导

FTP（文件传输协议）使得主机间可以共享文件。FTP 使用 TCP 生成一个虚拟连接用于控制信息，然后再生成一个单独的 TCP 连接用于数据传输。FTP 是 TCP/IP 网络上两台计算机传送文件的协议，是在 TCP/IP 网络和 Internet 上最早使用的协议之一，它属于网络协议组的应用层。FTP 客户机可以给服务器发出命令来下载文件，上传文件，创建或改变服务器上的目录。

当要登录一个 FTP 站点时，需要打开 IE 或"计算机"窗口，在地址栏输入 FTP 站点的 URL。下面以甘肃机电职业技术学院 FTP 站点 FTP://www.gsjdxy.com 为例，使用"计算机"窗口访问 FTP 站点并下载文件的操作步骤如下：

1）打开"计算机"窗口，在地址栏中输入要访问的 FTP 站点，按〈Enter〉键，出现如图 6-34 所示的界面。

2）在弹出的对话框中输入用户及密码，然后单击"登录"按钮，即可登录 FTP 管理界面，如图 6-35 所示。

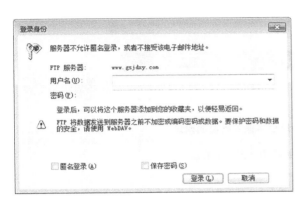
图 6-34　登录身份界面

图 6-35　FTP 管理界面

打开 FTP 管理界面之后果就可以像管理本地文件一样管理服务器文件，可以上传、下载、修改和删除文件。当然要对 FTP 上的文件及文件夹进行操作，所登录的用户名必须具有相应的权限。FTP 管理员可以设置登录用户的权限，此用户可以只是读的权限，也可以只有写的权限，或者某文件夹不允许一般用户访问等，所以在登录 FTP 时需确认所使用的登录名是否具有相应的权限。

6.2.7　电子邮件的使用

学习要点

- 掌握电子邮件的申请、收发。
- 会使用 Outlook 收发电子邮件。

学习指导

电子邮件（E-mail，标识为@）又称为电子信箱、电子邮件，是一种用电子手段提供信息交换的通信方式，是 Internet 应用最广的服务。通过网络电子邮件系统，用户可以用非常低廉的价格（不管发送到哪里，都只需负担网费即可），以非常快速的方式（几秒钟之内），与世界上任何一个角落的网络用户联系，这些电子邮件可以是文字、图像、声音等各种方式。同时，用户可以得到大量免费的新闻、专题邮件，并实现轻松的信息搜索。

1．电子邮件地址

电子邮件地址的格式由三部分组成：第一部分"用户名"代表用户信箱的账号，对于同一个邮件接收服务器来说，这个账号必须是唯一的；第二部分"@"（读作 at）是分隔符；第三部分是用户信箱的邮件接收服务器域名，用以标识其所在的位置。各部分之间不能有空格，如 UserABC@163.com 就是一个正确完整的电子邮件格式。

2．申请一个电子邮箱

如今网络上免费的电子邮箱有很多，比如网易（163）、新浪、搜狐、腾讯等。现以网易为例，来讲解如何申请一个免费的电子邮箱。

1）打开网易的网站 http://www.163.com，在网站顶部单击"注册免费邮箱"，如图 6–36 所示。

图 6–36　在浏览器的地址栏中输入网易的网址

2）填写注册信息。注册网易邮箱信息界面如图 6–37 所示。

图 6–37　注册网易邮箱信息界面

在这个界面中请输入邮箱地址、密码、验证码。注意，其中邮箱地址在网易站内是唯一的，就是说输入的地址如果别人已经用了，那么就再不能用了。密码要输入两次，要保证密码的正确性；输入密码时要符合网易对密码的规范，即密码是 6～16 个字符，区分大小写。

本例申请一个名字为 gsjdxy123@163.com 的邮箱，密码为 gsjdxy（注意，读者在申请自己的邮箱时不能再次使用 gsjdxy123 的名字，因为这个名字已经用过了），如图 6–38 所示。

3）输入信息无误后，单击"立即注册"按钮，弹出如图 6–39 所示的获取验证码界面。

图 6–38　输入注册信息

图 6–39　获取验证码界面

4）输入手机号，再单击"免费获取短信验证码"按钮，一分钟之内手机会收到一条验证码短信。在"验证码"对话框中输入手机收到的验证码，然后单击"提交"按钮，即可完成免费邮箱的申请。图 6–40 所示就是邮箱申请成功之后的界面。

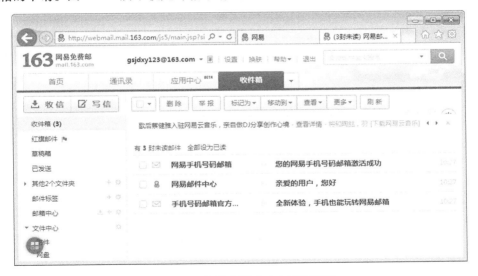

图 6–40　邮箱申请成功之后的界面

3. 电子邮件的收发

申请完电子邮箱之后就可以给其他人发送电子邮件或者接收其他人发来的电子邮件了。

（1）电子邮件的发送　进入邮箱，单击左侧的"写信"按钮，弹出"写信"界面。输入收件人的地址、发送邮件的标题、发送邮件的内容等，然后单击"发送"按钮，即可完成对邮件的发送，如图 6–41 所示。

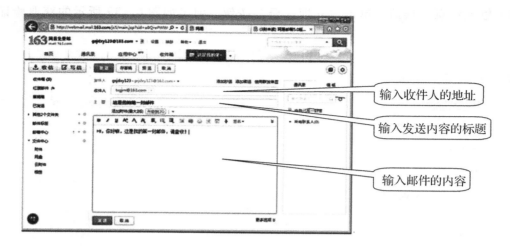

输入收件人的地址

输入发送内容的标题

输入邮件的内容

图 6 - 41　发送电子邮件

（2）电子邮件的接收　当别人给你发了电子邮件之后你就可接收到。一般接收不用刻意去做什么，只是简单地单击一下左侧的"收信"按钮或者"收件箱"，即在界面的右侧看到别人发来的邮件。此时，在界面的右侧看到的只是邮件的标题，只需单击一下标题即可看到邮件内容。接收电子邮件界面如图 6 - 42 所示。

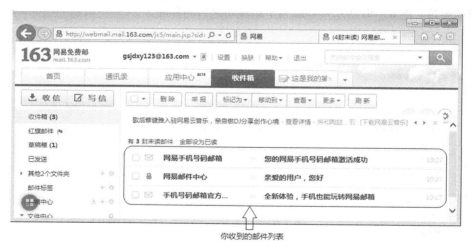

你收到的邮件列表

图 6 - 42　接收电子邮件界面

4. Outlook 的使用

Outlook 是 Windows 操作系统的一个收、发、写、管理电子邮件的自带软件，使用它收发电子邮件十分方便。通常，在某个网站注册电子邮箱后，要收发电子邮件，须登入该网站，进入电邮网页，输入账户名和密码，然后进行电子邮件的收、发、写操作。使用 Outlook 后，这些顺序便一步跳过。只要打开 Outlook 界面，程序便自动与用户注册的网站电子邮箱服务器联机工作，接收电子邮件。发信时，可以使用 Outlook 创建新邮件，通过网站服务器联机发送。

在使用 Outlook 之前首先对 Outlook 进行设置。Outlook 2010 的设置非常简单，只要输入邮件地址及密码后，Outlook 2010 会自动跟电子件服务器进行连接设置。首次进入 Outlook 2010 会弹出设置界面，需要输入电子邮箱账户名及密码，如图 6-43 所示。

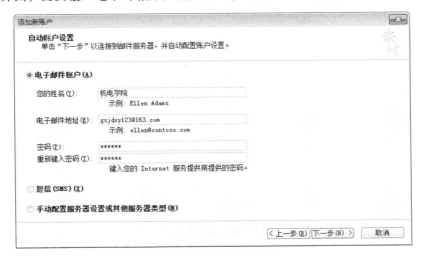

图 6-43　输入电子邮箱账户名及密码

单击"下一步"按钮，Outlook 2010 会自动完成与邮箱服务器的连接。完成之后的界面如图 6-44 所示。

图 6-44　Outlook 2010 与电子邮箱服务器的连接界面

然后就可以通过 Outlook 2010 进行电子邮件的发送与接收及管理。

Outlook 2010 可以同时进行多个电子邮件地址的管理，如果还想再添加另外一个地址在 Outlook 2010 中，可以单击"文件"菜单，再单击"信息"，然后在信息列表中单击"添加账户"按钮，根据提示操作，即可完成对新账户的添加操作，如图 6-45 所示。

图 6－45　添加新账户

习　题

一、选择题

1. 目前，世界上最大、发展最快、应用最广泛、最热门的网络是_____。
   A. ARPAnet　　　　　B. Internet　　　　　C. CERNET　　　　　D. Ethernet

2. 根据计算机网络的拓扑结构的分类，Internet 采用的是_____拓扑结构。
   A. 总线型　　　　　　B. 星形　　　　　　C. 树形　　　　　　D. 网状

3. 随着计算机网络的广泛应用，大量的局域网接入广域网，而局域网与广域网的互联是通过_____实现的。
   A. 通信子网　　　　　B. 路由器　　　　　C. 城域网　　　　　D. 电话交换网

4. 计算机网络是分布在不同地理位置的多个独立的_____集合。
   A. 局域网系统　　　　B. 多协议路由器　　C. 操作系统　　　　D. 自治计算机

5. 计算机网络拓扑是通过网中节点与通信线路之间的几何关系表示网络结构的，它反映出网络中个实体间的_____。
   A. 结构关系　　　　　B. 主从关系　　　　C. 接口关系　　　　D. 层次关系

6. 半双工支持_____数据流。
   A. 一个方向
   B. 同时在两个方向
   C. 两个方向上，但每一时刻仅可以在一个方向上有数据流。
   D. 以上说法都不正确。

7. 在 TCP/IP 中，UDP 是一种_____协议。
   A. 互联网层　　　　　B. 传输层　　　　　C. 表示层　　　　　D. 应用层

8. 在 Internet 上，ISP 表示_____。
   A. 内容提供商　　　　B. 接入服务商　　　C. 应用提供商　　　D. 数据托管商

9. 下列代表中国域名后缀的是_____。

    A. com   B. cn   C. ca   D. edu

10. 在 Internet 域名中 gov 代表_____。

    A. 军事机构   B. 政府部门   C. 教育机构   D. 商业机构

二、填空题

1. 建立计算机网络的主要目的是_____。

2. 计算机网络综合了_____与_____两方面的技术。

3. 路由器的基本功能包括_____、_____和_____。

4. 目前，局域网的传输介质主要有_____、_____和_____。

5. 信道有三种工作方式，分别是_____、_____和_____。

6. 能覆盖一个国家、地区或几个洲的计算机网络称为_____，同一建筑或覆盖几千米内范围的计算机网络称为_____，而介于这两者之间的是_____。

7. E-mail 地址的格式为_____ @ _____。

8. URL 是指_____。

9. 试列举三种主要的网络互联设备的名称：_____、_____、_____。

三、简答题

1. 什么是计算机网络？其基本功能有哪些？

2. 什么是计算机网络的拓扑结构？常见的拓扑结构有哪些？

3. 简述计算机网络的分类。

4. 常见的联网设备有哪些？

5. 局域网常见的拓扑结构有哪些？简述其优缺点。

6. 申请一个免费的电子信箱，并给老师发送一封电子邮件。

7. 利用 Outlook 收发电子邮件。

实训任务六　计算机网络基础知识

一、实训目的与要求

1. 掌握 IE9 的基本使用方法。

2. 掌握常用搜索引擎的基本使用方法。

3. 掌握电子邮件账号的设置方法及收发电子邮件的基本方法。

二、实训学时

6 学时。

三、实训内容

任务一　浏览 Web 信息的内容，保存文本、图片、网页

1. 在 IE9 的地址栏中输入一个网址，按〈Enter〉键，可以浏览指定的网页。

2. 在 Web 信息页面，单击"超链接"，可以"畅游"Internet。

3. 对有用的网页，可以把它添加到收藏夹，进行长期保存。

4. 如果只保存文本内容，可以选中需要的文本内容，选择"编辑"→"复制"命令，或

单击右键，在弹出的快捷菜单中选择"复制"命令，再打开一个文字处理软件，粘贴、保存一个新文件。

5. 如果只保存图片，可以选中图片，单击鼠标右键，在快捷菜单中选择"图片另存为"命令，把它保存到指定位置。

任务二　使用"百度"搜索引擎查找"家用电器"及"空调"的有关信息

1. 打开 IE，在地址栏中输入"http://www.baidu.com"。

2. 如果连接成功，将显示百度网站主页，如图 6-46 所示。

图 6-46　百度网站主页

3. 在文本框中输入"家用电器"，按〈Enter〉键或单击"百度一下"按钮，此时，在浏览器中将显示搜索到的与"家用电器"相关的网站及新闻标题，如图 6-47 所示。单击网站的名称即可进入相关网站。

图 6-47　搜索到的与"家用电器"相关的网站及新闻标题

4. 在文本框中输入关键词"空调"，然后单击"百度一下"按钮重新进行搜索，也可以在底部的搜索栏后单击"结果中找"按钮，这时将显示与"家用电器"及"空调"相关的网站及网页信息。二次检索结果窗口如图 6-48 所示。

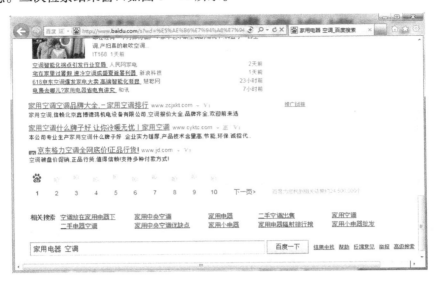

图 6-48　二次检索结果

任务三　电子邮件的使用

1. 设置邮件账户

1）启动 Outlook。如果桌面上有 Outlook 快捷方式图标，直接双击该图标；如果桌面上没有 Outlook 图标，可以通过单击"开始"→"所有程序"→"Microsoft Office"→"Microsoft Outlook"启动 Outlook。Microsoft Outlook 第一次启动窗口如图 6-49 所示。

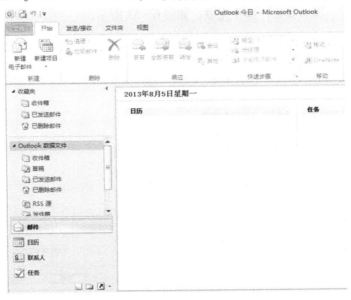

图 6-49　Microsoft Outlook 第一次启动窗口

2）单击图 6–50 所示"文件"菜单选项，选择"账户信息"，或单击"添加账户"按钮，打开如图 6–51 所示"添加新账户"对话框。在文本框中填写"您的姓名""电子邮件地址""密码"。

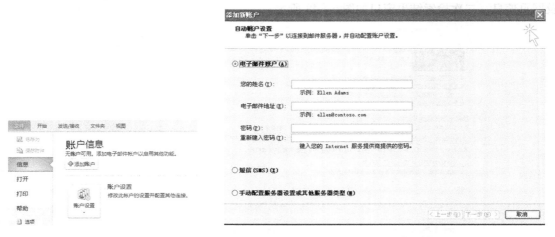

图 6–50　账户信息　　　　　　　　　　图 6–51　"添加新账户"对话框

3）填写好后单击"下一步"按钮，系统进行电子邮件连接，如图 6–52 所示。

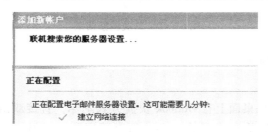

图 6–52　电子邮件连接

4）连接成功后，添加新账户操作完成，如图 6–53 所示。

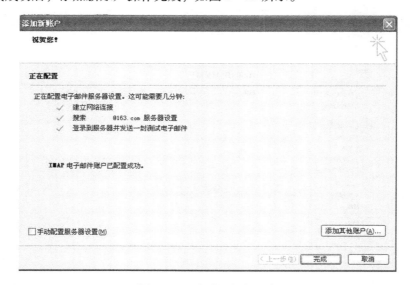

图 6–53　完成添加新账户

2. 收发电子邮件

1）打开 Outlook 收件箱窗口，单击"收件箱/发件箱"按钮，就可以查看邮箱中的邮件，并能进行邮件的收发操作。

2）双击一封邮件，就可以打开并阅读该邮件，如图 6 - 54 所示。

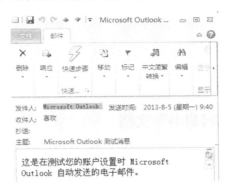

图 6 - 54　"邮件阅读"窗口

3）发送邮件：单击 Outlook 窗口中的"开始"→"新建项目"按钮，选择"电子邮件"，打开如图 6 - 55 所示的"新邮件"窗口，填写收件人地址和主题，书写邮件内容，最后单击"发送"按钮，就可以将该邮件发送出去，如图 6 - 56 所示。

图 6 - 55　"新邮件"窗口

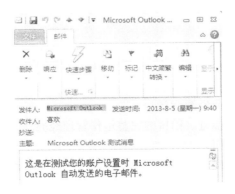

图 6 - 56　发送邮件完成

项目七　Office 2010 办公软件实训

7.1　任务一：美化"招聘启事"文档

公司准备招聘一些销售人员，要制作一份"招聘启事"文档。首先输入招聘启事内容，然后对文档进行编排并美化，使其主次分明、重点突出、效果美观。素材如下：

创新科技有限责任公司招聘

创新科技有限责任公司是以数字业务为龙头，集电子商务、系统集成、自主研发为一体的高科技公司。公司集中了大批高素质的、专业性强的人才，立足于数字信息产业，提供专业的信息系统集成服务、GPS 应用服务。在当今数字信息化高速发展的时机下，公司正虚席以待，诚聘天下英才。

招聘岗位

销售总监　1 人

招聘部门：销售部

要求学历：本科以上

薪酬待遇：面议

工作地点：北京

岗位职责：

负责营销团队的建设、管理、培训及考核；

负责部门日常工作的计划、布置、检查、监督；

负责客户的中层关系拓展和维护，监督销售报价，标书制作及合同签订工作；

制订市场开发及推广实施计划，制订并实施公司市场及销售策略及预算；

完成公司季度和年度销售指标。

职位要求：

计算机或营销相关专业本科以上学历；

四年以上国内 IT、市场综合营销管理经验；

熟悉电子商务，具有良好的行业资源背景；

具有大中型项目开发、策划、推进、销售的完整运作管理经验；

具有敏感的市场意识和商业素质；

极强的市场开拓能力、沟通和协调能力强，敬业，有良好的职业操守。

销售助理　5 人

招聘部门：销售部

要求学历：大专及以上学历

薪资待遇：面议

工作地点：北京

岗位职责：

负责协助区域经理开展工作，达成销售业绩；

通过对客户的拜访与沟通，维持客户与公司良好的相互信任的合作关系；

辅助销售经理对特定领域的新客户群体进行信息收集与初步沟通，取得新客户对公司的认知，并提高新客户对公司所经营产品与解决方案的认可度。

职位要求：

具备踏实肯学的工作态度，良好的沟通及公关能力；

较强的观察力和应变能力，良好的独立工作能力和人际沟通技能；

做事积极主动，有强烈的责任感和团队合作精神；

愿意承担工作压力及接受挑战，能够适应经常性出差的工作要求。

应聘方式

邮寄方式

有意者请将自荐信、学历、简历（附 1 寸照片）等寄至中关村南大街商务大厦 106 号。

电子邮件方式

有意者请将自荐信、学历、简历等以正文形式发送至 chuangxin@163．com。

合则约见，拒绝来访

联系电话：010 - 51686＊＊＊

联系人：张先生、梁小姐

7.1.1　设置字体格式

1．使用浮动工具栏设置

1）录入如前素材文档"招聘启事"，选择标题，切换到"开始"功能区上，在"字体"下拉列表框中选择"华文琥珀"。

2）在"字号"下拉列表中选"二号"。

2．使用"字体"组设置

1）选择除标题文本外的内容，在"开始"功能区的"字体"组的"字号"下拉列表中选择"四号"。

2）选择"招聘岗位"文本，按住〈Ctrl〉键，同时选择"应聘方式"文本，在"字体"组中单击"加粗"按钮。

3）选择"销售总监 1 人"文本，按住〈Ctrl〉键，同时选择"销售助理 5 人"文本，在"字体"组中单击"下划线"按钮，在打开的下拉菜单中选择"粗线"。

4）在"字体"组中单击"字体颜色"按钮，在打开的下拉列表中选择"深红"色。

3．使用"字体"对话框设置

1）选择标题文本，单击"字体"组右下角的"字体启动器"按钮。

2）打开"字体"对话框，单击"高级"选项卡，在"缩放"下拉列表框中输入数据"12%"在"间距"下拉列表框中选择"加宽"，其后的"磅值"数据框中自动显示"1 磅"。

3）选择"数字业务"文本，单击"字体"组右下角的"字体启动器"按钮，在打开的"字体"对话框中单击"字体"选项卡，在"着重号"下拉列表中选择"."。

7.1.2　设置段落格式

1. 设置段落对其方式

1）选择标题文本，在"段落"组中单击"居中"按钮。

2）选择最后三行文本，在"段落"组中单击"文本右对齐"按钮。

2. 设置段落缩进

1）选择标题和最后三行文本内容，单击"段落"组右下角的"段栏启动器"按钮，打开"段落"对话框。

2）单击"缩进和间距"选项卡，在"特殊格式"下拉列表框中选择"首行缩进"，其后的"磅值"数值框中自动显示数值为"2 字符"。

3. 设置行间距与段间距

1）选择标题文本，单击"段落"组右下角的"段落启动器"，打开"段落"对话框，在"缩进和间距"选项卡的"间距"栏的"段前"和"断后"数值框中输入"1 行"。

2）选择"招聘岗位"文本，按住〈Ctrl〉键，同时选择"应聘方式"文本，单击"段落"组右下角的"段落启动器"按钮打开"段落"对话框。在"缩进和间距"选项卡的"行距"栏的下拉列表框中选择"多倍行距"。

7.1.3　设置项目符号和编号

1. 设置项目符号

1）选择"招聘岗位"文本，按住〈Ctrl〉键，同时选择"应聘方式"文本。

2）在"段落"组中单击"项目符号"按钮右侧的下拉按钮，在打开的"项目符号库"栏中选择"◇"项目符号样式。

2. 设置编号

1）选择第一个"岗位职责："与"岗位要求："之间的文本内容，在"段落"组中单击"编号"按钮右侧的下拉按钮，在打开的下拉菜单的"编号库"栏中选择"1.2.3."编号样式。

2）用相同方法在文档中依次设置其他位置的编号样式。

7.1.4　设置边框与底纹

1. 为字符设置边框与底纹

1）同时选择邮件地址和电子邮箱地址，然后在"字体"组中单击"字符边框"按钮，设置字符边框。

2）继续在"字体"组中单击"字符底纹"按钮，设置字符底纹。

2. 为段落设置边框与底纹

1）选择标题行，在"段落"组中单击"底纹"按钮右侧的下拉按钮，在打开的下拉菜单中选择"深红"。

2）选择"岗位职责"与"职位要求"文本之间的段落，在"段落"组中单击"边框"按钮右侧的下拉按钮，在打开的菜单中选择"边框和底纹"命令，打开"边框和底纹"对话框进行设置。

"招聘启事"最终完成效果如下：

创新科技有限责任公司招聘

创新科技有限责任公司是以数字业务为龙头，集电子商务、系统集成、自主研发为一体的高科技公司。公司集中了大批高素质、专业性强的人才，立足于数字信息产业，提供专业的信息系统集成服务、GPS 应用服务。在当今数字信息化高速发展的时机下，公司正虚席以待，诚聘天下英才。

◇ **招聘岗位**

销售总监　1 人
招聘部门：销售部
要求学历：本科以上
薪酬待遇：面议
工作地点：北京
岗位职责：

> 1. 负责营销团队的建设、管理、培训及考核；
> 2. 负责部门日常工作的计划、布置、检查及监督；
> 3. 负责客户的中层关系拓展和维护，监督销售报价，标书制作及合同签订工作；
> 4. 制订市场开发及推广实施计划，制订并实施公司市场及销售策略及预算；
> 5. 完成公司季度和年度销售指标。

职位要求：

> 1. 计算机或营销相关专业本科以上学历；
> 2. 四年以上国内 IT、市场综合营销管理经验；
> 3. 熟悉电子商务，具有良好的行业资源背景；
> 4. 具有大中型项目开发、策划、推进、销售的完整运作管理经验；
> 5. 具有敏感的市场意识和商业素质；
> 6. 具有极强的市场开拓能力，沟通和协调能力强，敬业，有良好的职业操守。

销售助理　5 人
招聘部门：销售部
要求学历：大专及以上学历
薪资待遇：面议
工作地点：北京
岗位职责：

> 1. 负责协助区域经理开展工作，达成销售业绩；
> 2. 通过对客户的拜访与沟通，维持客户与公司良好的相互信任的合作关系；
> 3. 辅助销售经理对特定领域的新客户群体进行信息收集与初步沟通，取得新客户对公司的认知，并提高新客户对公司所经营产品与解决方案的认可度。

职位要求：

> 1．具备踏实肯学的工作态度，良好的沟通及公关能力；
> 2．较强的观察力和应变能力，良好的独立工作能力和人际沟通技能；
> 3．做事积极主动，有强烈的责任感和团队合作精神；
> 4．愿意承担工作压力及接受挑战，能够适应经常性出差的工作要求。

◇ **应聘方式**

1．邮寄方式

有意者请将自荐信、学历、简历（附 1 寸照片）等寄至 中关村南大街商务大厦 106 号 。

2．电子邮件方式

有意者请将自荐信、学历、简历等以正文形式发送至 chuangxin@ 163. com 。

合则约见，拒绝来访

联系电话：010 - 51686＊＊＊

联 系 人：张先生、梁小姐

7.2　任务二：制作"个人简历"文档

为了让招聘公司快速了解求职者的基本信息，现要求制作一份"个人简历"文档。要完成该任务需要在文档中插入并编辑表格，然后了解并编辑表格内容，完成后再插入并编辑照片。

7.2.1　插入并编辑表格

用表格表示数据可以使内容看起来简洁、明了、条例清晰。在 Word 中可以方便地插入所需行列数的表格，并根据需要编辑出不同的表格效果。下面首先创建"个人简历"文档，然后在其中插入并编辑表格，其具体操作如下：

1）启动 Word 2010，新建一篇空白文档，将其以"个人简历 . docx"为文件名进行保存，然后将鼠标移动到文档第一行中间的空白处并双击，将文本插入点定位到第一行的正中位置后输入标题文本"个人简历"。

2）按〈Enter〉键换行，然后切换到"插入"功能区，在"表格"组中单击"表格"按钮，在打开的下拉菜单中选择"插入表格"命令。

3）在打开的"插入表格"对话框的"列数"和"行数"数值框中分别输入表格行列数"14"和"5"，然后单击"确定"按钮即可插入所需行列数的表格。

4）将鼠标移动到表格右上角的第一个单元格，然后按住左键向下拖动至第 6 个单元格，切换到"布局"功能区，在"合并"组中单击"合并单元格"按钮，将选择的单元格区域合并成一个单元格。用相同的方法合并其他单元格。

5）同时选择第 7 行第 5 列的单元格和第 8 行第 5 列的单元格，然后在"合并"组中单击"拆分单元格"按钮。

6）打开"拆分单元格"对话框，在"列数"和"行数"数值框中分别输入表格行列数"2"和"2"，然后单击"确定"按钮将单元格拆分为 2 行 2 列的单元格。

7）在表格中选择最后一行单元格，在"布局"功能区的"行和列"组中单击"删除"按钮，在打开的下拉菜单中选择"删除行"命令。

7.2.2　输入并编辑表格内容

插入所需的表格后即可在其中输入相应的数据，并对表格内容进行编辑，如调整表格的行高和列宽和设置数据对齐方式等。下面在"个人简历"文档的表格中输入并编辑表格内容，其具体操作如下：

1）将文本插入点定位到表格左上角的第一个单元格中，输入"姓名"，然后用相同方法将文本插入点定位到表格的相应单元格并输入文本。

2）将鼠标移动到表格第一行的左侧，当指针变为斜向上箭头形状时，按住鼠标左键向下拖动到表格的第 8 行，然后在"布局"功能区的"单元格大小"组的"高度"数值框中输入数值"0.8 厘米"。用相同的方法选择 9 ~ 13 行，并调整单元格的行高为"2.5 厘米"。

3）单击表格左上角的图标选择整个表格，然后在"布局"功能区的"对齐方式"组中单击"靠上居中对齐"按钮，使表格中的文本靠上居中对齐。

4）选择第 2 列第 1 ~ 8 行的单元格，在"布局"功能区的"对齐方式"栏中单击"靠上两端对齐"按钮，使表格中的文本靠单元格左侧对齐。用相同的方法设置第 4 列第 1 ~ 8 行、第 6 列第 7 ~ 8 行和第 2 列第 9 ~ 13 行的单元格文本靠左侧对齐。

7.2.3　美化表格

Word 2010 中提供了多种预设的表格样式，用户可以应用这些样式快速对表格对的字体样式、边框、底纹等进行了设置。下面在"个人简历.docx"文档中设置表格样式。具体操作如下：

1）单击表格左上角的图标选择整个表格，然后切换到"设计"功能区，在"表格样式选项"组中取消勾选"标题行"复选框。

2）在"表格样式"组的列表框中单击下拉按钮，在打开的下拉菜单中选择"选择型 7"。

7.2.4　插入图片

为了丰富文档内容，使文档更具有说服力，用户可将自己喜欢的图片插入文档中，下面在"个人简历.docx"文档中插入图片。具体操作如下：

1）将文本插入点定位到表格的"照片"文本后，然后切换到"插入"功能区，在"插图"组中单击"图片"按钮。

2）在打开的"插入图片"对话框左上角的下拉列表框中依次选择要插入图片所在的路径，然后选择要插入的图片"卡通头像"，单击"插入"按钮。返回文档中，可看到插入所选图片后的效果。

7.2.5　编辑图片

在文档中插入图片后，将自动激活图片工具下的"格式"功能区，在其中可对图片的亮度、图片样式、大小、排列方式等进行编辑。下面在"个人简历.docx"文档中编辑图片，具体操作如下：

1）选择插入的图片，在图片工具的"格式"功能区的"排列"组中单击"设置"按钮，在打开的下拉菜单的"文字环绕"栏中选择"顶端居中，四周型文字环绕"。

2）在"格式"功能区的"大小"组的"高度"数值框中输入数值"4 厘米"。

3）在"格式"功能区的"调整"组中单击"删除背景"按钮，将切换到"背景清除"功能区，且图片上将出现 8 个控制点。单击并拖动控制点可以调整图片要保留的区域，完成后在"背景清除"功能区的"关闭"组中单击"保留更改"按钮。

4）在"格式"功能区的"图片样式"组中单击"快速样式"按钮，在打开的下拉菜单中选择"棱台亚光，白色"，在文档中可看到编辑图片后的效果。

"个人简历"最终完成效果如图 7-1 所示。

姓名	田国宾	性别	男		
出生日期	1982 - 5 - 20	民族	汉		
政治面貌	党员	身高	175cm		
工作经验	10 年	婚姻状况	已婚		
户籍地	四川成都	现居住地	成都市区		
最高学历	本科	毕业学校	交通大学		照片
专业名称	计算机科学与技术	电脑应用	精通	外语语种	英语
人才类型	普通人员	邮箱地址	TGB520@ 163. com	电话	1594541 ∗∗∗∗
专业技能	1. 精通 Office、AutoCAD、Photoshop 等计算机软件 2. 具有英语四级水平，能进行日常的听、说、读、写				
求职意向	1. 客户经理 2. 销售总监 3. 市场总监				
教育背景	2000 年 7 月高中毕业 2000 年 9 月至 2004 年 7 月就读于交通大学计算机科学与技术专业				
工作简历	2004 年 7 月至 2008 年 5 月创新科技有限责任公司客服服务 2008 年 7 月至 2013 年 10 月创新科技有限责任公司销售工作				
自我评价	工作以来曾在客户服务部门任职，本着脚踏实地、虚心进取的工作态度得到了同事和上级的肯定，更重要的是积累了很多为人处事的经验。本人具有良好的沟通能力以及敏锐的观察力，端正严谨的工作态度，敢拼敢创的工作作风，同时本人能吃苦耐劳，专业知识过硬，上进心强，遇事成熟稳重，对企业文化的认同感强，可以适应有出差的工作。				

图 7-1 "个人简历"效果图

7.3 任务三：制作"公司简介"文档

为了客户与新员工快速了解公司规模、业务、现状、未来的发展趋势，公司决定做一个"公司简介"文档。下面具体讲解其制作方法。素材如下：

公司简介

创新科技有限责任公司是 IT 领域的高科技公司，集现代保险、企业应用软件、通信与网络、电子商务、办公自动化等研制、集成、服务为一体的多功能、多元化、集团式的信息产业公司。凭借在大型数据库系统的设计开发及应用方面积累的先进技术和实际经验，创新科技产品得到客户一致好评。为了向用户提供系统化、多元化、层次化的优质服务，创新科技学习和借鉴国际知名企业的管理经验，并为用户提供 7×24 小时全天候服务响应及远程技术支持。

一、公司规模

创新科技公司注册于 2010 年 6 月，注册资本 1000 万元。公司成立至今以优越的产品质量及完善的售后服务在客户群中获得良好口碑。公司汇聚了国内 IT 业内的优秀精英，形成了一个专业的、负责的、诚信的团队！目前公司有员工 30 人，其中博士 2 人，硕士 8 人。

二、公司文化

创新科技文化强调员工向心力，培养全体员工的奉献、合作、进取、诚信、创新的企业价值观，以及敬业、勤业、精业、创业的企业精神。企业文化的凝聚力使创新公司拥有了高度的企业韧性，在残酷的市场竞争中一次次闯过关隘。

三、公司发展趋势

公司以时不我待的创新意识，已推出了集新理论与计算机新技术融合新软件产品。公司在不断创新、自我完善的同时，十分重视与业界同行的交流合作。立足本身、展望未来，公司秉承"务实、发展、创新"的企业训导、弘扬团结、进取、求实、创新的企业精神，努力攀登科技高峰，用优质的产品、真诚的服务、永远的微笑引领您进入一个全新的"科技永远，永远创新"的时代。

创新科技结合公司的需求和员工个人的兴趣、特长、发展目标等为员工确定一条适合的职业发展道路。创新的人才机制为企业高速发展和高效运作提供了有力的保障。

我们热忱的希望：你我携手，共创美好未来！

7.3.1 使用剪贴画

1）录入如前素材文档"公司简介"，将文本插入点定位到"公司简介"文本后，然后切换到"插入"功能区，在"插图"组中单击"剪贴画"按钮。

2）打开"剪贴画"对话框，在"搜索文字"文本框后直接单击"搜索"按钮，在下方的列表框中将搜索并显示出所有的剪贴画，选择所需的剪贴画。

3）在"剪贴画"对话框的右上角单击"关闭"按钮，插入剪贴画。

7.3.2 插入图表

图表是数据的可视图示，使阅读者将一目了然。下面在"公司简介.docx"文档中插入饼图，具体操作如下：

1）将文本插入点定位到"公司规模"下一段的段末。按〈Enter〉键换行，然后在"插入"功能区的"插图"组中单击"图表"按钮。

2）在打开的"插入图表"对话框的左侧窗格中选择"饼图"项，在右侧窗格"饼图"栏中选择"分离型三维饼图"，单击"确定"按钮。

3）在打开的 Excel 工作界面中单击选择所需的单元格，然后在其中输入相应的数据，并拖曳蓝色边框上的控制点使数据都在边框之内。完成后在 Excel 工作界面右上角单击"关闭"按钮，关闭 Excel 工作界面。

4）返回到文档中可看到插入的图表，且将激活图表工具的"设计""布局""格式"功能区。

7.3.3　编辑并美化图表

1）选择插入的图表，切换到"格式"功能区，在"大小"组中的"高度"和"宽度"数值框分别输入"6 厘米"和"13 厘米"。

2）切换到"设计"功能区，在"图表布局"组中单击"快速布局"按钮，在打开的下拉列表中选择"布局 1"。

3）在"设计"功能区的"图表布局"组中单击"快速样式"按钮，在打开的下拉菜单中选择"样式 10"。

4）切换到"格式"功能区，在"形状样式"组中单击下拉按钮，在打开的下拉列表中选择"橙色，强调颜色 6"。

5）在"格式"功能区的"艺术字样式"组中单击"快速样式"按钮，在打开的下拉列表中选择"紫色，强调文字颜色 4，映像"。

7.3.4　插入 SmartArt 图形

SmartArt 图形是为文本设计的信息和观点的可视表现，使用它可以是文字间的关联表示更加紧密。下面在"公司简介 . docx"文档中插入 SmartArt 图形，具体操作如下：

1）将文本插入点定位到"公司规模"下一段的段末。按〈Enter〉键换行，然后在"插入"功能区的"插图"组中单击"SmartArt"按钮。

2）打开"选择 SmartArt 图形"对话框，单击"循环"选项卡，在中间窗格中选择"基本循环"项。

3）分别在插入的 SmartArt 图形分支正中单击"文本"位置，将文本插入点定位到其中，然后输入文本。

4）在第五个图形分支边框上单击，然后按〈Delete〉键删除该圆形分支。

7.3.5　编辑 SmartArt 图形

1）选择 SmartArt 图形，切换到"格式"功能区，在"大小"组中的"高度"和"宽度"数值框分别输入"7.5 厘米"和"13 厘米"，然后切换到"设计"功能区，在"SmartArt 样式"组中单击"更改颜色"按钮，选择所需的颜色样式。

2）在"设计"功能区的"SmartArt 样式"组中单击下拉按钮，在打开的下拉菜单中选择"卡通"。

3）在"格式"功能区的"艺术字样式"组中单击下拉按钮，在打开的下拉列表中选择所需的样式。

"公司简介"最终完成效果如下：

公司简介

创新科技有限责任公司是 IT 领域的高科技公司，是集现代保险、企业应用软件、通信与网络、电子商务、办公自动化等研发、集成、服务为一体的多功能、多元化、集团式的信息产业公司。凭借在大型数据库系统的设计开发及应用方面积累的先进技术和实际经验，创新科技的产品得到客户一致好评。为了向用户提供系统化、多元化、层次化的优质服务，创新科技学习和借鉴国际知名企业的管理经验，并为用户提供 7 × 24 小时全天候服务响应及远程技术支持。

一、公司规模

创新科技公司注册于 2010 年 6 月，注册资本 1000 万元。公司成立至今以优越的产品质量及完善的售后服务在客户群中获得良好口碑。公司汇聚了国内 IT 行业的优秀精英，形成了一个专业、负责、诚信的团队！目前公司有员工 30 人，其中博士 2 人、硕士 8 人。

二、公司文化

创新科技文化强调员工向心力，培养全体员工的奉献、合作、进取、诚信、创新的企业价值观，以及敬业、勤业、精业、创业的企业精神。企业文化的凝聚力使创新公司拥有了高度的企业韧性，在残酷的市场竞争中一次次闯过关隘。

三、公司发展趋势

公司以时不我待的创新意识，推出了集新理论与计算机新技术融合的新软件产品。公司在不断创新、自我完善的同时，十分重视与业界同行的交流合作。立足本身、展望未来，公司秉承"务实、发展、创新"的企业训导、弘扬团结、进取、求实、创新的企业精神，努力攀登科技高峰，用优质的产品、真诚的服务、永远的微笑引领您进入一个全新的"科技永远，永远创新"的时代。

创新科技结合公司的需求和员工个人的兴趣、特长、发展目标等为员工确定一条适合的职业发展道路。创新的人才机制为企业高速发展和高效运作提供了有力的保障。

我们热忱地希望：你我携手，共创美好未来！

7.4　任务四：制作邀请函

某网络有限公司将于 1 月 1 日举行公司周年庆晚会。你作为公司秘书部的一员，负责本次晚会邀请函的制作。利用 Word 2010 的邮件合并功能，可以很方便地批量完成邀请函的制作。"邀请函"效果如图 7－2 所示。

图 7－2　"邀请函"效果图

邀请函、录取通知书、荣誉证书等文档的共同特点是形式和主要内容相同，但姓名等个别部分不同，此类文档经常需要批量打印或发送。使用邮件合并功能可以非常轻松地做好此类工作。

邮件合并的原理是将发送的文档中相同的部分保存为一个文档，称为主文档；将不同的部分，如姓名、电话号码等保存为另一个文档，称为数据源，然后将主文档与数据源合并起来，形成用户需要的文档。

7.4.1　创建主文档

1）启动 Word 2010，创建一个空白文档，并进行页面设置。切换到"页面布局"功能区，在"页面设置"组中将"页边距"的上、下设置为"2.54 厘米"，左、右设置为"5.08 厘米"，"纸张方向"设置为"横向"，纸张大小设置为 B5，单击"确定"按钮。

2）设置页面颜色。在"页面背景"组中单击"页面颜色"按钮，在打开的"主题颜色"列表框中选择"填充效果"命令。在打开的"填充效果"对话框的"渐变"选项卡中，设置"颜色"为"双色"，颜色 1 为"红色，强调文字颜色 2，淡色 40%"，颜色 2 为"白色"，设置底纹样式为"角部辐射"，单击"确定"按钮。

3）设置页面边框。在"页面背景"组中单击"页面边框"按钮，在打开的"边框和底纹"对话框中单击"页面边框"选项卡，设置页面边框为"方框"，边框样式为"三线"，颜色为"深红"，宽度为 3.0 磅，单击"确定"按钮。

4）在页面中上部插入一个文本框，高度为 3 厘米，宽度为 8 厘米，并设置文本框轮廓为"无轮廓"，在文本框内输入"邀请函"，设置字体格式为黑体、初号、加粗、居中对齐。

5）在文本框下方适应位置双击，输入邀请函上的其他文字，并设置字体为"黑体"，字号"小三"，文字输入完成后的效果图如 7-3 所示。

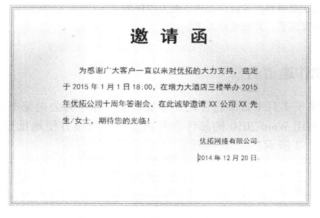

图 7-3　文字输入完成的效果图

6）单击"文件"→"保存"按钮，将文件命名为"邀请函模板. docx"进行保存。

7.4.2　创建数据源

数据源可以看成是一张简单的二维表格，表格中的每一列对应一个信息类别，如姓名、性别、联系电话等。各个数据的名称由表格的第一行来表示，这一行称为域名行，随后的每一行为一条数据记录，数据记录是一组完整的相关信息。

利用 Excel 工作簿建立一个工作表，输入以下数据，并以"客户信息. xlsx"保存，见表7－1。

表7－1　客户信息表

公司名称	姓　名	性　别
晨　宇	李　明	先生
华　贸	王　晓	女士
金诚电脑	王晓阳	女士
宇宏商贸	赵森森	先生
一诚商贸	张亚洲	先生
华阳商贸	孟小研	女士

7.4.3　利用邮件合并批量制作邀请函

创建好主文档和数据源后，可以进行邮件的合并，操作步骤如下：

1）打开主文档"邀请函模板. docx"，切换到"邮件"功能区，在"开始邮件合并"组中单击"开始邮件合并"按钮，在下拉菜单中选择"邮件合并分步向导"命令，打开"邮件合并"任务窗格。

2）在"选择文档类型"栏中选择"信函"，单击"下一步：正在启动文档"超链接。

3）在打开的"选择开始文档"向导页中，选择"使用当前文档"，并单击"下一步：选取收件人"，设置信函。

4）在打开的"选择收件人"向导页中，选择"使用现有列表"，单击"浏览"按钮，在弹出的"选择数据源"对话框中找到并打开"客户信息. xlsx"，在"选择表格"对话框中选择客户信息所在的工作表 Sheet1。在"邮件合并收件人"对话框中选择"客户信息"中的所有项目，单击"确定"按钮。

5）单击向导栏中的"下一步：撰写信函"，在"撰写信函"下单击"其他项目"，打开"插入合并域"对话框。

6）关闭"插入合并域"对话框，在主文档编辑窗口中，选择"××公司"前的"××"，单击"其他项目"，打开"插入合并域"对话框，选择"公司名称"并单击"插入"按钮，完成"公司名称"合并域的插入。

7）关闭"插入合并域"对话框，在主文档编辑窗口中，选择"××先生"前的"××"，单击"其他项目"，打开"插入合并域"对话框，选择"姓名"并单击"插入"按钮，完成"姓名"合并域的插入。

8）关闭"插入合并域"对话框，在主文档编辑窗口中，选择"先生/女士"，单击"其他项目"，打开"插入合并域"对话框，选择"性别"并单击"插入"按钮，完成"性别"合并域的插入。

9）单击"下一步：预览信函"，出现一个客户的邀请函，再单击"下一步：完成合并"。

10）单击"完成合并"下的"编辑单个信函"，出现"合并到新文档"对话框。在对话框中选择"全部"，单击"确定"按钮，则所有的记录都被合并到新文档中。将新合并后的新文档保存为"合并后的邀请函. docx"。

7.4.4　打印邀请函

方法1：在"邮件合并"的第6步"完成合并"后，在其向导页面中单击"打印"按钮，打开"合并到打印机"对话框，进行所需的设置，完成后单击"确定"按钮即可。

方法 2：打开文档"合并后的邀请函．docx"，直接进行打印即可。

7.5 任务五：设置"员工考勤表"表格

"员工考勤表"素材如图 7-4 所示。

员工考勤表

员工编号	员工姓名	职务	迟到	事假	病假	全勤奖	迟到扣款	事假扣款	病假扣款
1	穆慧	厂长	0	0	0	200	0	0	0
2	萧小丰	副厂长	0	1	0	0	0	50	0
3	许如云	主管	0	0	0	200	0	0	0
4	章海兵	主管	1	0	0	0	20	0	0
5	贺阳	主管	0	0	0	200	0	0	0
6	杨春丽	副主管	0	0	0	200	0	0	0
7	石坚	副主管	2	0	0	0	40	0	0
8	李满堂	副主管	1	0	0	0	20	0	0
9	江颖	会计	0	2	0	0	0	100	0
10	孙晟成	出纳	0	0	0	200	0	0	0
11	王开	员工	0	0	0	200	0	0	0
12	陈一名	员工	3	0	0	0	60	0	0
13	邢剑	员工	0	0	1	0	0	0	25
14	李虎	员工	0	0	0	200	0	0	0
15	张宽之	员工	0	0	0	200	0	0	0
16	袁远	员工	0	3	0	0	0	150	0

图 7-4 "员工考勤表"素材

7.5.1 设置字体格式

在 Excel 2010 中设置字体格式，主要包括设置所选区域的字体、字号、字形、字体颜色等。下面在"员工考勤表．xlsx"工作簿中设置字体格式，其具体操作如下：

1）打开素材文件"员工考勤表．xlsx"，选择 A1 单元格，在"开始"功能区的"字体"组的"字体"下拉列表框中选择"方正姚体"。

2）在"字体"组的"字号"下拉列表框中选择"18"。

3）单击"字体"组的右下角的按钮，在打开的"设置单元格格式"对话框的"字体"选项卡的"下划线"下拉列表框中选择"会计用双下划线"，在"颜色"下拉列表框中选择"深红"，完成后单击"确定"按钮。

4）选择 A2: J2 单元格区域，设置其字体为"方正黑体"，字号为"12"，然后在"字体"组中单击"倾斜"按钮，设置其字形为倾斜效果。

5）在"字体"组中单击"字体颜色"按钮右侧的下拉按钮，在打开的下拉菜单中选择"深红，强调文字颜色 6 深色 50%"。

7.5.2 设置数据格式

Excel 2010 中的数据格式包括"货币""数值""会计专用""日期""百分比""分数"等类型，用户可根据需要设置所需的数据格式。下面在"员工考勤表.xlsx"工作簿中设置数据格式，具体操作如下：

1）选择 A3: A18 单元格区域，单击"开始"功能区的"数字"组右下角的按钮。

2）在打开的"设置单元格格式"对话框的"数字"选项卡的"分类"列表框中选择"自定义"，在"类型"文本框中输入"000"，单击"确定"按钮。返回工作表中，可看到所选区域的数据显示为"0"开头的数据格式。

3）选择 G3: J18 单元格区域，在"开始"功能区的"数字"组的"常规"下拉列表框中选择"货币"。

4）返回工作表中，可看到所选区域的数据格式变成了货币类型。

7.5.3 设置对齐方式

默认情况下，Excel 表格中的文本为左对齐，数字为右对齐，为了使工作表中的数据更整齐，可设置数据的对齐方式，如左对齐、居中、右对齐等。下面在"员工考勤表.xlsx"工作簿中设置对齐方式，具体操作如下：

1）选择 A2: J2 单元格区域，在"开始"功能区的"对齐方式"组中单击"居中"按钮，使所选区域的数据居中显示。

2）选择 A3: J18 单元格区域，在"开始"功能区的"对齐方式"组中单击"文本左对齐"按钮，使所选区域的数据左对齐。

7.5.4 设置边框与底纹

为使制作的表格轮廓更加清晰及更具层次感，可设置单元格的边框和底纹。下面在"员工考勤表.xlsx"工作簿中设置边框和底纹，具体操作如下：

1）选择 A2: J18 单元格区域，在"字体"组中单击"下框线"按钮右侧的下拉按钮，在打开的下拉菜单中选择"其他边框"命令。

2）在打开的"设置单元格格式"对话框的"边框"选项卡的"样式"列表框中选择"——"，在"颜色"下拉列表框中选择"橙色，强调文字颜色6，深色50%"，在"预置"栏中单击"外边框"按钮，继续在"样式"列表框中选择"——"，在"预置"栏中单击"内部"按钮，完成后单击"确定"按钮。

3）选择 A2: J2 单元格区域，在"字体"组中单击"填充颜色"按钮右侧的下拉按钮，在打开的下拉菜单中选择"红色，强调文字颜色2，深色80%"，返回工作表中可看到设置边框与底纹后的效果。

7.5.5 设置工作表背景

默认情况下，Excel 工作表中数据呈白底黑字显示。为使工作表更美观，除了为其填充颜色外，还可插入喜欢的图片作为背景。下面在"员工考勤表.xlsx"工作簿中设置工作表背景，具体操作如下；

1）切换到"页面布局"功能区，在"页面设置"组中单击"背景"按钮。

2）在打开的"工作表背景"对话框的左上角的下拉列表框中选择背景图片的保存路径，

在中间区域选择"背景.jpg"图片，然后单击"插入"按钮。

"员工考勤表"最终完成效果如图 7-5 所示。

员工考勤表

员工编号	员工姓名	职务	迟到	事假	病假	全勤奖	迟到扣款	事假扣款	病假扣款
001	穆慧	厂长	0	0	0	￥200.00	￥0.00	￥0.00	￥0.00
002	萧小丰	副厂长	0	1	0	￥0.00	￥0.00	￥50.00	￥0.00
003	许如云	主管	0	0	0	￥200.00	￥0.00	￥0.00	￥0.00
004	章海兵	主管	1	0	0	￥0.00	￥20.00	￥0.00	￥0.00
005	贺阳	主管	0	0	0	￥200.00	￥0.00	￥0.00	￥0.00
006	杨春丽	副主管	0	0	0	￥200.00	￥0.00	￥0.00	￥0.00
007	石坚	副主管	2	0	0	￥0.00	￥40.00	￥0.00	￥0.00
008	李满堂	副主管	1	0	0	￥0.00	￥20.00	￥0.00	￥0.00
009	江颖	会计	0	2	0	￥0.00	￥0.00	￥100.00	￥0.00
010	孙晟成	出纳	0	0	0	￥200.00	￥0.00	￥0.00	￥0.00
011	王开	员工	0	0	0	￥200.00	￥0.00	￥0.00	￥0.00
012	陈一名	员工	3	0	0	￥0.00	￥60.00	￥0.00	￥0.00
013	邢剑	员工	0	0	1	￥0.00	￥0.00	￥0.00	￥25.00
014	李虎	员工	0	0	0	￥200.00	￥0.00	￥0.00	￥0.00
015	张宽之	员工	0	0	0	￥200.00	￥0.00	￥0.00	￥0.00
016	袁远	员工	0	3	0	￥0.00	￥0.00	￥150.00	￥0.00

图 7-5　"员工考勤表"效果图

7.6　任务六：制作"近几年产品销量统计表"

现需要能根据近几年各区域的产品销售情况分析并预测本年度的销售总额。为完成该任务，准备先整理近几年各区域的产品销量作为数据区域，然后分别使用迷你图和相应的图表分析数据，并添加趋势线预测数据。"近几年产品销售总量"的素材如图 7-6 所示。

近几年各区域产品销量统计表

单位：元

区　　域	2009 年	2010 年	2011 年	2012 年	2013 年
东北地区	344375	132540	269728	303930	
华北地区	645318	376328	308022	421250	
华东地区	422349	502817	723036	586620	
西北地区	321219	523543	461587	538378	
西南地区	699988	359660	739556	673452	
中南地区	612935	481185	665057	504148	
合计	3046184	2376073	3166986	3027778	

图 7-6　"近几年产品销售总量"的素材

7.6.1 使用迷你图查看数据

Excel 2010 提供了一种全新的图表制作工具——迷你图，它是存在于单元格中的小图表，以单元格为绘画区域。下面在"近几年产品销量统计表.xlsx"工作簿中创建并编辑迷你图，具体操作如下：

1）打开素材文件"近几年产品销量统计表.xlsx"，在 A11 单元格中输入数据"迷你图"，然后选择 B1: E11 单元格区域，切换到"插入"功能区，在"迷你图"组中单击"折线图"按钮。

2）系统自动将光标定位到打开的"创建迷你图"对话框的"数据范围"文本框中，然后在工作表中选择 B4: E9 单元格区域，完成后单击"确定"按钮。

3）返回工作表中可看到 B11: E11 单元格区域中创建的迷你图，然后保持选择 B11: E11 单元格区域，在"设计"功能区的"显示"组中单击选中"标注"复选框。

4）在"设计"功能区的"样式"组中单击下拉按钮，在打开的列表框中选择折线样式，返回工作表中可看到编辑后的迷你图效果。

7.6.2 使用列表分析数据

为使表格中的数据看起来更直观，可以将数据以图表的形式显示。图表是 Excel 的重要数据分析工具，使用它可以清楚地显示数据的大小和变化情况，帮助用户分析数据并查看数据的差异、走势，从而预测发展趋势。

1. 创建图表

在 Excel 2010 中提供了多种图表类型，不同的图表类型所使用的场合各不相同，如柱形图常用于进行多个项目之间数据的对比；折线图用于显示等时间间隔数据的变化趋势。用户应根据实际需要选择适合的图表类型创建所需的图表。下面在"近几年产品销量统计表.xlsx"工作簿中根据相应的数据创建柱形图，具体操作如下：

1）选择需创建图表的数据区域，这里同时选择 B3: E3 和 B10: E10 单元格区域，切换到"插入"功能区，在"图表"组中单击"柱形图"按钮，在打开的下拉菜单中选择"簇状柱形图"。

2）返回工作表中可看到创建的柱形图，且激活图表工具的"设计""布局""格式"功能区。

2. 编辑并美化图表

如果未能在工作表中创建出满意的图表效果，可以对图表的位置、大小、图表类型以及图表中的数据根据需要进行编辑于美化。下面在"近几年产品销量统计表.xlsx"工作簿中编辑并美化创建的柱形图，具体操作如下：

1）将鼠标移动到图表区上，当指针变成十字形状后按住左键不放，可拖动图表到所需的位置，这里将其拖动到数据区域的左下角并松开鼠标左键，图表区和图表区中各部分的位置即可移动到相应的目标位置。

2）在图表空白区域单击并选择图表，在图表工具的"设计"功能区的"图标布局"组中单击"快速布局"按钮，在打开的下拉菜单中选择"布局3"。

3）快速布局图表后，将出现"图表标题"文本框，在其中选择文本"图表标题"，然后输入文本"近几年各区域产品销量统计图表"。

4）单击图表工具的"布局"功能区，在"标签"组中单击"图例"按钮，在打开的下拉菜单中选择"无"，在图表区中关闭图例项。

5）选择图表区，在图表工具的"设计"功能区的"图标样式"组中单击"快速样式"按钮，在打开的下拉菜单中选择"样式 40"。

6）单击图表工具的"格式"功能区，在"形状样式"组中单击下拉按钮，在打开的下拉菜单中选择"细微效果———红色，强调颜色 2"。

7）在"格式"功能区的"艺术字样式"组中单击"快速样式"按钮，在打开的下拉菜单中选择第四行的第五个样式。

8）将鼠标移动到图表区右下角的控制点上，当指针变成斜箭头形状时，按住左键不放拖动到合适的位置。返回工作表中可查看编辑并美化图表后的效果。

7.6.3 添加趋势线

趋势线用于以图形的方式显示数据的趋势并帮助分析、预测问题，在图表中添加趋势线可延伸至实际数据以外来预测未来值。下面在"近几年产品销售统计表.xlsx"工作簿的图表中添加趋势线，具体操作如下：

1）选择图表区，在图表工具的"布局"功能区的"分析"组中单击"趋势线"按钮，在打开的下拉菜单中选择"线性趋势线"。

2）在添加的趋势线上单击右键，在弹出的快捷菜单中选择"设置趋势线格式"命令。

3）在打开的"设置趋势线格式"对话框的"趋势线选项"选项卡的"趋势线名称"栏中单击"自定义"单选按钮，在其文本框中输入"预测 2013 年销售"，在"趋势预测"栏的"前推"数值框中输入"1"，勾选"显示公式"复选框，完成后单击"关闭"按钮，返回工作表中将显示出趋势线对应的公式"y = 73570x + 3E + 06"。

4）要在工作表中显示出趋势线的预测效果，可选择图表区，在图表工具的"设计"功能区的"数据"组中单击"选择数据"按钮。

5）在打开的"选择数据源"对话框中自动选择"图表数据区域"文本框中的数据，然后在工作表中先选择 B3: F3 单元格区域，再按住〈Ctrl〉键，选择 B10: F10 单元格区域，返回"选择数据源"对话框中单击"确定"按钮，在工作表的图表区域的横坐标轴上可看到的数据系列。

6）在工作表中选择 F10 单元格，反复输入与预测值相近的数据，直到图表中的公式"y = 73570x + 3E + 06"相近时，即可预测出 2013 年的总销售额为"3088180"。

完成的效果如图 7 - 7 所示。

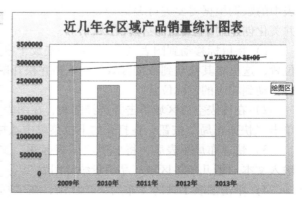

区域	2009年	2010年	2011年	2012年	2013年
东北地区	344375	132540	269728	303930	
华北地区	645318	376328	308022	421250	
华东地区	422349	502817	723036	586620	
西北地区	321219	523543	461587	538378	
西南地区	699988	359660	739556	673452	
中南地区	612935	481185	665057	504148	
合计	3046184	2376073	3166986	3027778	3088180

图 7 - 7 "近几年产品销量统计表"表格的最终效果

7.7 任务七：学生成绩统计与分析

软件技术 1 班的期末考试成绩已经出来了，见表 7-2。

表 7-2　软件技术 1 班学生成绩表

序号	学号	姓名	高数	英语	电工	三论	实训
				学生成绩汇总表			
1	31012101	王小丽	90	87	76	80	良
2	31012102	李芳	71	66	82	57	中
3	31012103	孙燕	83	55	93	79	良
4	31012104	李雷	83	80	85	91	优
5	31012105	刘明	51	70	87	62	及格
6	31012106	赵利	88	42	63	77	良
7	31012107	王一鸣	94	61	84	52	不及格
8	31012108	李大鹏	76	80	70	85	中
9	31012109	郑亮	89	92	96	93	优
10	31012110	孙志	78	94	89	90	良

现需要对软件技术 1 班的期末考试成绩进行统计与分析，要求：

1）计算考试成绩的平均分。

2）统计不同分数段学生数以及最高、最低分，效果如图 7-8 所示。

3）使用学校规定的公式，计算每位同学必修课程的加权平均成绩。

4）按照德、智、体分数以 2∶7∶1 的比例计算每名学生的总评成绩，并进行排名，效果如图 7-9 所示。

学生成绩汇总表

序号	学号	姓名	高数	英语	电工	三论	实训	实训成绩转换	平均成绩
1	31012101	王小丽	90	87	76	80	良	85	83.89
2	31012102	李芳	71	66	82	57	中	75	66.89
3	31012103	孙燕	83	55	93	79	良	85	76.78
4	31012104	李雷	83	80	85	91	优	95	86.56
5	31012105	刘明	51	70	87	62	及格	65	64.44
6	31012106	赵利	88	42	63	77	良	85	71.00
7	31012107	王一鸣	94	61	84	52	不及格	55	67.22
8	31012108	李大鹏	76	80	70	85	中	75	79.11
9	31012109	郑亮	89	92	96	93	优	95	92.44
10	31012110	孙志	78	94	89	90	良	85	87.56

课程名称	学分值
高数	4
英语	4
电工	2
三论	6
实训	2
总学分	18

学生平均成绩分段统计		
分数段	人数	比例
90分以上	1	10.00%
80-89分	3	30.00%
70-79分	3	30.00%
60-69分	3	30.00%
0-59分	0	0.00%
总计	10	100.00%
最高分	92.44	
最低分	64.44	

图 7-8　求平均分及分段统计效果图

软件技术1班学生总评成绩及排名

序号	学号	姓名	德育	智育	文体	总评	排名
1	31012101	王小丽	93.83	83.89	90.00	86.49	4
2	31012102	李芳	88.11	66.89	86.00	73.04	7
3	31012103	孙燕	84.14	76.78	86.00	79.17	6
4	31012104	李蕾	99.56	86.56	98.00	90.30	2
5	31012105	刘明	79.30	64.44	91.00	70.07	9
6	31012106	赵利	76.21	71.00	81.00	73.04	8
7	31012107	王一鸣	71.37	67.22	71.00	68.43	10
8	31012108	李大鹏	85.46	79.11	80.00	80.47	5
9	31012109	郑亮	92.51	92.44	73.00	90.51	1
10	31012110	孙志	100.00	87.56	85.00	89.79	3

图 7-9　计算学生总评、排名后的效果图

Excel 2010 具有强大的计算功能，借助于其中丰富的公式和函数，可以大大方便对工作表中数据的分析和处理。本实例中对学生成绩的统计与分析就是一个典型的案例。需要注意的是，Excel 2010 中的公式遵循一个特定的语法，在输入公式或函数前必须先输入一个等号。

7.7.1　利用 IF 函数转换成绩

IF 函数是 Excel 中常用的函数之一。它根据逻辑计算的真假值，返回不同的结果。可以使用 IF 函数对数值和公式进行条件检测。

IF 函数语法：IF(Logical_test,Value_if_true,Value_if_false)

参数说明：Logical_test 表示计算结果为 TRUE 或 FALSE 的任意值或表达式，Value_if_true 是 Logical_test 为 TRUE 时返回的值，Value_if_false 是 Logical_test 为 FALSE 时返回的值。

IF 函数中包含 IF 函数的情况叫作 IF 函数的嵌套。

利用 IF 函数将实训成绩由五级制转换为百分制，具体操作如下：

1）启动 Excel 2010，在 Sheet 1 工作表中创建如表 7-2 所示的表格，并将 Sheet 1 工作表重命名为"原始成绩数据"。

2）按住〈Ctrl〉键的同时拖动工作表标签，创建该工作表的副本，并将其重命名为"课程成绩"。

3）在"课程成绩"工作表的"实训"列后添加列标题"实训成绩转换"。

4）将光标移至 I3 单元格，并输入公式 "=IF(H3="优",95,IF(H3="良",85,IF(H3="中",75,IF(H3="及格",65,55)))))"，按〈Enter〉键，将序号为"1"的学生的实训成绩转换成百分制。

5）将鼠标移至 I3 单元格右下角，当指针变成黑色十字时，按住左键向下拖动至 I12 单元格，利用控制句柄，将其他学生的实训成绩转换成百分制。

7.7.2　利用公式计算平均成绩

公式是对单元格中的数据进行处理的等式，用于完成算术、比较或逻辑等运算。Excel 2010 中的公式遵循一个特定的语法，即最前面是等号，后面是运算数和操作。每个运算数可以是数值、单元格区域的引用、标志、名称或函数。

按照学校的计算公式，学生的平均成绩是由每门课的成绩乘以对应的学分，相加求和之后除以总学分得到。操作步骤如下：

1）在单元格 A15、B15 中分别输入文本"课程名称"和"学分值"。

2）选择 D2: H2 单元格区域，按〈Ctrl + C〉组合键，将其复制到剪贴板中。

3）右键单击 A16 单元格，在弹出的快捷菜单中选择"选择性粘贴"命令，打开"选择性粘贴"对话框，选择"转置"复选框。单击"确定"按钮，将课程名称粘贴到单元格 A16 开始的列中连续的单元格区域，之后将这些单元格的填充颜色去掉，并在相应的单元格中输入学分。

4）在 A21 单元格中输入文本"总学分"，然后将光标置于单元格 B21 中，切换到"公式"

功能区，在"函数库"组中单击"自动求和"按钮。在 B21 单元格中显示"= SUM（B16：B20）"，按〈Enter〉键，实现用 SUM 函数求总学分。

5）选中单元格区域 A15：B21，切换到"开始"功能区，单击"字体"组中的"边框"按钮，对单元格区域添加边框，并设置其中的内容"居中"对齐。

6）单击 J2 单元格并在其中输入文本"平均成绩"，按〈Enter〉键后 J3 单元格被选中，根据学生平均成绩计算公式，在其中输入公式"=（D3 * \$ B \$ 16 + E3 * \$ B \$ 17 + F3 * \$ B \$ 18 + G3 * \$ B \$ 19 + I3 * \$ B \$ 20）/ \$ B \$ 21"，按〈Enter〉键，计算出序号为"1"的学生的平均信息。输入过程中可单击选中课程成绩、学分值所在的单元格，并将对学生的相对引用改为绝对引用。

7）利用控制句柄，计算出所有学生的平均成绩。

8）选中单元格区域 A 1：J1，单击"开始"→"对齐方式"→"合并后居中"按钮，实现表格标题的居中操作。

9）选中单元格区域 A2：J12，单击"开始"→"字体"→"边框"按钮，选择"所有线框"为表格添加边框。

10）选中单元格区域 J3：J12，单击"字体"组右下角的按钮，打开"设置单元格格式"对话框，切换到"数字"选项卡，选择"分类"列表框中的"数值"选项，其他设置保持默认值，单击"确定"按钮，将平均成绩保留两位小数。

11）选中单元格区域 D3：G12，切换到"开始"功能区，单击"样式"组中的"条件格式"按钮，从下拉列表中选择"清除规则"→"清除所选单元格的规则"命令，将考试成绩中的条件格式删除。

12）选中单元格区域 A2：J12，单击两次"对齐方式"组中的"居中对齐"按钮，使表格内容居中。

7.7.3 利用 COUNTIF 函数统计分段人数

COUNTIF 函数是用来统计某个单元格区域中符合指定条件的单元格数目的函数。

COUNTIF 函数的语法：COUNTIF（Range，Criteria）

参数说明：Range 表示要计算其中非空单元格数目的区域（为了便于公式的复制，最好采用绝对引用）；Criteria 表示以数字、表达式或文本形式定义的条件。

分段统计考试成绩的人数及比例，有助于班主任开展工作。操作步骤如下：

1）在 D15 开始的单元格区域建立统计分析表，并为该区域添加边框、设置对齐方式。

2）单击 E17 单元格，切换到"公式"功能区，单击"插入函数"按钮，打开"插入函数"对话框，在"选择函数"列表框中选择"COUNTIF"。单击"确定"按钮，打开"函数参数"对话框，将对话框中"Range"框内显示的内容修改为"\$ J \$ 3：\$ J \$ 12"，接着在"Criteria"框中输入条件"" > = 90""。单击"确定"按钮，统计出 90 分以上的人数

3）利用填充句柄将 E17 单元格中的公式复制到 E18 单元格，将公式中的" > = 90"改为" > = 80"，在公式后添加"_COUNTIF（\$ J \$ 3：\$ J \$ 12," > = 90"）"，按〈Enter >键统计出平均分在 80 ~ 90 之间的人数。

4）将 E19、E20、E21 单元格分别设置为"= COUNTIF（\$ J \$ 3：\$ J \$ 12," > = 70"）- COUNTIF（\$ J \$ 3：\$ J \$ 12," > = 80"）"" = COUNTIF（ \$ J \$ 3：\$ J \$ 12," > = 60"）- COUNTIF（\$ J \$ 3：\$ J \$ 12," > =70"）"" = COUNTIF（ \$ J \$ 3：\$ J \$ 12," <60"）"，统计各分数段的人数。

5）单击 E22 单元格，按〈Alt + Enter〉组合键，利用求和的快捷键求出总计。

6）单击 F17 单元格，在其中输入公式"= E17/ \$ E \$ 22"，按〈Enter〉键统计出 90 分以上所占的比例。

7）利用控制句柄，自动填充其他分数段的比例数据。

8）选中单元格区域 F17: F22，切换到"开始"功能区，单击"数字"组中的"数字格式"按钮，从下拉列表中选择"百分比"。单击"确定"按钮，数值均以百分比形式显示。

9）将光标移到 F23 单元格中，单击"公式"→"函数库"→"自动求和"下拉按钮，在下拉列表中选择"最大值"。拖动鼠标选中平均成绩所在的单元格区域 J3: J12，按〈Enter〉键计算出平均成绩的最高分。

10）用同样的方法在 F24 单元格中求出平均成绩最低分，设置对齐效果。

7.7.4 计算总评成绩

学生的总评成绩是由德、智、体三方面的成绩以 2: 7: 1 的比例计算的。学生的德育分数是以 100 分为基础，根据学生的出勤、参加集体活动、获奖等情况，以班级制定的加、减分规则积累获得。为了班级之间具有参照性，需要以班级德育分数最高的学生为 100 分，然后按比例换算得到其他同学的分数。操作步骤如下：

1）打开工作簿文件"学生学期总评. xlsx"。

2）右键单击 E 列，在弹出的快捷菜单中选择"插入"命令，在德育和文体之间插入一空列。

3）单击 E2 单元格，输入文本"德育换算分数"，在 E3 单元格中输入公式" = D3/MAX（$ D $3: $ D $ 12）* 100"，按〈Enter〉键，换算出该学生的德育分数。

4）利用控制句柄，自动填充其他学生换算后的德育分数。

5）双击"学生学期总评. xlsx"工作簿中的 Sheet2 工作表，将其重命名为"总评及排名"，并在 A1 单元格中输入文本"软件技术 1 班学生总评成绩及排名"。

6）将工作表"德育文体分数"中单元格区域 A2: C12 的内容复制到工作表"总评及排名"中以 A2 单元格开始的区域。

7）在 D2: H2 单元格区域中依次输入文本"德育""智育""文体""总评""排名"。

8）选择"德育文体分数"工作表中的 E3: E12 单元格区域（即德育换算分数），按〈Ctrl + C〉组合键进行复制。右键单击"总评及排名"工作表中的 D3 单元格，在弹出的快捷菜单中单击"粘贴选项"中的"值"按钮，实现德育分数的复制。

9）选择"学生成绩单. xlsx"工作簿中"课程成绩"工作表的单元格区域 J3: J12，用同样的方法，将数值复制到"学生学期总评. xlsx"工作簿中"总评及排名"工作表的以 E3 单元格开始的区域。

10）将工作表"德育文体分数"中的文体分数复制到工作表"总评及排名"中单元格 F3 开始的区域。

11）在工作表"总评及排名"的单元格 G3 中输入公式" = D3 * 0. 2 + E3 * 0. 7 + F3 * 0. 1"，按〈Enter〉键，计算出序号为"1"的学生的总评成绩。

12）利用控制句柄，填充其他学生的总评成绩。

7.7.5 利用 RANK 函数排名

RANK 函数的功能是返回某数字在一列数字中相对于其他数值的大小排位。

RANK 函数的语法：RANK(number, ref, order)

参数说明：number 是需要排名次的单元格名称或数值；ref 是引用单元格（区域）；order 是排名方式，1 表示由小到大，即升序，0 表示由大到小，即降序。

学生总评成绩出来之后就可以利用 RANK 函数对其进行排序了，操作步骤如下：

1）单击 H3 单元格，单击"名称框"右侧的插入函数按钮 *fx*。

2）在弹出的"插入函数"对话框中选择函数"RANK"，单击"确定"按钮，打开"函数参数"对话框。

3）在对话框中分别输入各参数，当光标位于 Number 参数框时，单击单元格 G3 选中序号为"1"的学生的总评成绩；之后将光标移至 Ref 参数框，选定区域 G3：G12，并按〈F4〉键将其修改为绝对引用；最后将光标移至 Order 参数框，输入"0"。单击"确定"按钮，计算出序号为"1"的学生排名。

4）利用控制句柄填充其他学生的排名。

5）将 A1：H1 单元格进行合并居中，并设置文本字体为"黑体"，字号为"20"。

6）选中单元格区域 A2：H12，为其设置边框，并将其中的内容"居中"对齐。

7）选中单元格区域 D3：G12，为其设置数字格式，将数值保留两位小数。

7.8 任务八：制作"工作报告"演示文稿

单位领导要求你制作一份"工作报告"演示文稿。制作这种文稿需要新建幻灯片、插入幻灯片、删除幻灯片等操作。素材如图 7 - 10 所示。

7.8.1 新建演示文稿

新建一个演示文稿，具体操作如下：

1）启动 PowerPoint 2010，选择"文件"→"新建"命令，在右侧窗格中间的"可用界面和主题"列表框中选择"空白演示文稿"，在右下角单击"创建"按钮。

2）系统将新建一个名为"演示文稿2"的空白文档。

7.8.2 添加与删除幻灯片

一个演示文稿往往由多张幻灯片组成，用户可根据实际需要在任意位置新建幻灯片，对于不需要的幻灯片，可以将其删除，具体操作如下：

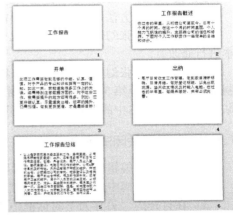

图 7 - 10　"工作报告"素材

1）在"幻灯片/大纲"窗格中确定要新建幻灯片的位置，如要在第一张幻灯片后面新建幻灯片，则单击第一张幻灯片，然后在"开始"功能区的"幻灯片"组中单击"新建幻灯片"按钮，在打开的下拉菜单中选择"两栏内容"版式。

2）系统将根据选择的版式添加一张幻灯片。

3）用相同的方法继续添加 4 张幻灯片，然后在"幻灯片/大纲"窗格中右击第 3 张幻灯片，在弹出的快捷菜单中选择"删除幻灯片"命令。

4）删除第 3 张幻灯片后，PowerPoint 2010 将自动重新对各幻灯片进行编号。

7.8.3 移动与复制幻灯片

1）在插入或制作幻灯片时，由于幻灯片的位置决定了它在整个演示文稿中的播放顺序，因此可移动幻灯片重新调整位置，也可将已制作完成的幻灯片复制多份，再根据需要进行修改，这样将减少制作时间。具体操作如下：

2）在"幻灯片/大纲"窗格中选择第 2 张幻灯片，按住鼠标左键不放，将其拖拽到第 4 张幻灯片下方，这时有一条横线随之移动。

3）松开鼠标左键即完成幻灯片的移动，这时原来第 2 张幻灯片的编号将自动变为第 4 张。

4）在"幻灯片/大纲"窗格中选择第 3 张幻灯片，单击右键，在弹出的快捷菜单中选择"复制"命令。

5）将鼠标移动到需要复制幻灯片的位置，然后单击右键，在弹出的快捷菜单中选择"粘贴"命令，在打开的下拉菜单中选择"保留源格式"，完成幻灯片的复制。

7.8.4　在幻灯片中输入并编辑文本

在不同的演示文稿中，其主题、表现方式都会有所差异，但无论是哪种类型的演示文稿，都不可能缺少文字内容。下面在前面创建的演示文稿的幻灯片中输入并编辑文本，具体操作如下：

1）选择第 1 张幻灯片，将鼠标移动到显示"单击此处添加标题"的标题占位符处并单击，占位符中的文本将自动消失。在占位符中显示文本插入点，然后输入"工作报告"文本。

2）选择第 2 张幻灯片，在左侧窗格中切换到"大纲"选项卡下，在文本插入点输入标题"工作报告概述"。

3）按〈Ctrl + Enter〉组合键在该幻灯片中建立下一级标题，在其中输入幻灯片的内容文本。

4）用相同的方法在其他幻灯片中输入"工作报告"的相关文本。

5）选择第 2 张幻灯片中的"这也得力于"文本，然后输入"主要靠"文本，对选择的文本进行修改。

6）选择第 2 张幻灯片中标题占位符中的"工作报告概述"文本，按〈Ctrl + C〉组合键复制文本，然后选择第 5 张幻灯片，将插入占位符到标题占位符中，再按〈Ctrl + V〉组合键粘贴文本，并将文本中的"概述"文本修改为"总结"。

7.8.5　保存和关闭演示文稿

1）在创建和编辑演示文稿同时可以将其进行保存，以免其中的内容丢失。

2）在演示文稿中选择"文件"→"保存"菜单命令。

3）在打开的"另存为"对话框中选择保存演示文稿的位置，在"文件名"文本框中输入名称"工作报告"，然后单击"保存"按钮保存演示文稿。

7.9　任务九：编辑"产品宣传"演示文稿

最近公司将有一系列产品活动，需要你制作一份"产品宣传"演示文稿。制作这类演示文稿时，为了使其内容更充实、幻灯片更生动，可在其中插入并编辑图片、艺术字、形状、声音、视频等内容。素材如图 7 - 11 所示。

7.9.1　设置幻灯片中的文本格式

在幻灯片中输入的文本字体默认为宋体，而幻灯片是一个观赏性较强的文档，因此可设置其文本格式，使其效果更美观，如设置字体、字号、字体颜色和特殊效果。下面在"产品宣传"演示文稿中设置文本的格式，具体操作如下：

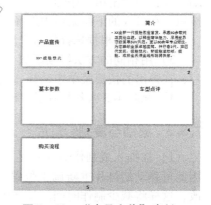

图 7 - 11　"产品宣传"素材

1）在素材文件夹中双击打开素材文件"产品宣传.pptx"，在其中选择第一张幻灯片，选择"产品宣传"文本，在"开始"功能区的"字体"组的"字体"下拉列表框中选择"方正中雅宋简"。

2）保持选择的文本，在"字体"组中的"字号"下拉列表框中选择"60"。

3）在"字体"组中单击"字体颜色"按钮右侧的下拉按钮，在打开的下拉菜单中选择"橙色，强调文字颜色6，深色50%"。

4）选择"××揽胜极光"文本，设置其字体格式为"方正准圆简体，40，红色"，在"字体"组中单击"加粗"按钮和"文字阴影"按钮，设置加粗和阴影效果。

7.9.2　在幻灯片中插入图片

为了使幻灯片内容更丰富，在表述一些文字的作用和目的时更直观，通常需要在幻灯片中插入相应的图片。下面在"产品宣传.pptx"演示文稿中插入并编辑图片，具体操作如下：

1）在演示文稿中选择第一张幻灯片，在"插入"功能区的"图像"组中单击"图片"按钮。

2）在打开的"插入图片"对话框中选择素材文件夹中的"背景.jpg"图片，单击"插入"按钮。

3）将鼠标移动到插入的图片上，当指针变成十字形状时，按住左键将图片拖动到幻灯片的左上角位置。

4）插入图片的四周有八个控制点，将鼠标移动到右下角的控制点上，按住左键向右下角拖动，调整图片大小。

5）选择幻灯片中的图片，在图片工具的"格式"功能区的"排列"组中单击"下移一层"按钮右侧的下拉按钮，在打开的下拉菜单中选择"置于底层"命令。

6）保持选择幻灯片中的图片，在图片工具的"格式"功能区的"调整"组中单击"颜色"按钮，在打开的下拉菜单中选择"水绿色，强调文字颜色5，浅色"，调整图片效果。

7.9.3　插入 SmartArt 图形

在幻灯片中可以插入各种图形，并通过"格式"功能区对形状、大小、线条样式、颜色以及填充效果等进行设置。下面在"产品宣传.pptx"演示文稿中插入并编辑 SmartArt 图形，具体操作如下：

1）选择第五张幻灯片，在"插入"功能区的"插图"组中单击"SmartArt"按钮。

2）在打开的"选择 SmartArt 图形"对话框中单击"流程"选项卡，在中间的列表框中选择"垂直 V 形列表"，然后单击"确定"按钮。

3）在幻灯片中插入一个流程样式的 SmartArt 图形，在 SmartArt 图形左侧单击"展开"按钮展开"在此处输入文字"窗格，在其中输入文本。

4）选择 SmartArt 图形，在"设计"功能区的"SmartArt 样式"组中单击"更改颜色"按钮，在打开的下拉菜单中选择的颜色样式。

5）在"SmartArt 样式"组中单击"快速样式"下拉按钮，在打开的下拉菜单中选择"三维"栏中的"嵌入"样式。

6）选择 SmartArt 图形，切换到"格式"功能区，在"艺术字样式"组中单击"快速样式"按钮，在打开的下拉菜单中选择样式。

7.9.4　插入艺术字

艺术字同时具有文字和图片的属性，因此在幻灯片中可以插入艺术字让文字更具有艺术的效果。下面在"产品宣传.pptx"演示文稿中插入并编辑艺术字，具体操作如下：

1）在演示文稿中选择第一张幻灯片，切换到"插入"功能区，在"文本"组中单击"艺术字"按钮，在打开的下拉菜单中选择"填充，白色，投影"。

2）此时在幻灯片中出现一个"请在此放置您的文字"的文本框，提示输入需要的艺术字文本，这里输入文字"超界动能 领辟天地"。

3）将艺术字文本框拖动到幻灯片的左上角，在"开始"功能区的"文字"组中设置文体格式为"方正粗活意简体，32 号"。

4）选择艺术字，在"格式"功能区的"艺术字样式"组中单击"文本效果"按钮，在打开的下拉菜单中选择"转换"→"上弧弯"，完成后重新调整艺术字位置。

7.9.5　插入表格与图表

在幻灯片中还可以插入表格与图表来进行数据的说明，使幻灯片内容更具说服力。下面在"产品宣传.pptx"演示文稿插入并编辑表格与图表，具体操作如下。

1）在演示文稿中选择第三张幻灯片，在"插入"功能区的"表格"组中单击"表格"按钮，在打开的下拉菜单中选择"插入表格"命令。

2）在打开的"插入表格"对话框中的"列数"数值框中输入"5"，在"行数"数值框中输入"12"，然后单击"确定"按钮。

3）在幻灯片中插入一个默认格式的表格，在表格中输入相应参数。

4）切换到表格工具的"设计"功能区，在"表格样式"组中单击下拉按钮，在打开的下拉菜单中选择"浅色样式 2——强调 5"。

5）在演示文稿中选择第四张幻灯片，在"插入"功能区的"插图"组中单击"图表"按钮。

6）在打开的"插入图表"对话框中单击"柱形图"选项卡，在中间的列表框中选择"簇状柱形态"类型，然后单击"确定"按钮。

7.9.6　插入媒体文件

在某些演示场合下，生动活泼的幻灯片才能更吸引观众。因此在制作幻灯片时，用户可以插入剪辑声音、添加音乐或为幻灯片录制配音等，使幻灯片声情并茂。下面在"产品宣传.pptx"演示文稿中插入媒体文件，具体操作如下：

1）选择第一张幻灯片，切换到"插入"功能区，在"媒体"组中单击"音频"按钮，在打开的下拉菜单中选择"剪切画音频"命令。

2）在打开的"剪切画"任务窗格下方的声音文件列表框中选择需要插入的声音，这里单击选择"Telephone，电话"。

3）此时幻灯片中将显示一个声音图标，同时打开提示播放的控制条，单击"播放"按钮即可预览插入的声音。

4）选择第一张幻灯片，在"插入"功能区的"媒体"组中单击"视频"按钮，在打开的下拉菜单中选择"剪切画视频"命令，插入视频，与插入音频操作类似，这里不再赘述。

"产品宣传"演示文稿的最终效果如图 7 - 12 所示。

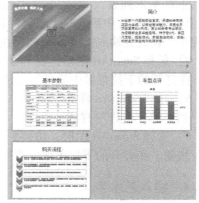

图 7 - 12　"产品宣传"演示文稿效果图

附　　录

附录 A　全国计算机等级考试
一级 MS Office 考试大纲（2016 年版）

基本要求

1. 具有微型计算机的基础知识（包括计算机病毒的防治常识）。

2. 了解微型计算机系统的组成和各部分的功能。

3. 了解操作系统的基本功能和作用，掌握 Windows 的基本操作和应用。

4. 了解文字处理的基本知识，熟练掌握文字处理软件 Word 的基本操作和应用，熟练掌握一种汉字（键盘）输入方法。

5. 了解电子表格软件 Excel 的基本知识，掌握 Excel 的基本操作和应用。

6. 了解演示文稿软件 PowerPoint 的基本知识，掌握 PowerPoint 的基本操作和应用。

7. 了解计算机网络的基本概念和因特网（Internet）的初步知识，掌握浏览器（IE）和 Out-look Express 的基本操作和使用。

考试内容

一、计算机基础知识

1. 计算机的发展、类型及其应用领域。

2. 计算机中数据的表示、存储与处理。

3. 多媒体技术的概念与应用。

4. 计算机病毒的概念、特征、分类与防治。

5. 计算机网络的概念、组成和分类；计算机与网络信息安全的概念和防控。

6. 因特网网络服务的概念、原理和应用。

二、操作系统的功能和使用

1. 计算机软、硬件系统的组成及主要技术指标。

2. 操作系统的基本概念、功能、组成及分类。

3. Windows 操作系统的基本概念和常用术语，文件、文件夹、库等。

4. Windows 操作系统的基本操作和应用：

1）桌面外观的设置，基本的网络配置。

2）熟练掌握资源管理器的操作与应用。

3）掌握文件、磁盘、显示属性的查看、设置等操作。

4）中文输入法的安装、删除和选用。

5）掌握检索文件、查询程序的方法。

6）了解软、硬件的基本系统工具。

三、文字处理软件 Word 的功能和使用

1. Word 的基本概念，Word 的基本功能和运行环境，Word 的启动和退出。

2. 文档的创建、打开、输入、保存等基本操作。

3. 文本的选定、插入与删除、复制与移动、查找与替换等基本编辑技术；多窗口和多文档的编辑。

4. 字体格式设置、段落格式设置、文档页面设置、文档背景设置和文档分栏等基本排版技术。

5. 表格的创建、修改；表格的修饰；表格中数据的输入与编辑；数据的排序和计算。

6. 图形和图片的插入；图形的建立和编辑；文本框、艺术字的使用和编辑。

7. 文档的保护和打印。

四、电子表格软件 Excel 的功能和使用

1. Excel 的基本概念和基本功能、运行环境、启动和退出。

2. 工作簿和工作表的基本概念和基本操作，工作簿和工作表的建立、保存和退出；数据的输入和编辑；工作表和单元格的选定、插入、删除、复制、移动；工作表的重命名和工作表窗口的拆分和冻结。

3. 工作表的格式化，包括设置单元格格式、设置列宽和行高、设置条件格式、使用样式、自动套用模式和使用模板等。

4. 单元格绝对地址和相对地址的概念，工作表中公式的输入和复制，常用函数的使用。

5. Excel 中图表的建立、编辑和修改以及修饰。

6. 数据清单的概念，数据清单的建立，数据清单内容的排序、筛选、分类汇总，数据合并，数据透视表的建立。

7. 工作表的页面设置、打印预览和打印，工作表中链接的建立。

8. 保护和隐藏工作簿和工作表。

五、演示文稿软件 PowerPoint 的功能和使用

1. PowerPoint 的功能、运行环境、启动和退出。

2. 演示文稿的创建、打开、关闭和保存。

3. 演示文稿视图的使用，幻灯片基本操作（版式、插入、移动、复制和删除）。

4. 幻灯片基本制作（文本、图片、艺术字、形状、表格等插入及其格式化）。

5. 演示文稿主题选用与幻灯片背景设置。

6. 演示文稿放映设计（动画设计、放映方式、切换效果）。

7. 演示文稿的打包和打印。

六、因特网（Internet）的初步知识和应用

1. 了解计算机网络的基本概念和因特网的基础知识，主要包括网络硬件和软件，TCP/IP

的工作原理，以及网络应用中常见的概念，如域名、IP 地址、DNS 服务等。

2. 能够熟练掌握浏览器、电子邮件的使用和操作。

考试方式

1. 采用无纸化考试，上机操作。考试时间为 90 分钟。

2. 软件环境：Windows 7 操作系统，Microsoft Office 2010 办公软件。

3. 在指定时间内，完成下列各项操作：

1）选择题（计算机基础知识和网络的基本知识）。（20 分）

2）Windows 操作系统的应用。（10 分）

3）Word 的操作。（25 分）

4）Excel 的操作。（20 分）

5）PowerPoint 的操作。（15 分）

6）浏览器（IE）的简单使用和收发电子邮件。（10 分）

附录 B　全国计算机等级考试
一级 MS Office 考试模拟题

一、选择题

1. 世界上公认的第一台电子计算机诞生的年代是（　　）。
   A. 20 世纪 30 年代　　　　　　　　　　B. 20 世纪 40 年代
   C. 20 世纪 80 年代　　　　　　　　　　D. 20 世纪 90 年代

2. 构成 CPU 的主要部件是（　　）。
   A. 内存和控制器　　　　　　　　　　　B. 内存、控制器和运算器
   C. 高速缓存和运算器　　　　　　　　　D. 控制器和运算器

3. 十进制数 29 转换成无符号二进制数等于（　　）。
   A. 11111　　　　　B. 11101　　　　　C. 11001　　　　　D. 11011

4. 10GB 的硬盘表示其存储容量为（　　）。
   A. 一万字节　　　　　　　　　　　　　B. 一千万字节
   C. 一亿字节　　　　　　　　　　　　　D. 一百亿字节

5. 组成微型机主机的部件是（　　）。
   A. CPU、内存和硬盘　　　　　　　　　B. CPU、内存、显示器和键盘
   C. CPU 和内存　　　　　　　　　　　　D. CPU、内存、硬盘、显示器和键盘套

6. 已知英文字母 m 的 ASCII 码值为 6DH，那么字母 q 的 ASCII 码值是（　　）。
   A. 70H　　　　　　B. 71H　　　　　　C. 72H　　　　　　D. 6FH

7. 一个字长为 6 位的无符号二进制数能表示的十进制数值范围是（　　）。
   A. 0 ~ 64　　　　　B. 1 ~ 64　　　　　C. 1 ~ 63　　　　　D. 0 ~ 63

8. 下列设备中，可以作为微机输入设备的是（　　）。
   A. 打印机　　　　　B. 显示器　　　　　C. 鼠标器　　　　　D. 绘图仪

9. 操作系统对磁盘进行读/写操作的单位是（　　）。
   A. 磁道　　　　　　B. 字节　　　　　　C. 扇区　　　　　　D. KB

10. 一个汉字的国标码需用 2 字节存储，其每个字节的最高二进制位的值分别为（　　）。
    A. 0, 0　　　　　　B. 1, 0　　　　　　C. 0, 1　　　　　　D. 1, 1

11. 下列各类计算机程序语言中，不属于高级程序设计语言的是（　　）。
    A. Visual Basic 语言　　　　　　　　　B. FORTAN 语言
    C. Pascal 语言　　　　　　　　　　　　D. 汇编语言

12. 在下列字符中，其 ASCII 码值最大的一个是（　　）。
    A. 9　　　　　　　B. Z　　　　　　　C. d　　　　　　　D. X

13. 下列关于计算机病毒的叙述中，正确的是（　　）。
    A. 反病毒软件可以查杀任何种类的病毒
    B. 计算机病毒是一种被破坏了的程序

C. 反病毒软件必须随着新病毒的出现而升级，提高查、杀病毒的功能

D. 感染过计算机病毒的计算机具有对该病毒的免疫性

14. 下列各项中，非法的 Internet 的 IP 地址是（　　　）。

　　A. 202. 96. 12. 14　　　　　　　　　B. 202. 196. 72. 140

　　C. 112. 256. 23. 8　　　　　　　　　D. 201. 124. 38. 79

15. 计算机的主频指的是（　　　）。

　　A. 软盘读写速度，用 Hz 表示　　　　B. 显示器输出速度，用 MHz 表示

　　C. 时钟频率，用 MHz 表示　　　　　D. 硬盘读写速度

16. 计算机网络分为局域网、城域网和广域网，下列属于局域网的是（　　　）。

　　A. ChinaDDN　　　　　　　　　　　B. Novell 网

　　C. Chinanet　　　　　　　　　　　　D. Internet

17. 下列描述中，正确的是（　　　）。

　　A. 光盘驱动器属于主机，而光盘属于外设

　　B. 摄像头属于输入设备，而投影仪属于输出设备

　　C. U 盘即可以用作外存，也可以用作内存

　　D. 硬盘是辅助存储器，不属于外设

18. 在下列字符中，其 ASCII 码值最大的一个是（　　　）。

　　A. 9　　　　　　　　B. Q　　　　　　　　C. d　　　　　　　　D. F

19. 把内存中数据传送到计算机的硬盘上去的操作称为（　　　）。

　　A. 显示　　　　　　B. 写盘　　　　　　C. 输入　　　　　　D. 读盘

20. 用高级程序设计语言编写的程序（　　　）。

　　A. 计算机能直接执行　　　　　　　　B. 具有良好的可读性和可移植性

　　C. 执行效率高但可读性差　　　　　　D. 依赖于具体机器，可移植性差

二、基本操作题

1. 将考生文件夹下 MUNLO 文件夹中的文件 KUB. DOC 删除。

2. 在考生文件夹下 LOICE 文件夹中建立一个名为 WENHUA 的新文件夹。

3. 将考生文件夹下 JIE 文件夹中的文件 BMP. BAS 设置为只读属性。

4. 将考生文件夹下 MICRO 文件夹中的文件 GUIST. WPS 移动到考生文件夹下的 MING 文件夹中。

5. 将考生文件夹下 HYR 文件夹中的文件 MOUNT. PPT 在同一文件夹下再复制一份，并将新复制的文件改名为 BASE. PPT。

三、字处理

在考生文件夹下，打开文档 WORD1. DOCX，按照要求完成下列操作并以该文件名（WORD1. DOCX）保存文档。

【文档开始】

甲 A 第 20 轮前瞻

戚务生和朱广沪无疑是国产教练中的佼佼者，就算在洋帅占主导地位的甲 A，他俩也出尽风头。在他们的统领下，云南红塔和深圳平安两队稳居积分榜的前三甲。朱、戚两名国产教练

周日面对面的交锋是本轮甲 A 最引人注目的一场比赛。本场比赛将于明天下午 15：30 在深圳市体育中心进行。

红塔和平安两队在打法上有相似的地方，中前场主要靠两三名攻击力出众的球员去突击，平安有蒂亚戈和李毅，红塔也有基利亚科夫。相比之下，红塔队的防守较平安队稳固。两队今年首回合交手，红塔在主场 2∶1 战胜平安。不过经过十多轮联赛的锤炼，深圳队的实力已有明显的提高。另外，郑智和李建华两名主将的复出，使深圳队如虎添翼。

这场比赛的结果对双方能否保持在积分第一集团都至关重要。现在红塔领先平安两分，但平安少赛一轮，而且红塔下轮轮空。红塔队如果不敌平安，将极有可能被踢出第一集团。对平安队来说，最近两个客场一平一负，前进的脚步悄然放慢。本轮回到主场，只有取胜才能继续保持在前三名。

2002 赛季甲 A 联赛积分榜前三名（截止到 19 轮）

名次	队名	场次	胜	平	负	进球数	失球数	积分
1	大连实德	19	11	4	4	43	6	
2	深圳平安	18	9	6	3	32	9	
3	北京国安	19	9	6	4	42	8	

【文档结束】

1）将标题段文字（甲 A 第 20 轮前瞻）设置为三号红色仿宋（西文使用中文字体）、居中、加蓝色方框、段后间距 0.5 行。

2）将正文各段（戚务生……前三名。）设置为悬挂缩进 2 字符、左右各缩进 1 字符、行距为 1.1 倍行距。

3）设置页面纸张大小为 "A4"。

4）将文中最后 4 行文字转换成一个 4 行 9 列的表格，并在 "积分" 列按公式 "积分 = 3 * 胜 + 平" 计算并输入相应内容。

5）设置表格第 2 列、第 7 列、第 8 列列宽为 1.7 厘米、其余列列宽为 1 厘米、行高为 0.6 厘米、表格居中；设置表格中所有文字中部居中；设置所有表格线为 1 磅蓝色单实线。

四、电子表格

1）在考生文件夹下，打开 EXC. XLS 文件，将 Sheet1 工作表的 A1：C1 单元格合并为一个单元格，水平对齐方式设置为居中；计算各类人员的合计和各类人员所占比例（所占比例 = 人数/合计），保留小数点后 2 位，将工作表命名为 "人员情况表"。

	A	B	C
1	某单位人员情况表		
2	学历	人数	所占比例
3	大专	69	
4	本科	136	
5	硕士	67	
6	博士	46	
7	合计		

2）选取 "人员情况表" 的 "学历" 和 "所占比例" 两列的内容（合计行内容除外）建立 "三维饼图"，标题为 "人员情况图"，图例位置靠上，数据标志为显示百分比，将图插入

到工作表的 A9: D20 单元格区域内。

五、演示文稿

打开考生文件夹下的演示文稿 YSWG. PPTx，按照下列要求完成对此文稿的修饰并保存。

1）在演示文稿的开始处插入一张"标题"幻灯片，作为文稿的第一张幻灯片，主标题键入"明天你会买两部手机吗?"设置为加粗、48 磅。将第三张幻灯片的对象部分动画效果设置为"进入""飞入""自右下部"，然后将该张幻灯片移为演示文稿的第二张幻灯片。

2）将第一张幻灯片背景填充预设颜色为"麦浪滚滚"，底纹样式为"线性向下"。全部幻灯片的切换效果设置成"形状"。

六、上网

1. 表弟小鹏考上大学，发邮件向他表示祝贺。

E-mail 地址：zhangpeng_1989@163. com

主题：祝贺你高考成功!

内容：小鹏，祝贺你考上自己喜欢的大学，祝你大学生活顺利，学习进步，身体健康!

2. 打开 HTTP://LOCALHOST:65531/ExamWeb/index. htm 页面，浏览网页，并将该网页以 . htm 格式保存在考生文件夹下。

参 考 文 献

[1] 教育部考试中心. 全国计算机等级考试一级教程：计算机基础及 MS Office 应用（2013 年版）［M］. 北京：高等教育出版社，2013.

[2] 何克抗，周南岳. 计算机应用基础［M］. 北京：高等教育出版社，2004.

[3] 文杰书院. Office 2010 电脑办公基础教程［M］. 北京：清华大学出版社，2012.

[4] 陈桂生，李斌. 计算机组装与维护项目化教程［M］. 北京：北京邮电大学出版社，2012.

[5] 李宇明. 计算机网络基础［M］. 北京：机械工业出版社，2012.

[6] 孔令瑜. 多媒体技术及应用［M］. 北京：机械工业出版社，2010.

[7] 坚葆林. 计算机应用基础［M］. 兰州：兰州大学出版社，2010.

[8] 刘艳，等. 大学计算机应用基础上机实训（Windows 7 + Office 2010）［M］. 西安：西安电子科技大学出版社，2010.

[9] 郭建明. 计算机应用基础（Windows 7 + Office 2010 版）［M］. 北京：机械工业出版社，2014.